AI机器人时代

机器人创新实验教程

下册

丛 书 主 编　钟艳如

丛书副主编　陈　洁

本 册 主 编　陈　洁　陈　丽

机械工业出版社
CHINA MACHINE PRESS

本书为《机器人创新实验教程　3 级下册》，使用了 MRT 图形化编程模式的电脑编程主板。本书主要是通过搭建和编程学习，让学生深入了解滑轮、伺服马达、传感器等相关知识，学会理解和绘制流程图，学会如何通过编程实现模型的功能。本书可以有效锻炼学生的编程逻辑和计算思维，培养学生思考和解决问题的能力。

图书在版编目（CIP）数据

AI 机器人时代：机器人创新实验教程 . 3 级 . 下册 / 钟艳如主编；陈洁 , 陈丽本册主编 . —北京：机械工业出版社，2020.2 (2020.8 重印)
ISBN 978-7-111-64556-6

Ⅰ . ① A…　Ⅱ . ①钟… ②陈… ③陈…　Ⅲ . ①智能机器人 – 教材　Ⅳ . ① TP242.6

中国版本图书馆 CIP 数据核字 (2019) 第 300449 号

机械工业出版社（北京市百万庄大街 22 号 邮政编码 100037）
策划编辑：熊　铭　　责任编辑：熊　铭　石晓芬　何卫峰
责任校对：刘雅娜　　封面设计：滕沛芳　黄　辉
责任印制：孙　炜
北京联兴盛业印刷股份有限公司印刷
2020 年 8 月第 1 版第 2 次印刷
184mm × 260mm · 17.75 印张 · 435 千字
标准书号：ISBN 978-7-111-64556-6
定价：115.00 元（共 2 册）

电话服务　　网络服务
客服电话：010-88361066　机　工　官　网：www.cmpbook.com
010-88379833　机　工　官　博：weibo.com/cmp1952
010-68326294　金　书　网：www.golden-book.com
封底无防伪标均为盗版　机工教育服务网：www.cmpedu.com

编写人员

顾　　问	朱光喜　李旭涛
丛书主编	钟艳如
丛书副主编	陈　洁
本册主编	陈　洁　陈　丽
本册副主编	翁杰军
本册参编	陈　坤　邓彩梅　董朝旭　房济城　胡　杰　黄　辉 贾　楠　李振庭　伍大智　肖海明　周　靓　周小江 周宇雄　邹玉婷

序

以饱满的热情、创新的姿态，昂首迈进人工智能时代

世界已从制造经济时代进入了资讯经济时代，生活亦将从“互联网 +”时代开始向“人工智能 +”时代迈进

近几十年来，我们周围的世界乃至全球的经济与生活无时无刻不在发生着巨大变革。推动经济和社会大步向前发展的已不仅仅是直白可视的工业制造和机器，更有人类的思维与资讯。我们的世界已从制造经济时代进入了资讯经济时代，生产方式正从 “机械自动化”逐渐向“人工智能化”过渡，我们的生活亦将很快从当前的“互联网 +”时代开始向“人工智能 +”时代迈进，新知识和新技能显得尤为重要。

编程和人工智能在新经济和新生活时代的作用与地位

人工智能（Artificial Intelligence），英文缩写为AI。它是研究、开发用于模拟、延伸和扩展人的智能的理论、方法、技术及应用系统的一门新的技术科学。该领域的研究包括机器人、语言识别、图像识别、自然语言处理和专家系统等。百度无人驾驶汽车、谷歌机器人（Alpha Go）大战李世石等都是人工智能技术的体现。

近年来，我国已经针对人工智能制定了各类规划和行动方案，全力支持人工智能产业的发展。

显然，人工智能时代已经到来！

三 人工智能时代的 STEAM 教育

人工智能时代的STEAM教育，其核心之一是培养学生的计算思维，所谓计算思维就是“利用计算机科学中的基本概念来解决问题、设计系统以及了解人类行为。”计算思维是解决问题的新方法，能够改变学生的学习方式，帮助学生创建克服困难的思路。虽然计算思维的基础是计算机科学中的编程等，但它已被普遍地应用于所有学科，包括文学、经济学、数学、化学等。

通过学习编程与人工智能培养出来的计算思维，至少在以下3个方面能给学生带来极大益处。

（1）解决问题的能力。掌握了计算思维的学生能更好地知道如何克服突发困难，并且尽可能快速地给出解决方案。

（2）创造性思考的能力。掌握了计算思维的学生更善于研究、收集和了解最新的信息，然后运用新的信息来解决各种问题和实施各项方案。

（3）独立自信的精神。掌握了计算思维的学生能更好地适应团队工作，在独立面对挑战时表现得更为自信和淡定。

鉴于编程和人工智能在中小学STEAM教育中的重要性，全球很多国家和地区都有立法要求学校开设相关课程。2017年，我国国务院、教育部也先后公布《新一代人工智能发展规划》《中小学综合实践活动课程指导纲要》等文件，明确提出要在中小学阶段设置编程和人工智能相关课程，这将对我国教育体制改革具有深远影响。

四 机器人在开展编程与人工智能教育时的独特地位

机器人之所以会逐步成为STEAM教育和技术巧妙融合的最好载体并广受欢迎，是因为机器人相比其他教学载体，如无人机、3D打印机、激光切割机等，有着其自身的鲜明特点。

（1）以教育机器人作为STEAM教育的物理载体，能很好地兼顾教育的趣味性、多样性、延展性、创意性、安全性和政策性。

（2）机器人教育能够弥补学校教育中缺乏的对学生动手能力和操作能力的实训。

（3）机器人教育是跨多学科知识的综合教育，机器人具有明显的跨界、融合、协同等特征，融合了电子、计算机软硬件、传感器、自动控制、人工智能、机械设计、人机交互、网络通信、仿生学和材料学等多学科技术，有助于培养学生综合素质。

（4）机器人教育适合各年龄段的学生参与学习，幼儿园阶段、中小学阶段甚至大学阶段，都能在机器人教育阶梯中找到自己的位置。

五 《AI机器人时代 机器人创新实验教程》的重要性和稀缺性

《AI机器人时代 机器人创新实验教程》是依据STEAM教育“四位一体”教学理论和模式编写的，本系列课程共分1~4级，每级分上、下两册。

每级课程分别是基于不同年龄段的学生特点进行开发设计的。课程各单元开篇采用故事、游戏、问答以及图片或视频的形式引出主题，并提供主题背景知识，加深学生印象；课程按1~4级，从结构搭建、原理讲解到简单编程、复杂编程，从具体思维到抽象思维，从简单到复杂，从低级到高级，进行讲解；所涉及的学科内容涵盖了计算机、电子、结构、力学、数学、设计、社会学、人文学甚至历史等。通过本系列课程的学习，可以激发学生对科学探究的兴趣，通过机器人拼装、运行等帮助学生更好地学习到物理、编程和人工智能等相关知识与技能，提升对学生计算思维、创新能力和空间想象力的培养，并更好地理解人与自然、人与人、人与时间的联系等。

此外，本系列课程的编写顾问和编写成员阵容强大，除了韩端国际教育科技（深圳）有限公司（后简称：韩端国际）具有丰富经验、颇深专业素养的课程开发团队外，还诚邀中国教育技术协会副会长、中国教育技术协会技术标准委员会秘书长钟晓流教授，清华大学电子工程系博士生导师、国家自然科学基金资助项目会议评审专家杨健教授，汕头大学电子工程系李旭涛教授，以及多位曾任或现任教育主管部门负责人、教育考试院专家、知名中小学校校长、STEAM教育科研组资深老师等加入，保证了本系列课程的专业性、广泛性、实用性以及权威性。

我是在工作中了解到韩端国际的。这是一家十多年来专注于教育机器人领域的国家级高新技术企业，它长期致力于向广大学校、教培机构、学生和家长，提供“机器人+编程+人工智能+课程”的产品和服务，用户已经覆盖包括中国在内的全球近50个国家和地区，可以称得上是全球领先的科技教育品牌；它的教育机器人品牌是MRT（全称：MY ROBOT TIME）。从认识开始，我就对一个企业能十年如一日地专注于一个领域深耕，尤其是在投入长、要求高、回报慢的教育行业，是颇有好感，也是很钦佩的！2017年，韩端国际人又适时提出了“矢志打造人工智能时代行业基石”的口号，我个人对此是非常认同的。他们是真正在践行“编程和人工智能教育，从娃娃抓起”的理念，这是时代的呼唤，也是用户的诉求，既有对未来行业发展方向正确的认知，也有对行业发展责任勇敢的承担。

最后，我想说，不管你是否准备好，人工智能时代确实已经到来，那就让我们和我们的下一代，以饱满的热情、创新的姿态，昂首迈进人工智能时代吧！

此序。

朱光喜

2019年3月31日

写于华中科技大学

创意拼装模型

开始闯关

第1，2单元　小汽车笛笛

第3，4单元　击剑机器人

第5，6单元　抛石机

第7，8单元　夹子机器人

本册闯关地图

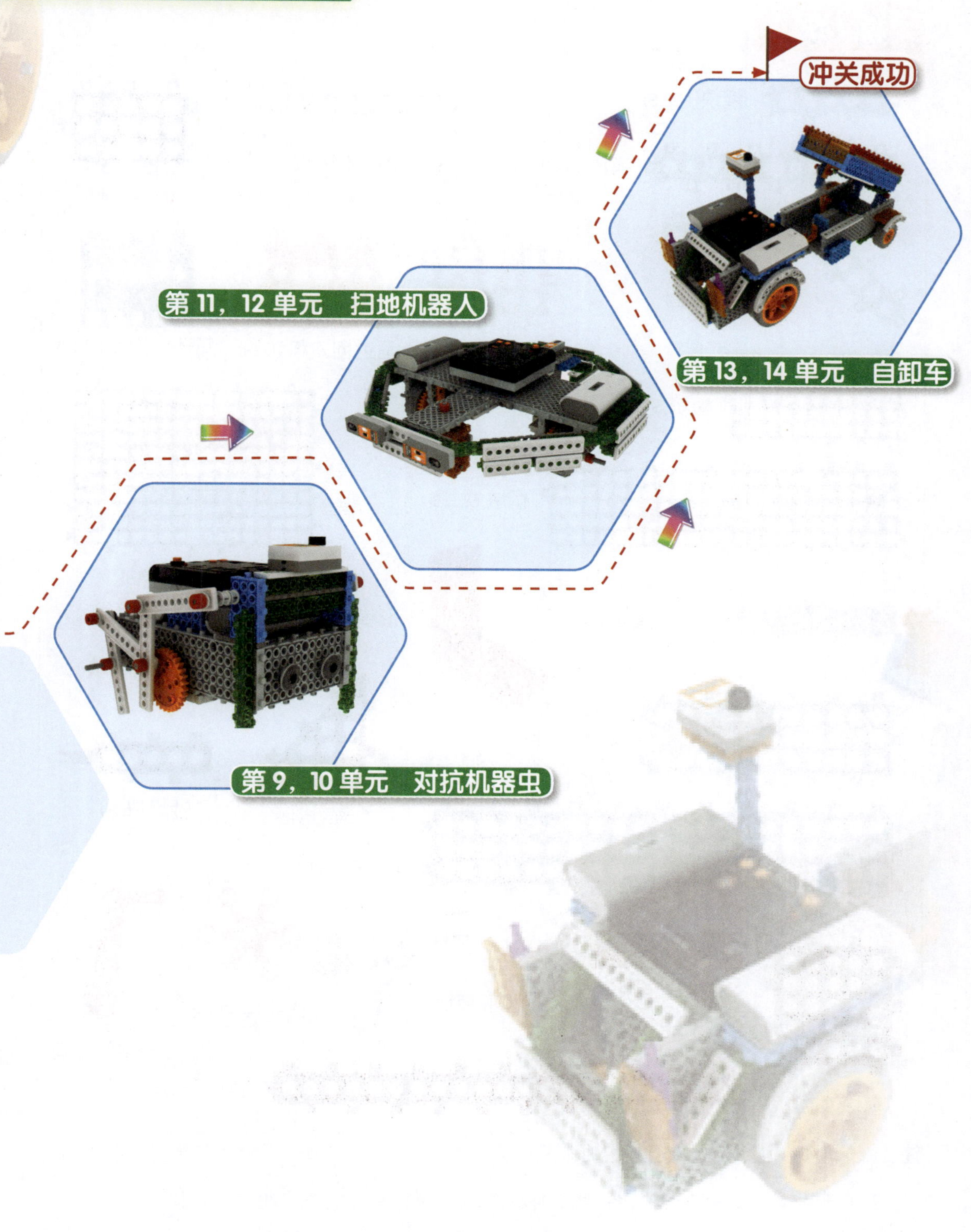

教学"工具包"配件清单

模块

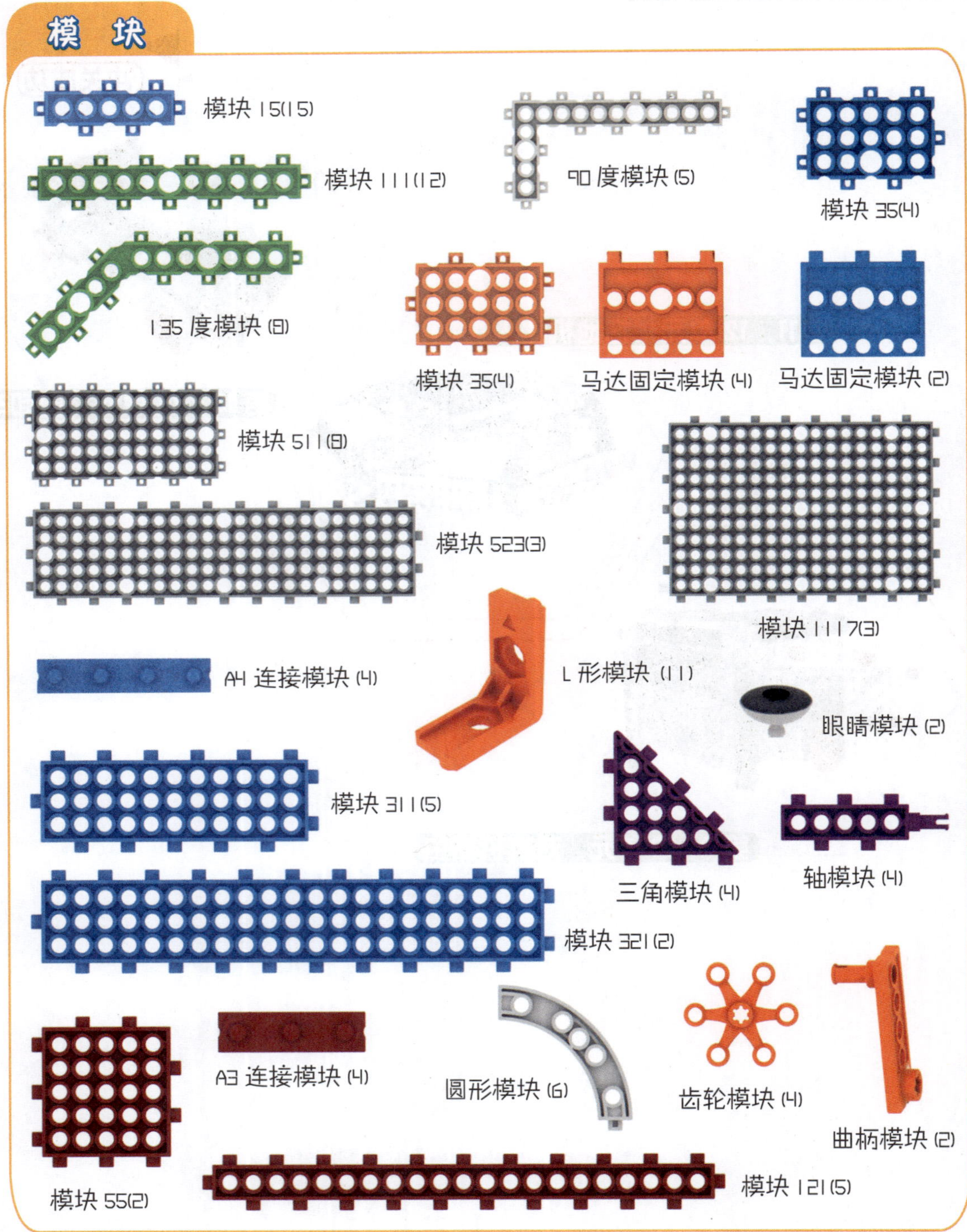

注： 1.清单中"模块15（15）"指的是竖直方向有1个圆孔、水平方向有5个圆孔的模块，数量为15个，下同。

2.在产品质量改进过程中，一些部件的外观和颜色有可能与实物有所不同。

框架/连接框架

5 孔框架 (10)

11 孔框架 (15)

橡皮框架 (2)

21 孔框架 (5)

5 孔连接框架 (5)

11 孔连接框架 (10)

轮/齿轮/轮子

链条轮 (2)

引导轮 (2)

大齿轮 (2)

小齿轮 (2)

中齿轮 (2)

大轮子 (2)

中轮子 (2)

小轮子 (2)

轴/护帽/螺钉/其他

连接轴 (4)

短轴 (4)

中轴 (4)

长轴 (4)

小护帽 (10)

大护帽 (10)

连接护帽 (4)

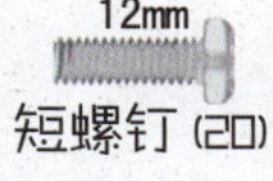

12mm

短螺钉 (20)

16mm

中螺钉 (10)

20mm

长螺钉 (10)

履带 (40)

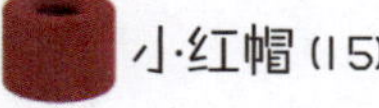

小红帽 (15)

螺母 (40)

电子组件

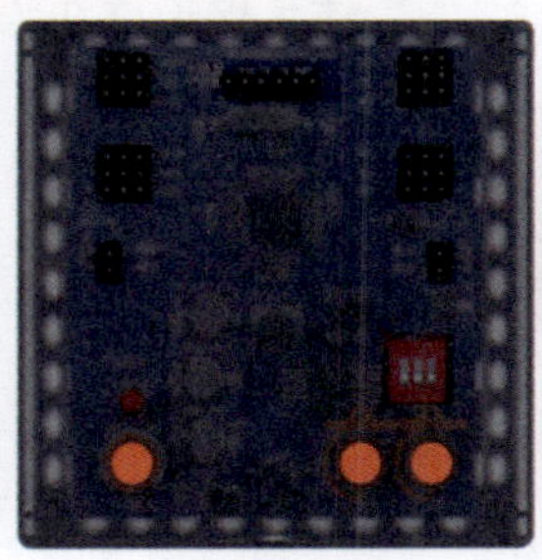

主板 (1)

螺丝刀 (1) 扳手 (1)

DC 马达 (2)

触碰传感器 (2)

喇叭传感器 (1)

遥控接收器 (1)

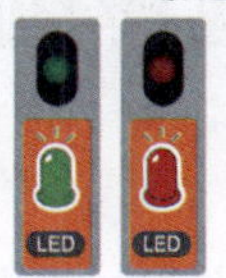

LED 灯 (2)

光敏传感器 (1)

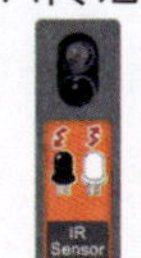

红外线传感器 (3)

伺服马达专用小螺钉 (2)

伺服架 (2)

伺服 horn(1)

伺服马达 (1)

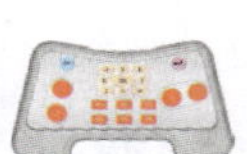

遥控器 (1)

6V 电池夹 (1)

主板各部分功能说明

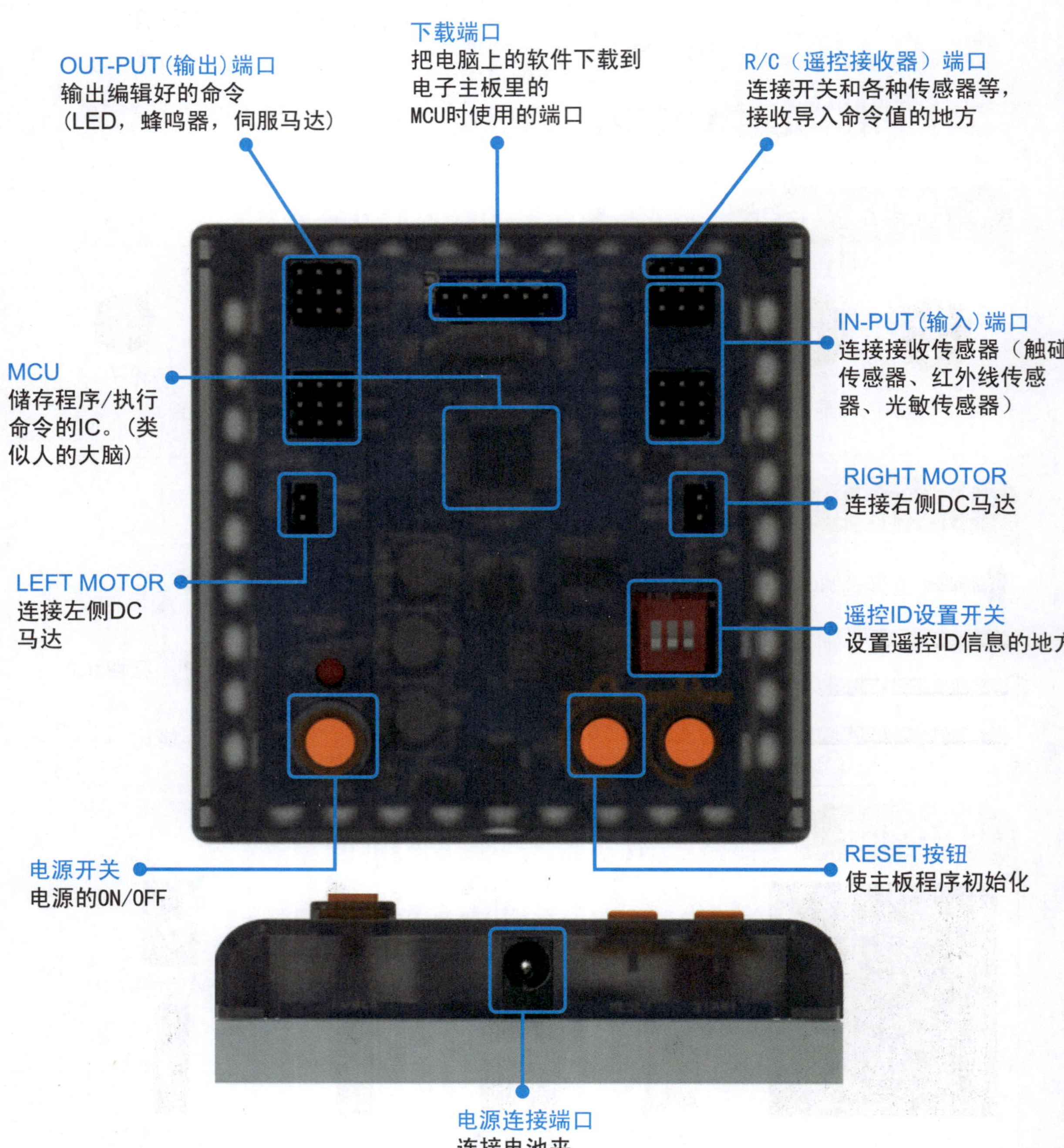

注：该主板没有内置程序，需使用电脑编写程序后，将程序下载到本主板中。

LED灯

发光部（LED）
把从主板处接收到的信号用光的方式表现出来的部分

光敏传感器

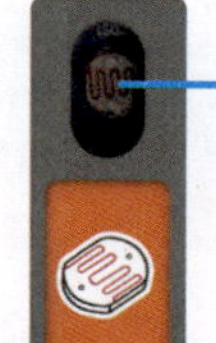

光敏传感器
识别光以后，可以产生动作的传感器部分

遥控器ID设置方法

① 打开机器人的电源开关。
② 把遥控接收端连接到主板上。
③ 按 ↵ 按钮时，在A区会显示当前的ID。
④ 在按住 ↵ 按钮的同时，再按 CH 按钮，可以选择任意ID（1~8种）这时A区的LED会亮起。
⑤ 选中ID后放开 ↵ 按钮，用 CH 按钮最终设置。
⑥ OK 按钮闪烁三次，则说明已完成遥控器ID设置。
⑦ 按 ↵ 按钮，可确认当前设置的ID状态。
※ 若ID设置失败，请重复①~⑦步骤。

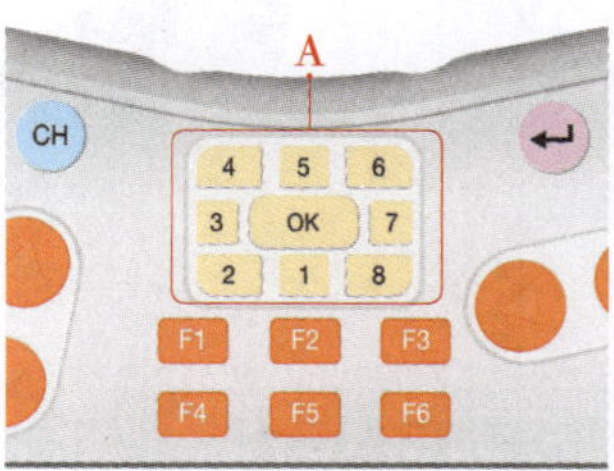

通信ID设置方法

使用主板和遥控器，最多可以设置出8种互不受干扰的模式。8种ID模式如下图所示。

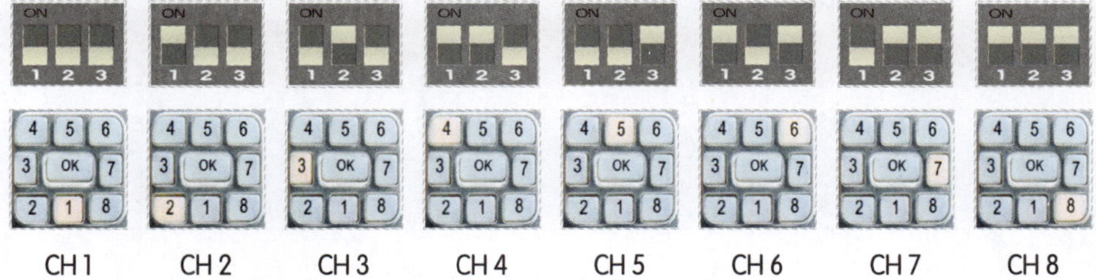

如何使用螺丝刀和扳手

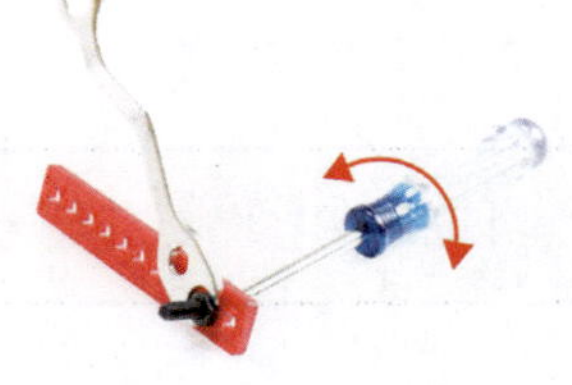

① 握住螺丝刀的把手，往右旋转会拧紧，往左旋转会拧松。

② 扳手的作用是在松紧螺钉的时候，能够起到固定螺母的作用。

直流马达与LED灯的使用说明

一、操纵直流马达

（1）选择左侧“输出”选项中的“直流马达”，将它拖动到右侧的“Program Start”上面，出现“直流马达”对话框（图0-1）。

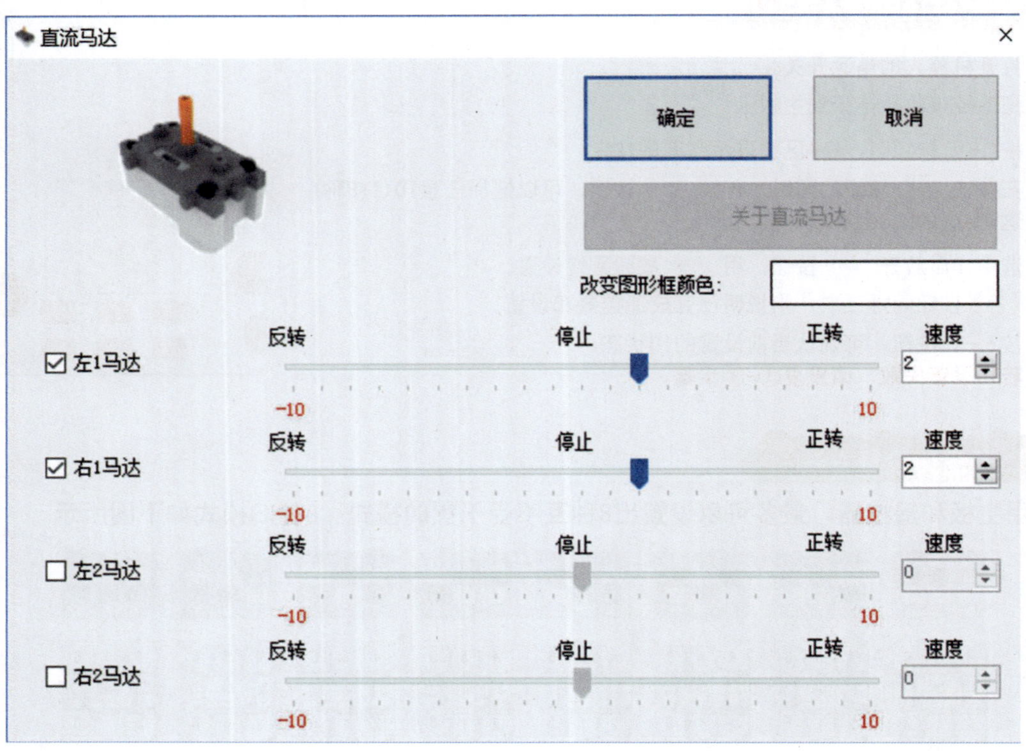

图 0-1 “直流马达”对话框

（2）将“左1马达”和“右1马达”设置为“正转”，速度设置为“2”，并单击“确定”。程序解读如图0-2所示。

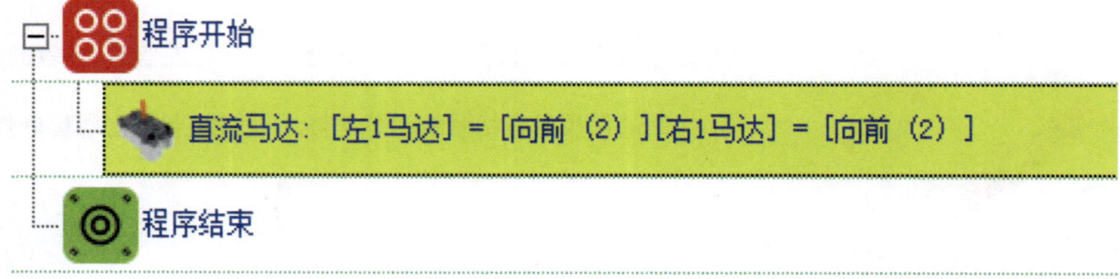

图 0-2 程序

（3）将编好的程序下载到主板中。

2 连接元器件

（1）在模块1117上安装左、右直流马达后，在直流马达上安装大齿轮。注意马达的左右方向（图0-3）。

图 0-3　安装大齿轮

（2）将直流马达连接到主板上的左、右马达接口，并连接电池夹（图0-4）。

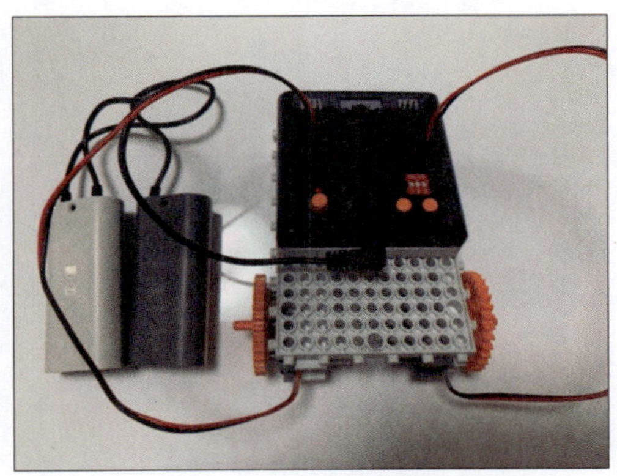

图 0-4　连接电池夹

3 打开电源，马达转动

（1）打开主板电源，如果马达有声音但没有转动，轻轻拨动以使马达转动。

（2）将组合部件放到某个平面上，让它跑动，观察齿轮转动方向。

（3）关闭主板电源，将左、右马达的接线交换。

（4）打开主板电源，再次观察齿轮转动方向。

二、使用触控按钮控制LED灯

① 编写程序

（1）从左边“输入”里面找到“按键”，拖动到右侧“Program Start”上面。在弹出的“触碰传感器”对话框（图0–5）中设置触碰传感器按下动作。

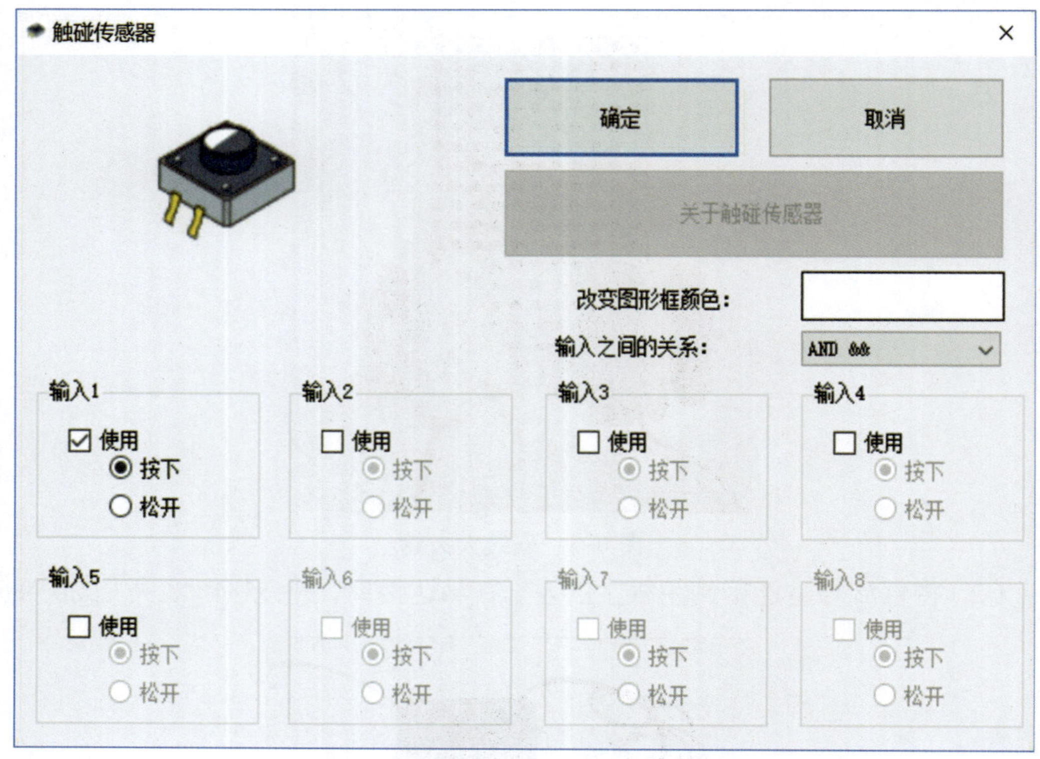

图 0–5 “触碰传感器”对话框

（2）在弹出的“触碰传感器”对话框中，设置“输入1”为“使用”，并选择“按下”，然后单击“确定”。程序解读如图0–6所示。

图 0–6 程序

（3）从右侧的“输出”里面找到“LED灯”，拖动到“Touch : [IN1]=[Pressed]”上面。

（4）在弹出的“LED灯”对话框（图0-7）中，设置“输出1”为“使用”，并选择“开”，然后单击“确定”。程序解读如图0-8所示。

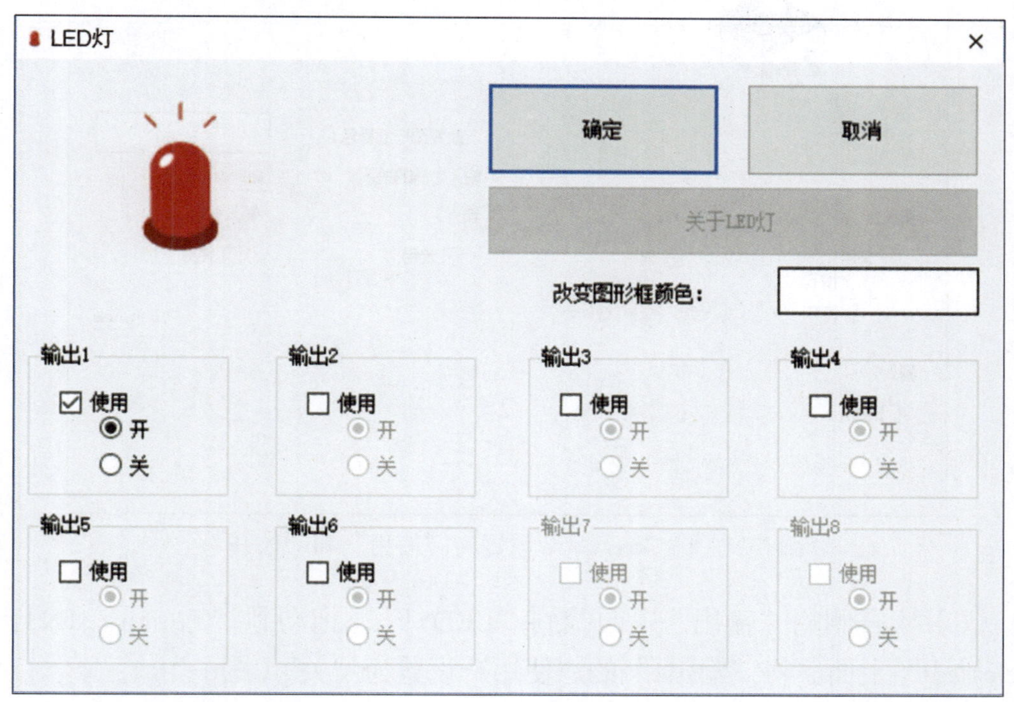

图 0-7 “LED 灯”对话框

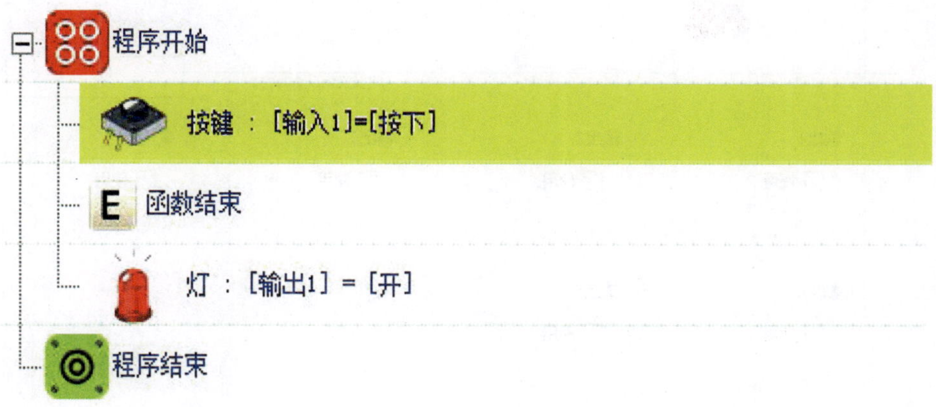

图 0-8 程序

（5）再次从左边“输入”里面找到“按键”，拖动到右侧“Program Start”上面。这一次，将“输入1”设置为“使用”和“松开”（图0–9）。

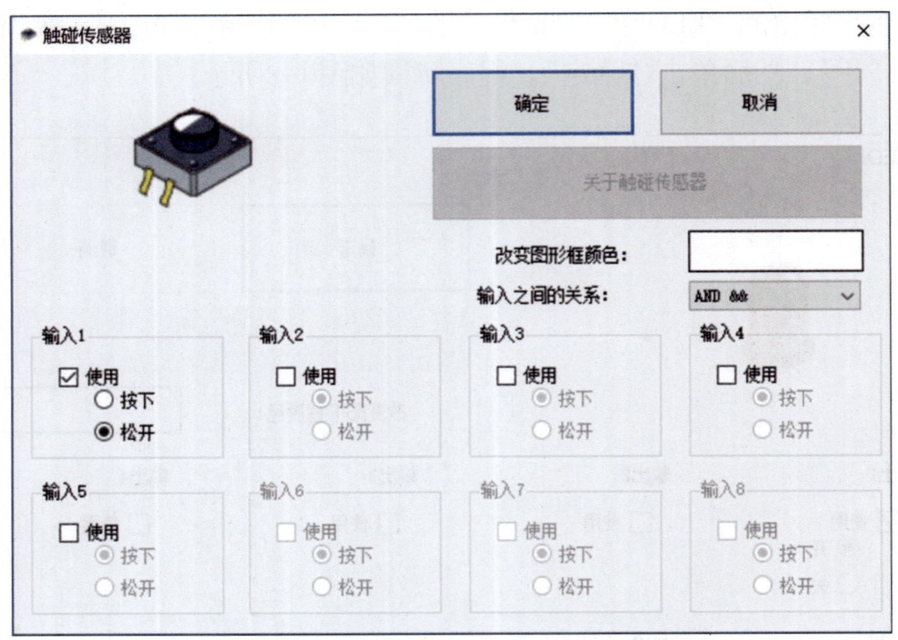

图 0–9　将“输入 1”设置为“使用”和“松开”

（6）从右侧的“输出”里面找到“LED灯”，拖动到“Touch：[IN1]=[Released]”上面。将“输出1”的“使用”设置为“关”（图0–10）。

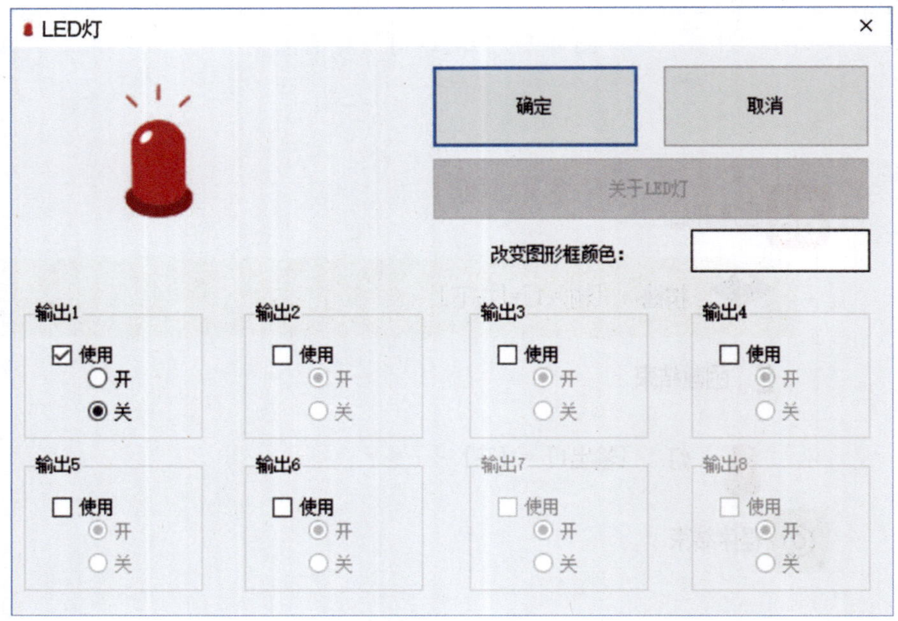

图 0–10　将“输出 1”的“使用”设置为“关”

（7）将程序（图0-11）下载到主板里。

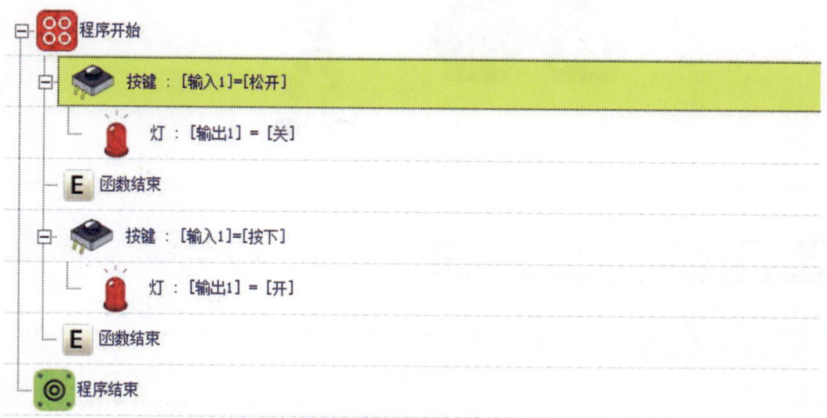

图 0-11　程序

② 连接元器件

将主板、LED灯、触碰感应器安装在模块1117上。将LED灯连接到1号输出口上。将触碰感应器连接到1号输入口上（图0-12）。注意，1号输入口在第二排。

图 0-12　连接元器件

③ 运行程序

（1）将主板电源打开。

（2）按下触控感应器的按钮，LED灯就会亮起（图0-13）。

（3）松开触控感应器的按钮，LED灯就会熄灭（图0-14）。

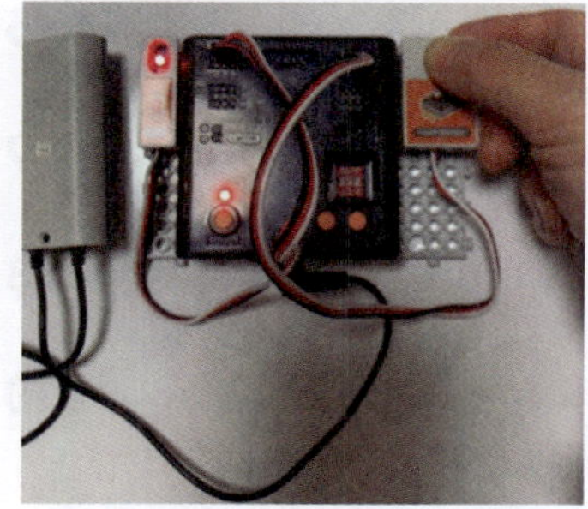

图 0-13　按下按钮，灯亮

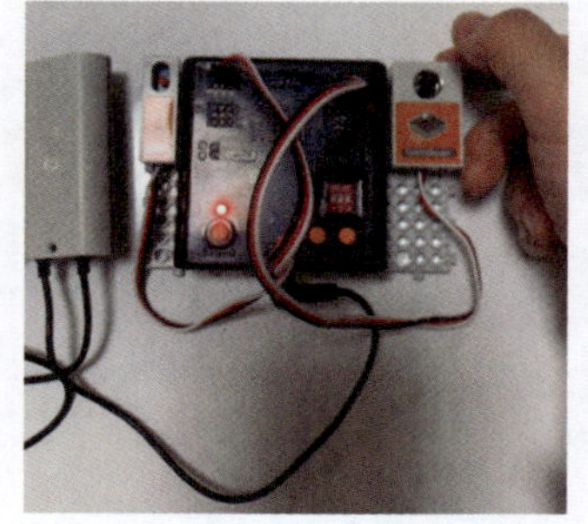

图 0-14　松开按钮，灯灭

目录

第1单元

小汽车笛笛搭建

学习目标

◎ 了解前驱、后驱、四驱汽车概念。

◎ 了解前驱、后驱、四驱汽车各自的优缺点。

◎ 能够正确搭建小汽车笛笛模型。

◎ 能够正确连接元器件。

1 前轮驱动

前轮驱动指的是汽车发动机只驱动一对前轮，后轮跟着前轮走。现在的大多数轿车都采用前轮驱动。

前轮驱动的最大优点是降低了汽车底盘，从而加大了车内空间。其次是提高了车里乘坐的舒适性。此外，它还节省了传动轴等部件，节省了原材料，降低了成本。

前轮驱动的缺点是，上坡的时候，前轮拖着没有动力的后轮，会比较吃力（图1-1）。

图 1-1　前轮驱动的缺点：上坡吃力

2 后轮驱动

后轮驱动指的是汽车发动机只驱动一对后轮，前轮由后轮通过传动轴推着走。大多数货车、跑车采用后轮驱动。

后轮驱动的优点是，由于各部件的重量分布比较平衡，比起重量主要分布在前端的前轮驱动，更容易操控。后轮驱动由于将动力和转向装置分开，可以有更大的空间安放零部件，方便车辆保养和维修。同时，后轮驱动在爬坡（图1-2）、起动、加速等状况下要优于前轮驱动。

图 1–2　后轮驱动的优点：爬坡无压力

后轮驱动的缺点是，造车需要的材料多，牵引力不足，以及在将动力从车头的发动机传到后轮的过程中会有动力损失。

③ 四轮驱动

四轮驱动是指发动机驱动前后四个车轮，四个车轮均能独立运动。相对前驱车、后驱车，四轮驱动车具有更好的动力、牵引力，更好的驾驶体验，行驶时也更安全和更稳定。缺点是结构复杂，维修困难；耗材多，成本高；油耗大。四轮驱动一般多用于高档运动型实用性汽车(SUV)。

动手实现

① 本单元创意拼装目标：小汽车笛笛（图 1–3）。

图 1–3　小汽车笛笛模型

2 准备材料

按照表1-1所示的配件清单准备拼装材料，做好搭建准备。

表 1-1　配件清单

品名	图示	数量	品名	图示	数量
模块 15		2 块	模块 511		8 块
模块 111		4 块	模块 523		3 块
模块 35		2 块	模块 1117		1 块
马达固定模块		2 块	大护帽		2 个
135 度模块		3 块	小红帽		4 个
11 孔框架		3 个	小护帽		4 个
长轴		2 根	大轮子		2 个
眼睛模块		2 块	中螺钉	16mm	10 个
21 孔框架		2 个	中轮子		2 个
模块 55		2 块	11 孔连接框架		5 个
遥控接收器		1 个	大齿轮		1 个

（续）

品名	图示	数量	品名	图示	数量
5 孔框架		4 个	6V 电池夹		1 块
L 形模块		4 块	伺服马达		1 个
主板		1 个	螺母		10 个
DC 马达		2 个	伺服架		2 个
伺服马达专用小螺钉		2 个	光敏传感器		1 个
伺服 horn		1 个			

③ 动手搭一搭（图 1-4）

1

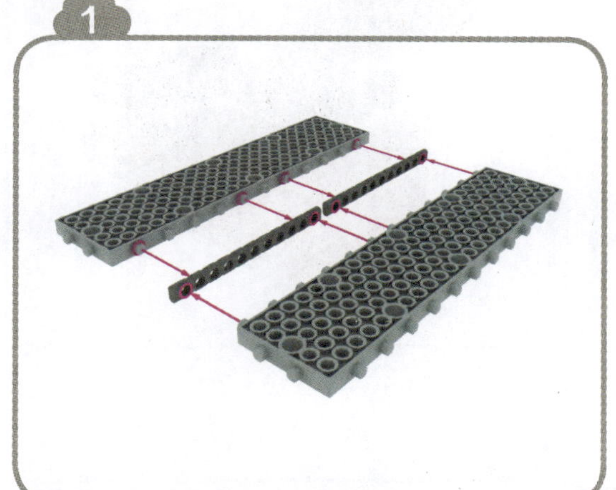

2

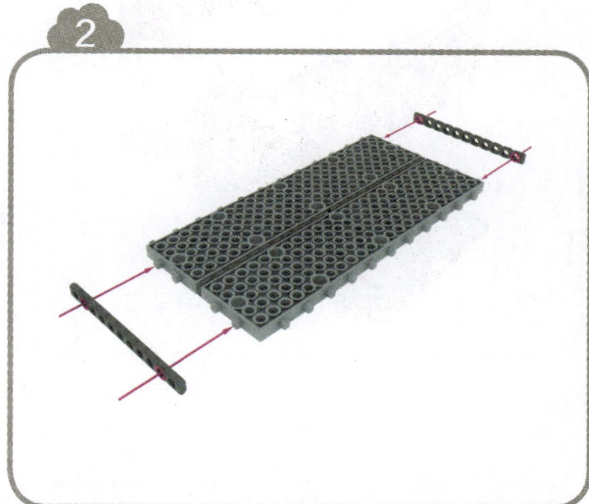

3

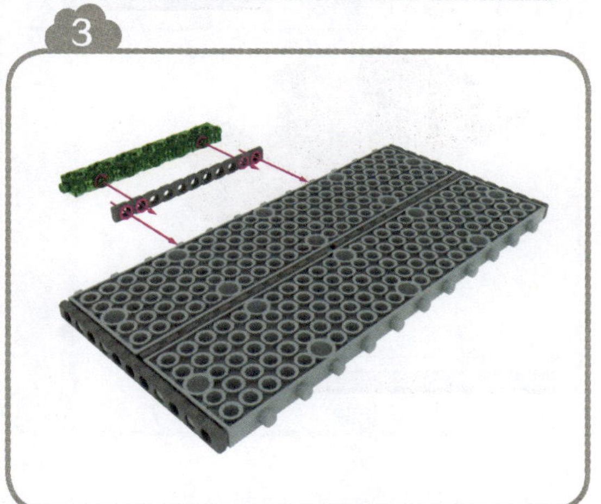

4

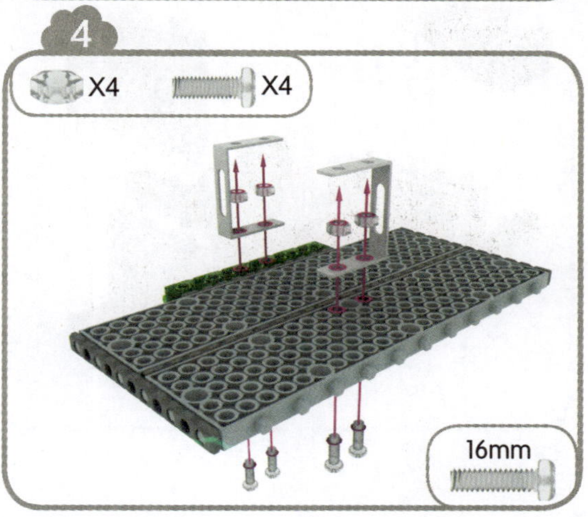

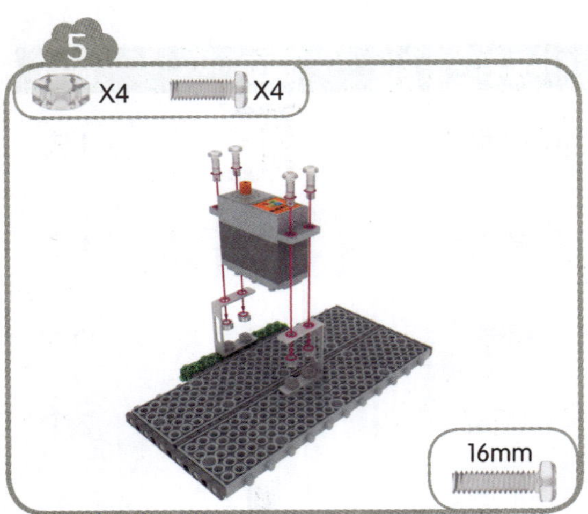
5
X4
X4
16mm

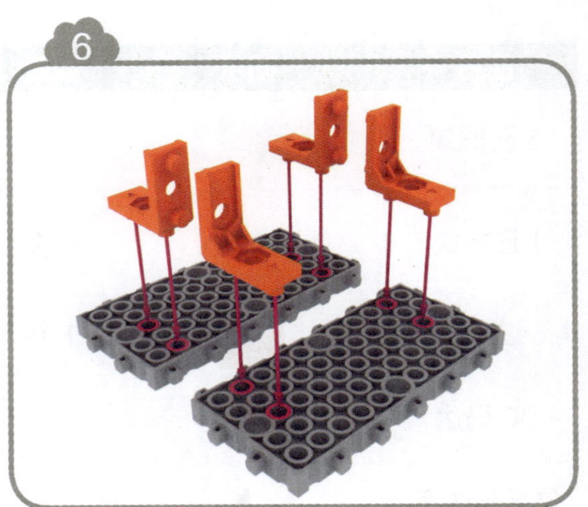
6

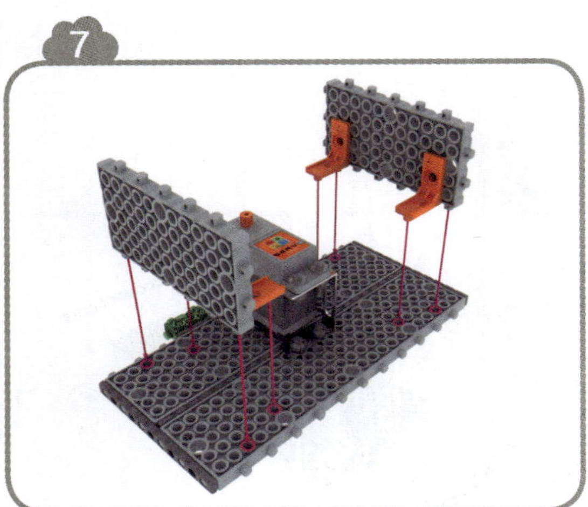
7

8

9

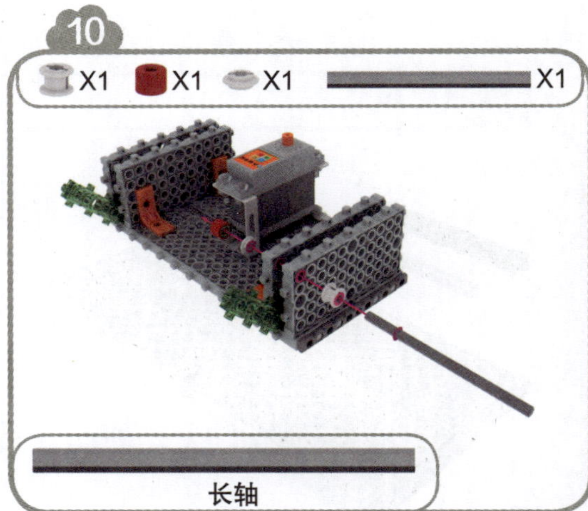
10
X1
X1
X1
X1
长轴

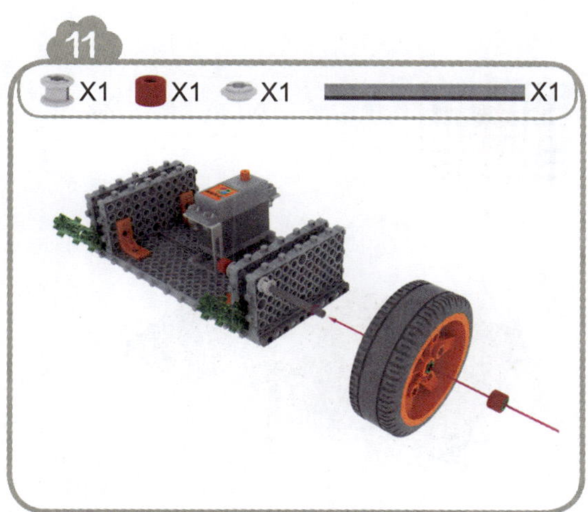
11
X1
X1
X1
X1

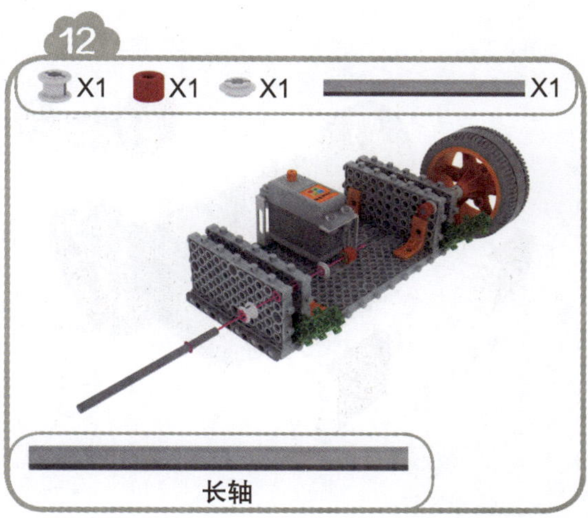
12
X1
X1
X1
X1
长轴

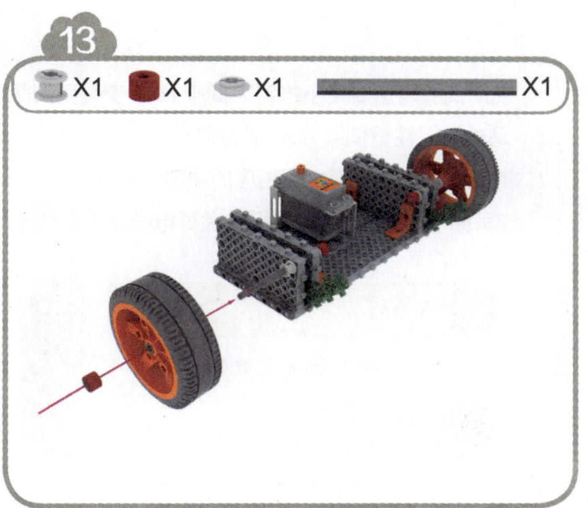
13
X1
X1
X1
X1

14

15

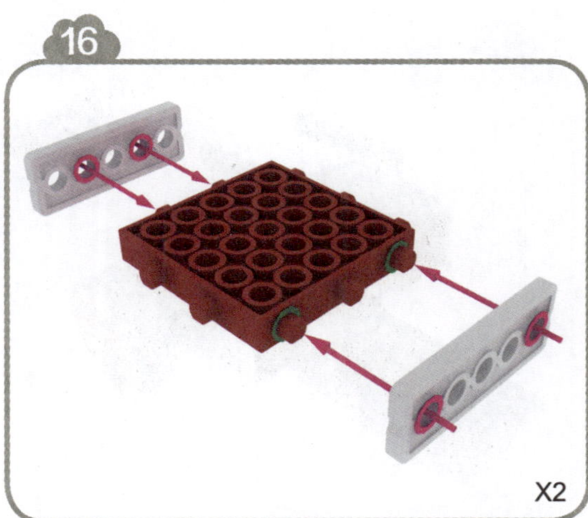
16
X2

17

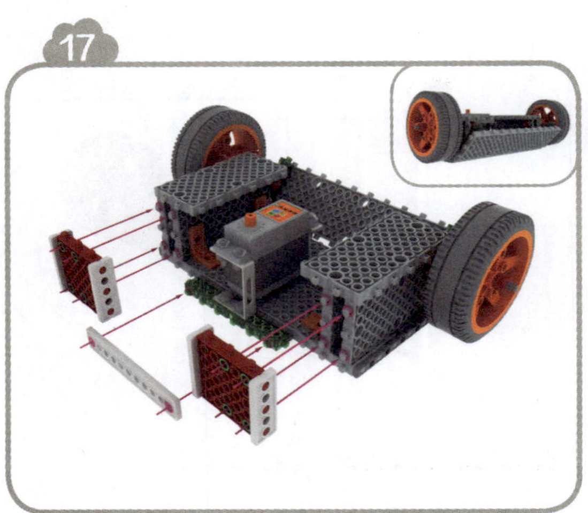

18

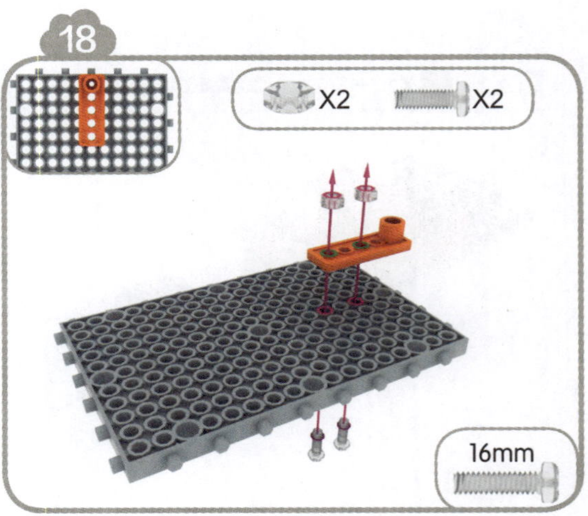

19

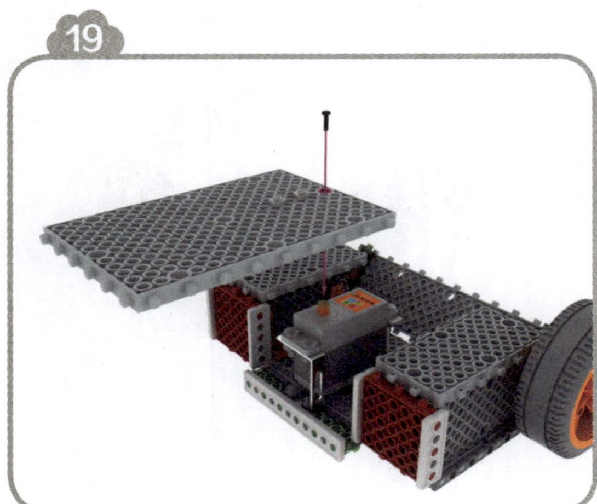

20

1. 使用伺服马达专用小螺钉将伺服 horn 安装到伺服马达上，注意伺服 horn 的方向。
2. 将伺服马达连接到主板相应的端口。
3. 编写如下程序上传到主板后，关掉电源并重新打开。

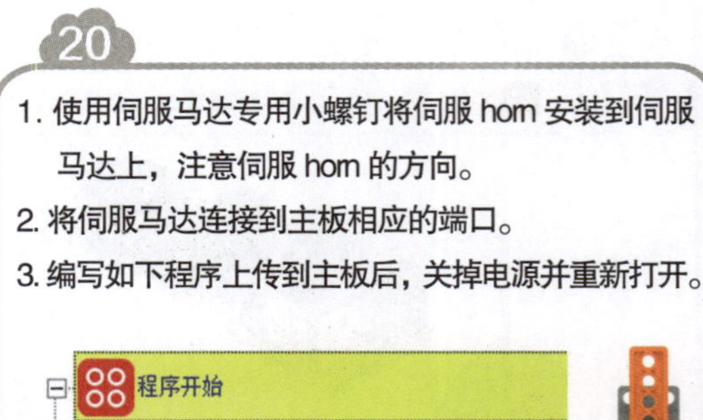

21

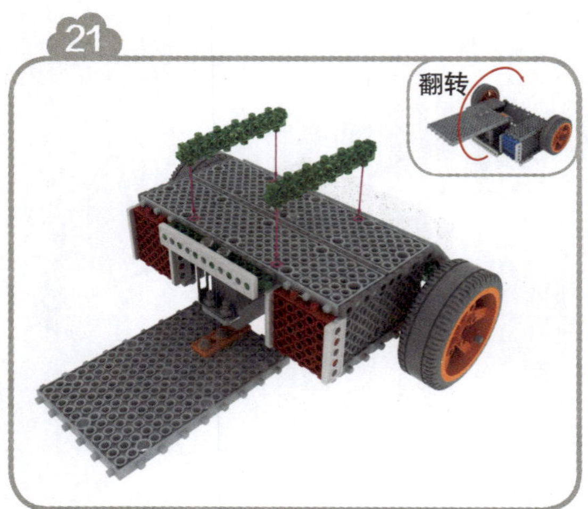

22

23

24

25

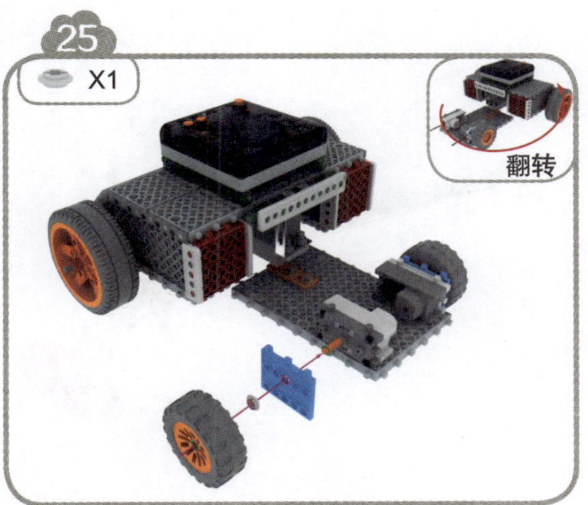

26

27

28

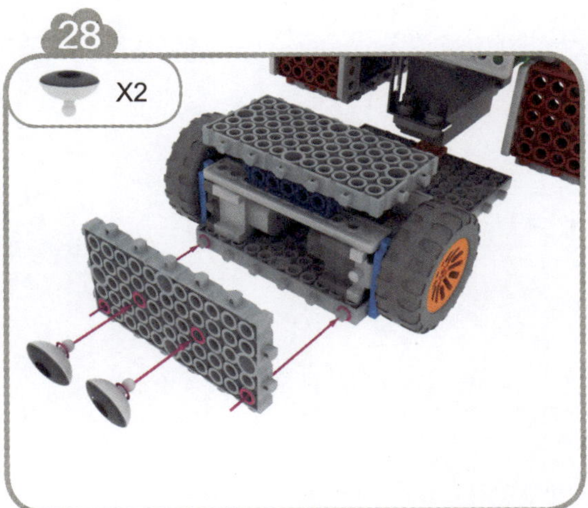

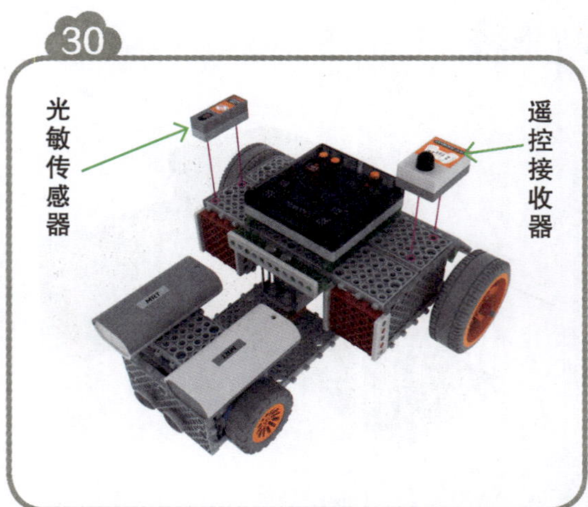

图 1-4　拼装步骤

按照图 1–5 所示，连一连。

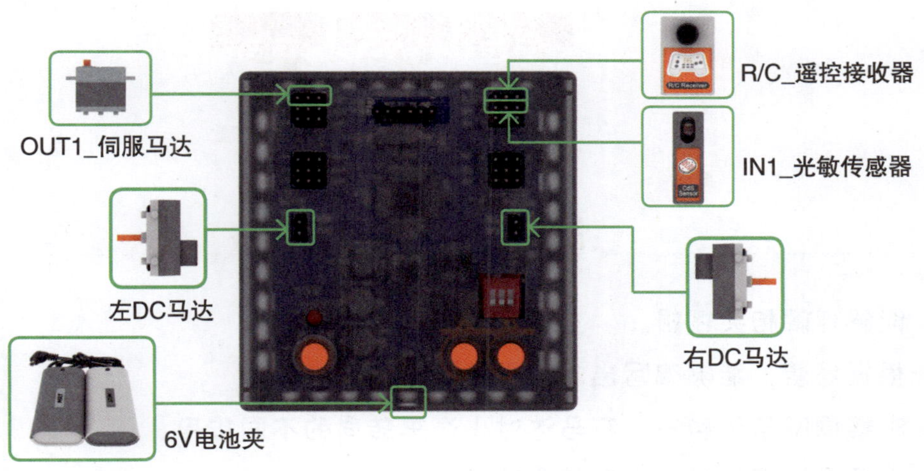

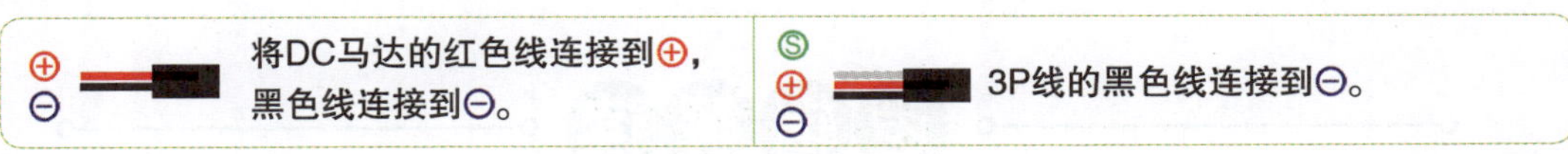

图 1–5　连接主板和组件

（1）请将作品拍照、保存。

（2）请将 6V 电池夹关闭并拆下。

（3）请将电子元器件拆下。

（4）请将模型拆除。

（5）请将所有配件放回原位。

（6）对照表 1–1 所示配件清单清点配件。

第 2 单元

◎ 能够理解相关逻辑。
◎ 根据场景，能够编写出对应程序。
◎ 观察伺服马达和左、右马达对小汽车转向的不同作用。
◎ 理解马达速度对小汽车转向的影响。

程序逻辑流程如图2−1所示。

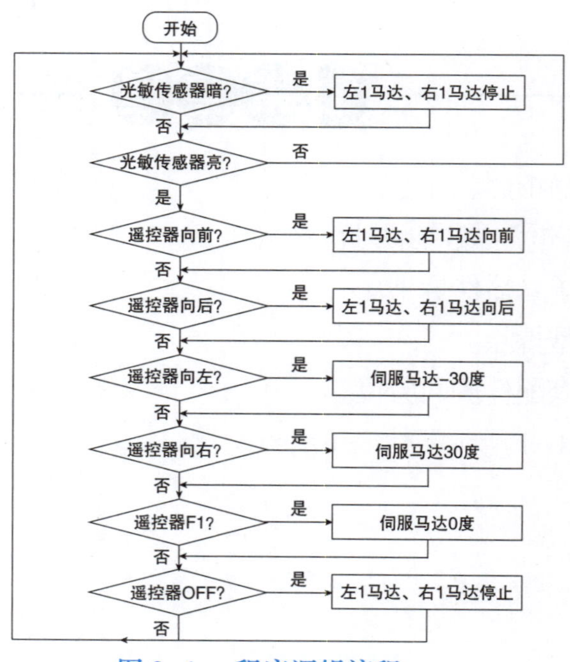

图 2−1　程序逻辑流程

（1）观察以下两种小汽车的运行情况：

当光敏传感器被遮挡时，马达停止。

当光敏传感器未被遮挡时，通过左、右马达的速度和伺服马达的转向来调整小汽车转向。

1）光敏传感器被遮挡时，马达停止。

程序解读如图2–2所示。

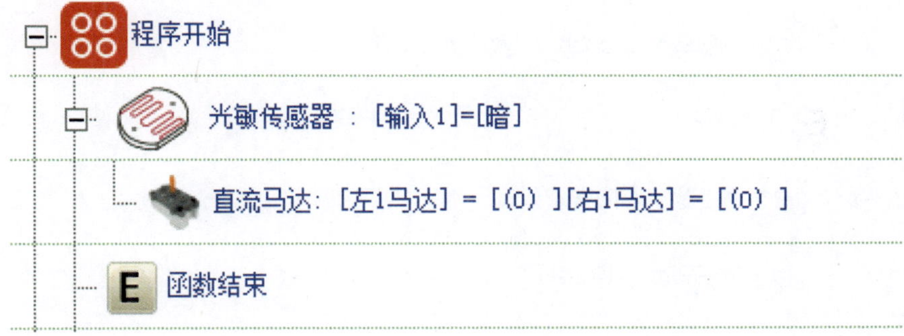

图 2–2　光敏传感器被遮挡程序

2）光敏传感器未被遮挡时：

●按遥控器上的“上”键，左马达转速为10，右马达转速为10。

●按遥控器上的“下”键，左马达转速为–10，右马达转速为–10。

●按遥控器上的“左”键，伺服马达偏转–30度。

●按遥控器上的“右”键，伺服马达偏转30度。

●遥控器没有按键时，马达停止。

程序解读如图2–3所示。

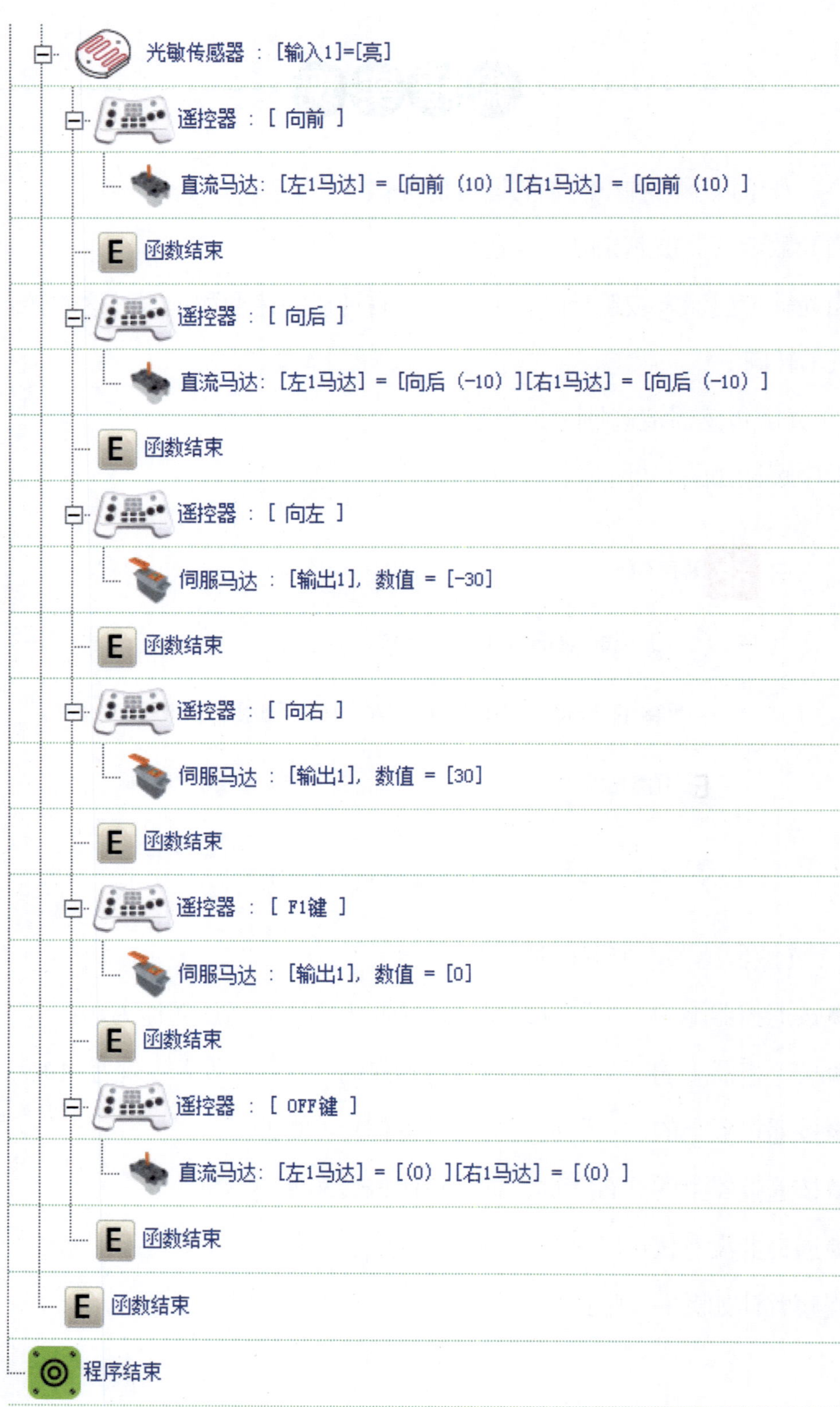

图 2-3　光敏传感器未被遮挡程序

（2）修改程序，调整成当光敏传感器没被遮挡时，按下遥控器“左”键，伺服马达偏转-30度的同时，左、右马达也执行左转动作；按下遥控器“右”键，伺服马达偏转30度的同时，左、右马达也执行右转动作。

（1）小汽车笛笛使用的是前驱方式还是后驱方式？为什么？

（2）伺服马达和左、右马达在转向时，各自的表现有什么不同？

（1）尝试在车上安装画轨迹的装置，让小汽车在纸上画出转弯的轨迹。

（2）尝试将马达改为驱动后轮。

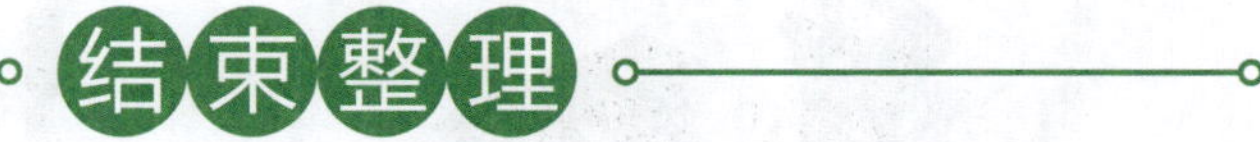

（1）请将作品拍照、保存。

（2）请将 6V 电池夹关闭并拆下。

（3）请将电子元器件拆下。

（4）请将模型拆除。

（5）请将所有配件放回原位。

（6）对照表 1-1 所示配件清单清点配件。

第3单元

击剑机器人搭建

学习目标

◎ 了解击剑运动。

◎ 了解击剑比赛规则。

◎ 能够搭建击剑机器人模型。

◎ 能够正确连接元器件。

大开眼界

① 击剑

击剑运动是一项历史悠久的体育运动项目。远古时代，剑就是人类为了生存同野兽进行搏斗和猎食所使用的工具。在中世纪的欧洲，击剑与骑马、游泳、打猎、下棋、吟诗、投枪一起被列为骑士的七种高尚运动。14世纪，欧洲的贵族流行拔剑决斗，解决纷争。

后来，为了满足人们对击剑的爱好和需要，又不至于伤害性命，有人发明了防护面罩（图3-1），有人不断改进剑身形状和护手盘，使击剑手在击剑比赛（图3-2）中更安全。

图 3-1　防护面罩

图 3-2　击剑比赛

② 击剑运动的剑种

击剑运动有三个剑种：重剑、花剑、佩剑（图3-3）。花剑比赛较具运动性，佩剑比赛是看谁速度最快，重剑比赛则更需要技巧和准确性。

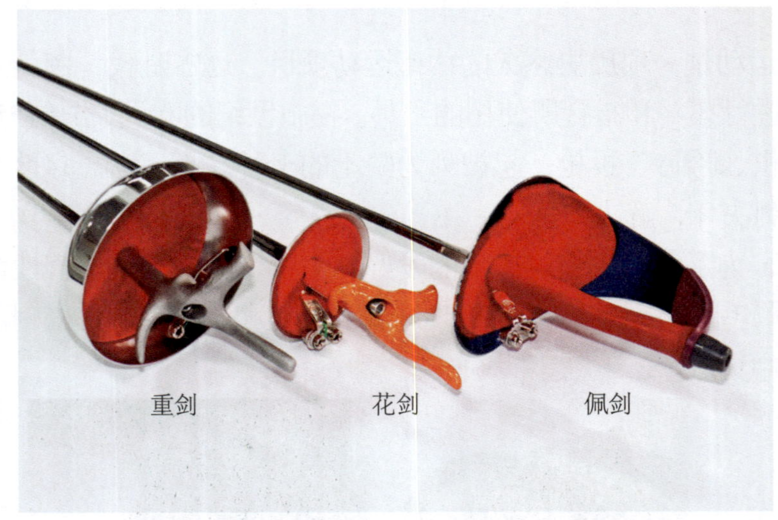

图 3-3　击剑运动的三个剑种

③ 击剑比赛规则

比赛场地：宽1.5米~1.8米、长14米的剑道。

比赛时间：一局9分钟，分数持平的话加时1分钟，使用突然死亡法。

花剑：剑尖刺中有效部位得分。有效部位为上身。一方先攻击而击中对手得分。被攻击一方要先做出有效抵挡动作后再进攻击中才有效。

重剑：剑尖每次刺中都有效。

佩剑：佩剑是既劈又刺的武器。在实战中，以劈中得分为多。有效部位是上身、头盔及手臂。

④ 安全注意事项

击剑运动员经过了专业训练并且有专门的防护用具才可以互相进攻。小朋友们在日常生活中千万不要用树枝、铅笔、筷子等尖锐物互相模仿攻击。否则很容易因为把握不好轻重和时间而伤害到自己或别人。

动手实现

① 本单元创意拼装目标：击剑机器人（图 3-4）。

图 3-4 击剑机器人模型

② 准备材料

按照表3-1所示的配件清单准备拼装材料，做好搭建准备。

表 3-1 配件清单

品名	图示	数量	品名	图示	数量
模块 15		9 块	长轴		1 根
模块 111		4 块	模块 35		1 块
90 度模块		3 块	模块 35		1 块
135 度模块		3 块	马达固定模块		2 块
中轴		2 根	眼睛模块		2 块
模块 511		5 块	模块 121		1 块

（续）

品名	图示	数量	品名	图示	数量
模块 1117	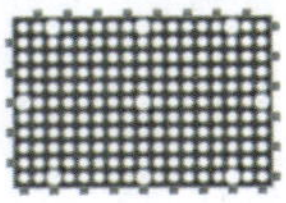	3 块	5 孔框架	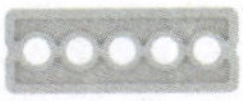	1个
模块 321		1 块	5 孔连接框架		4 个
圆形模块		4 块	L 形模块		3 块
小红帽		6 个	主板		1个
大护帽		4 个	DC 马达		2 个
小护帽		2 个	6V 电池夹		1块
链条轮		2 个	触碰传感器		1个
履带		38 个	遥控接收器		1个
红色 LED 灯		1个	伺服马达		1个
模块 55	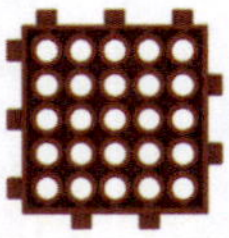	2 块	伺服架		2 个
伺服马达专用小螺钉		2 个	伺服 horn	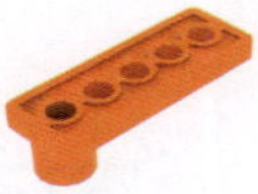	1个
11 孔框架		3 个	引导轮		2 个

③ 动手搭一搭（图 3–5）

1

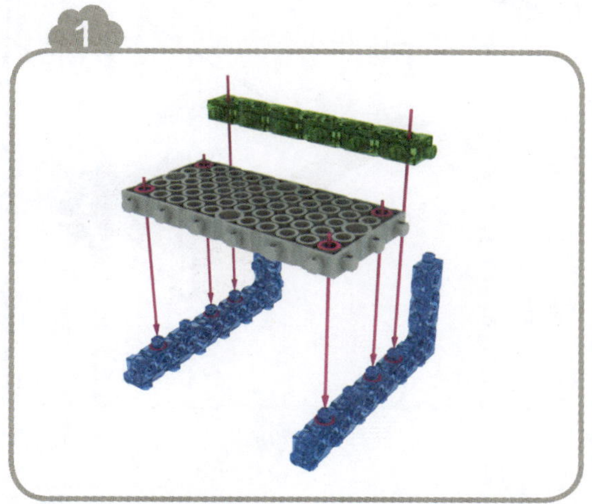

2

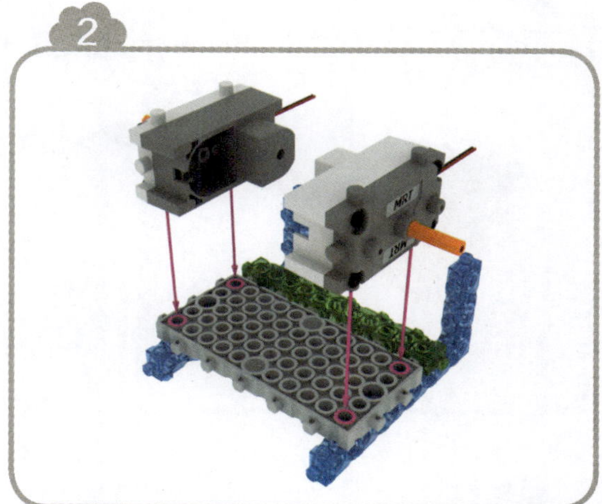

3

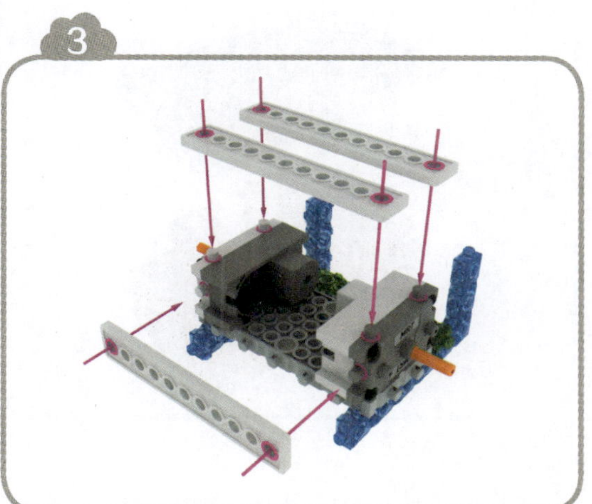

4

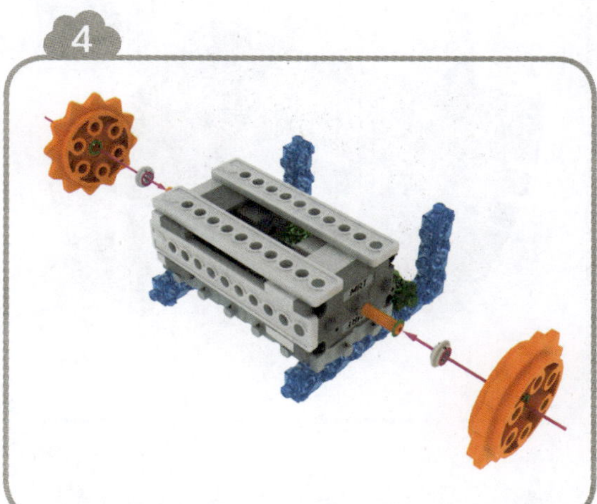

5

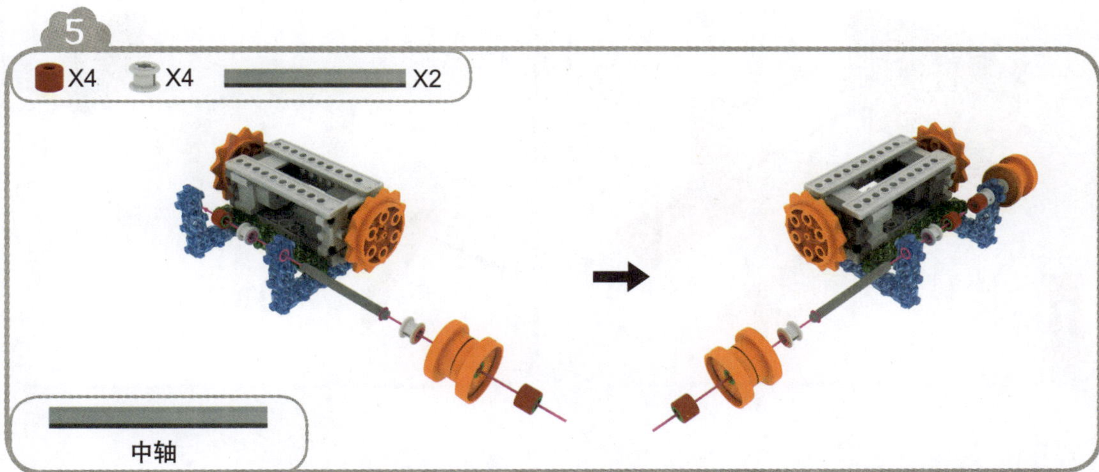

6

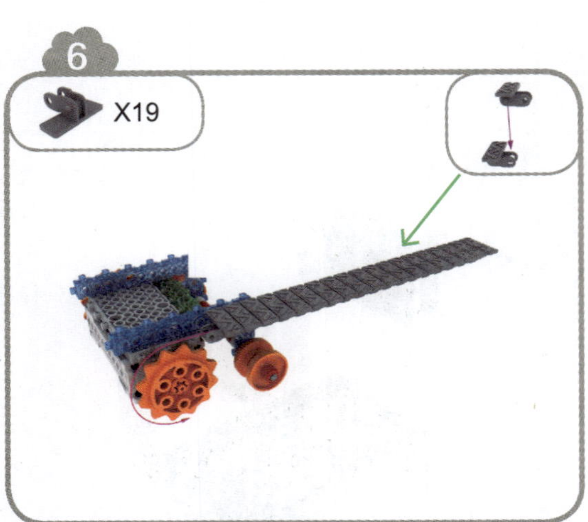

7

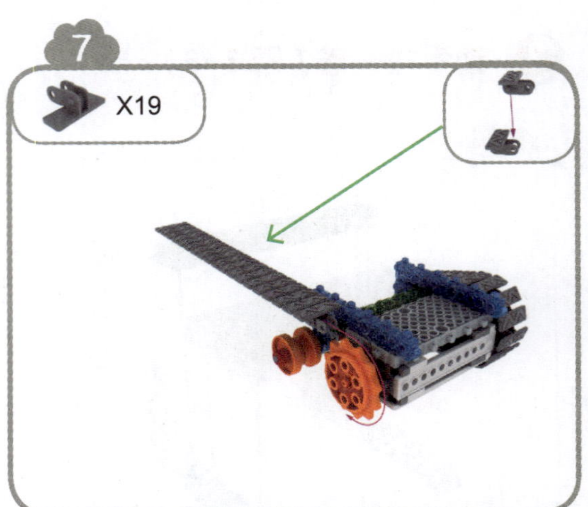

8

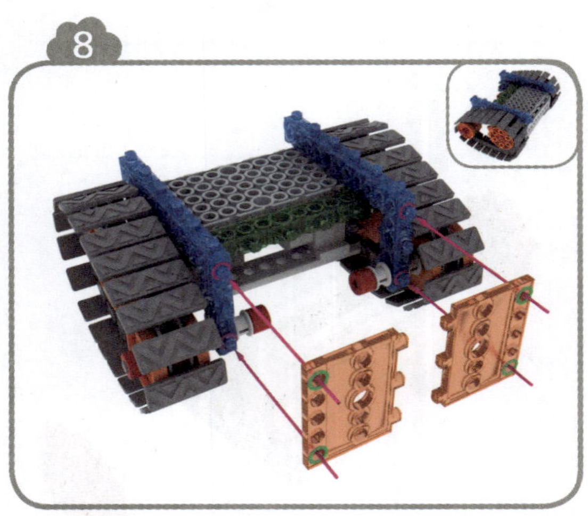

9

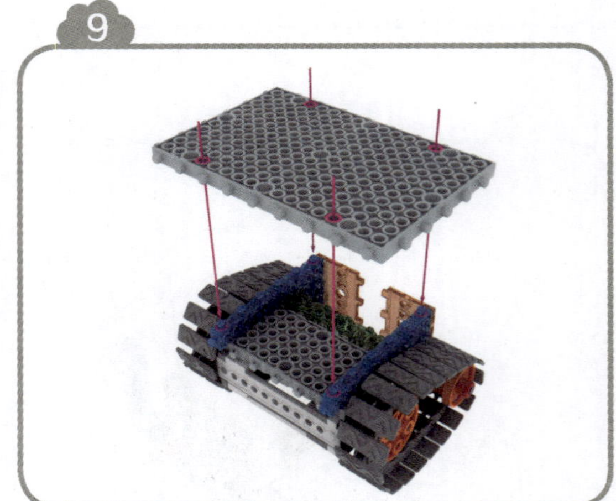

10

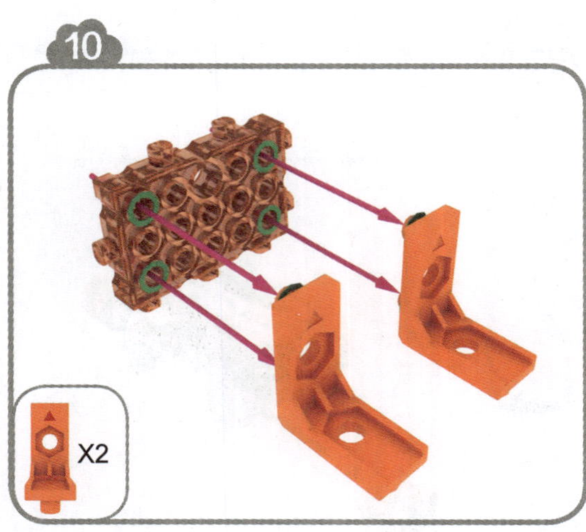

11

12

1. 使用伺服马达专用小螺钉将伺服 horn 安装到伺服马达上，注意伺服 horn 的方向。
2. 将伺服马达连接到主板相应的端口。
3. 编写如下程序上传到主板后，关掉电源并重新打开。

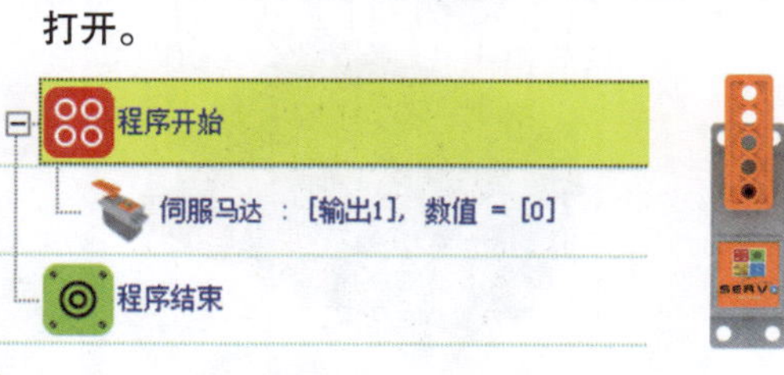

13

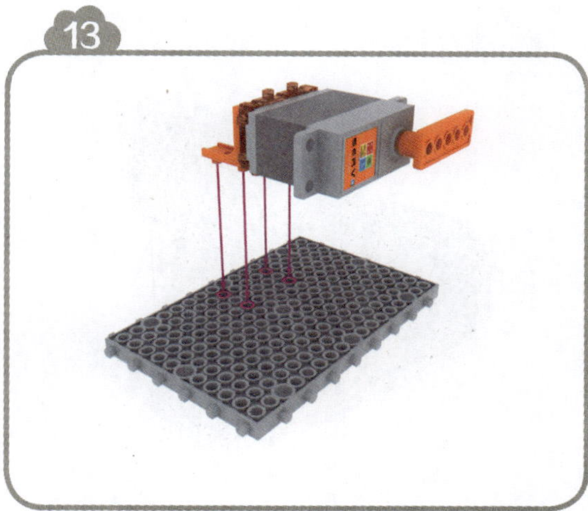

14

15

16

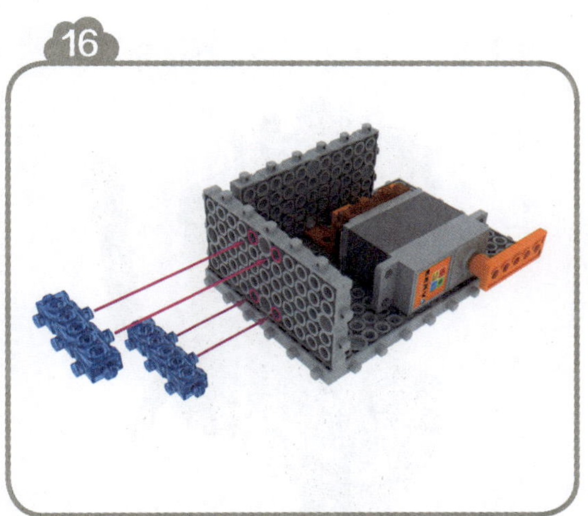

17

18

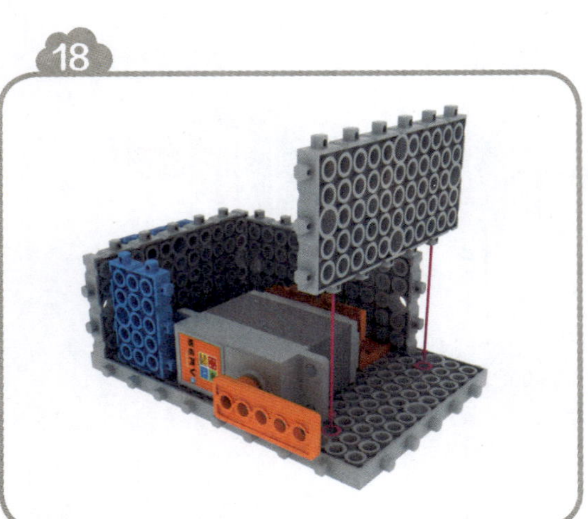

19

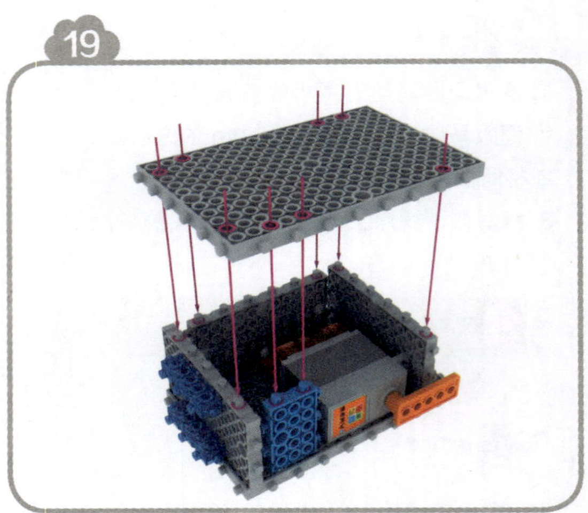

20

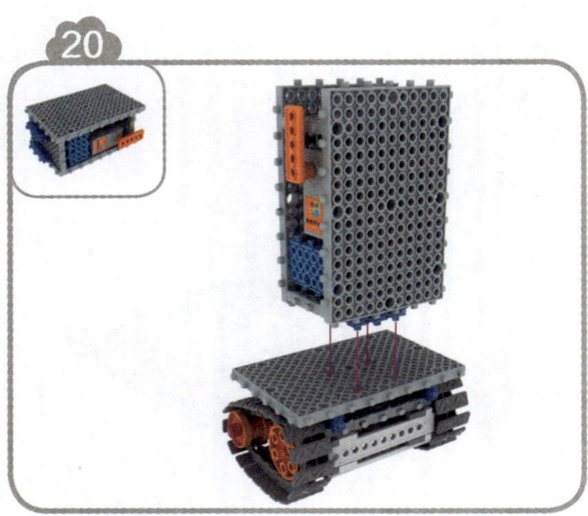

21

22

23

24

25

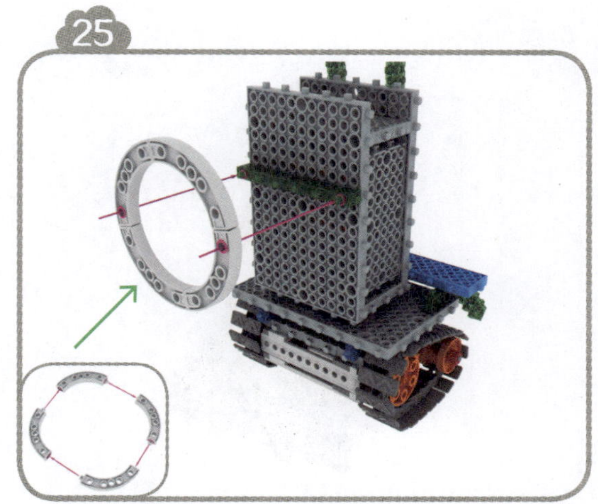

26

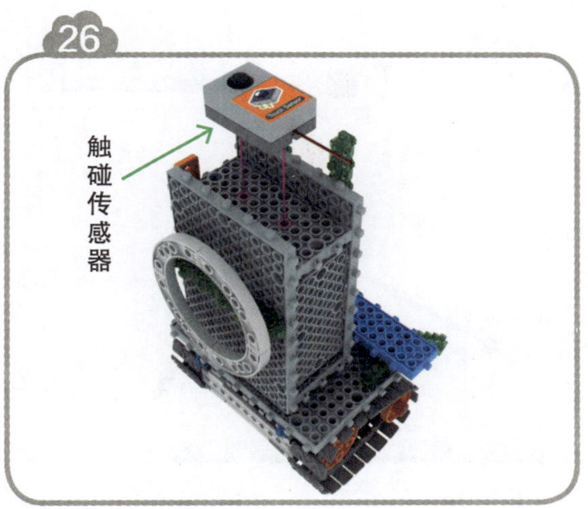

27

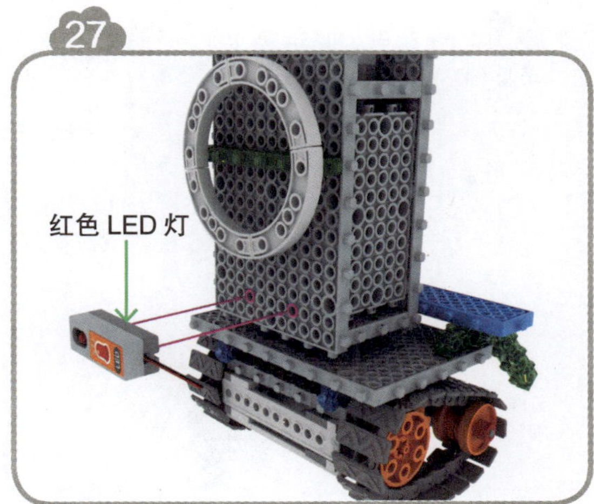

28

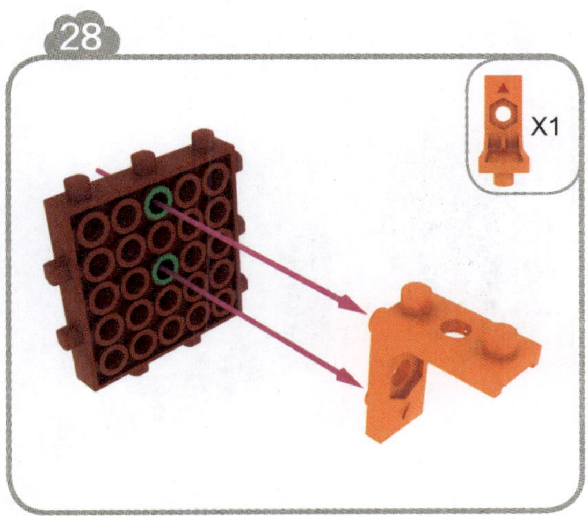

29

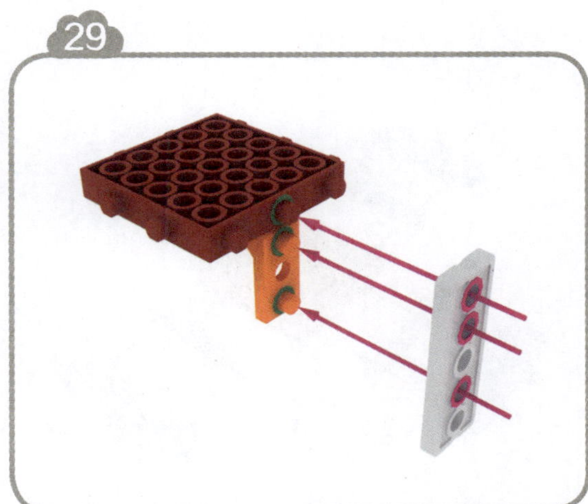

30

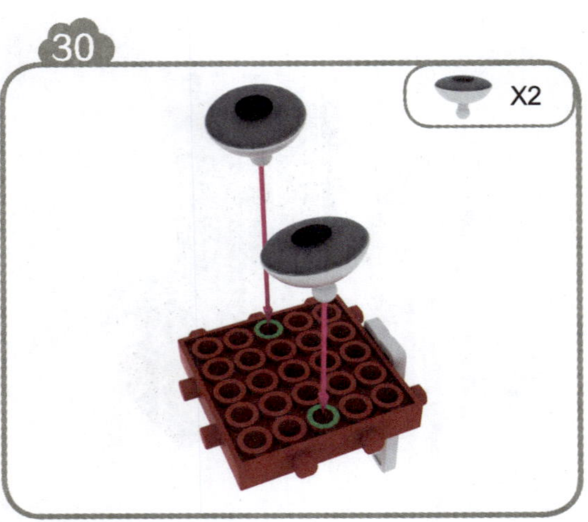

31

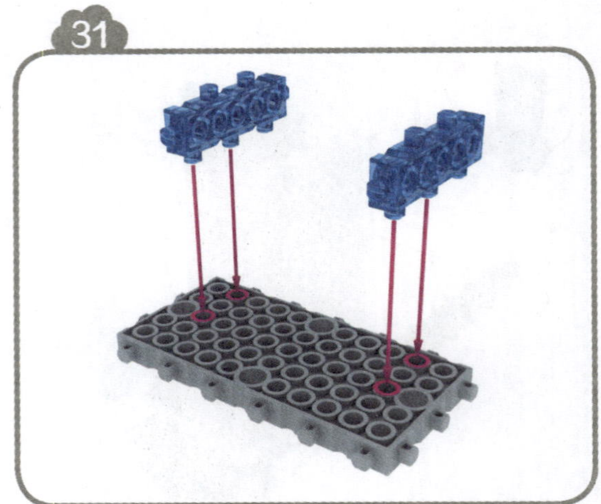

32

33

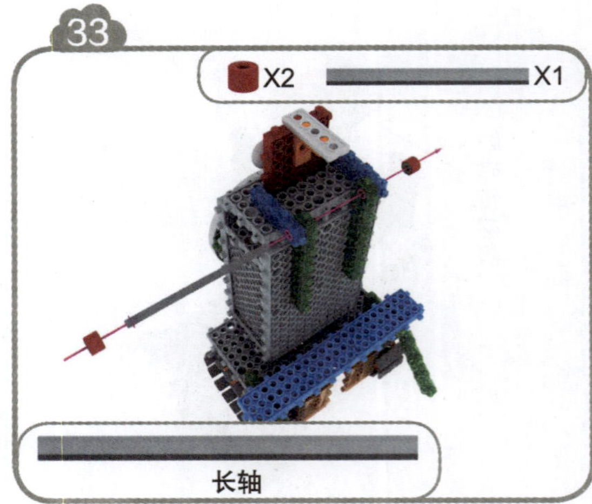

34

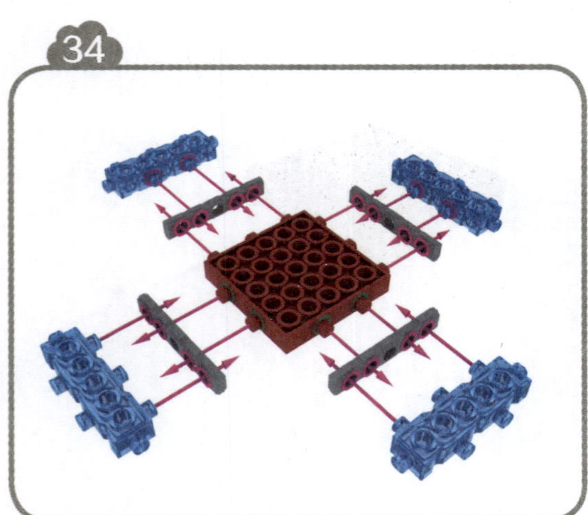

35

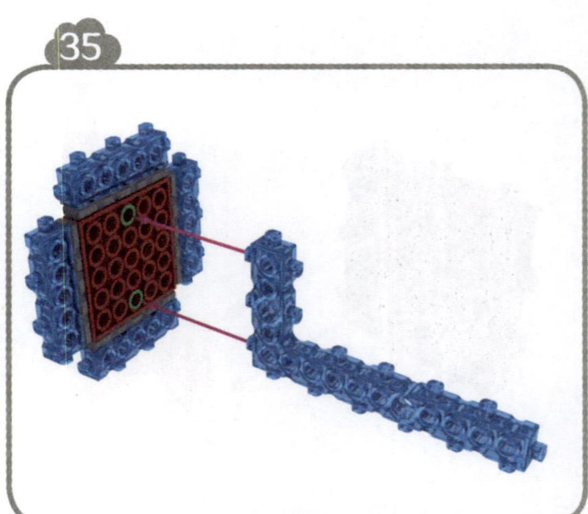

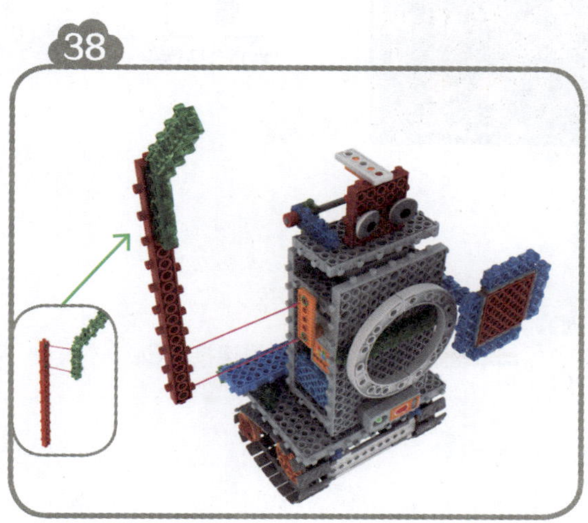

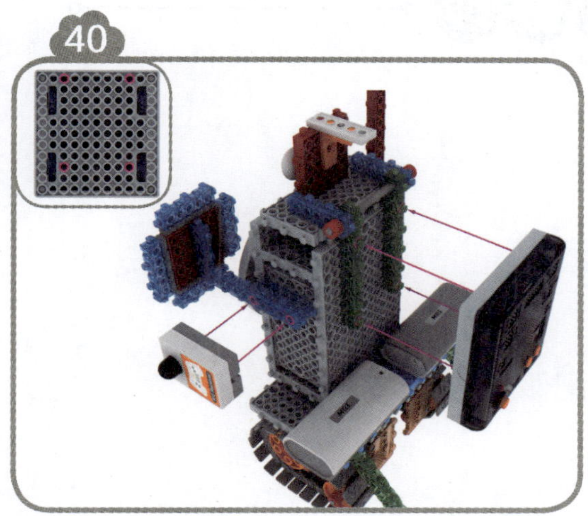

图 3-5　拼装步骤

主板连接

按照图 3-6 所示，连一连。

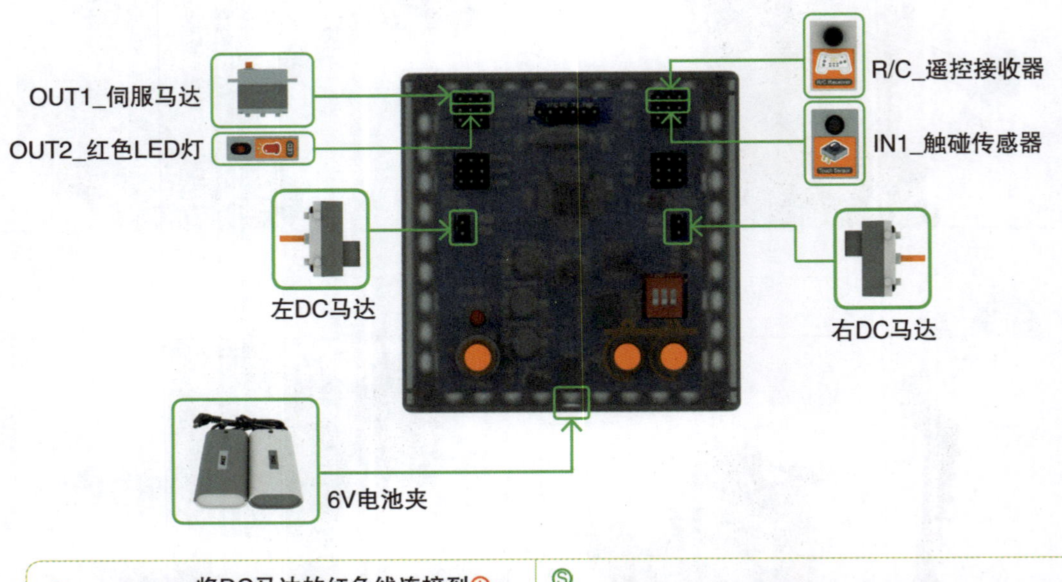

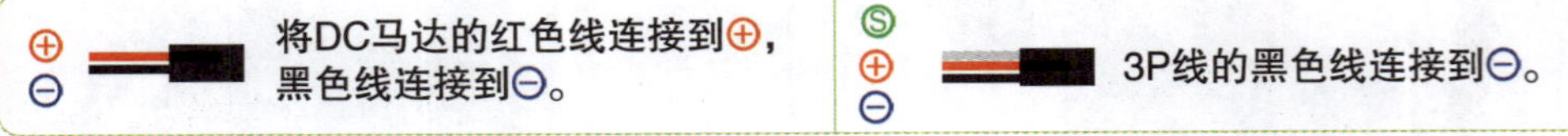

图 3-6　连接主板和组件

结束整理

（1）请将作品拍照、保存。

（2）请将 6V 电池夹关闭并拆下。

（3）请将电子元器件拆下。

（4）请将模型拆除。

（5）请将所有配件放回原位。

（6）对照表 3-1 所示配件清单清点配件。

第 4 单元

学习目标

◎ 理解击剑机器人的编程逻辑。

◎ 实现击剑机器人的编程。

◎ 能够操控机器人进行对抗。

◎ 能够根据比赛规则进行比赛。

程序逻辑流程如图4-1所示。

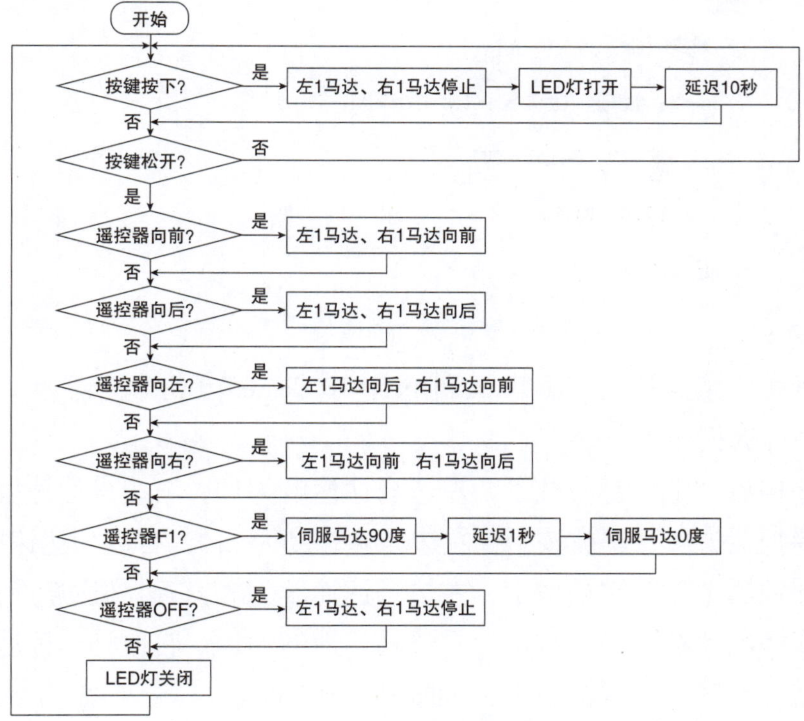

图 4-1 程序逻辑流程

(1)总程序(图4-2)。

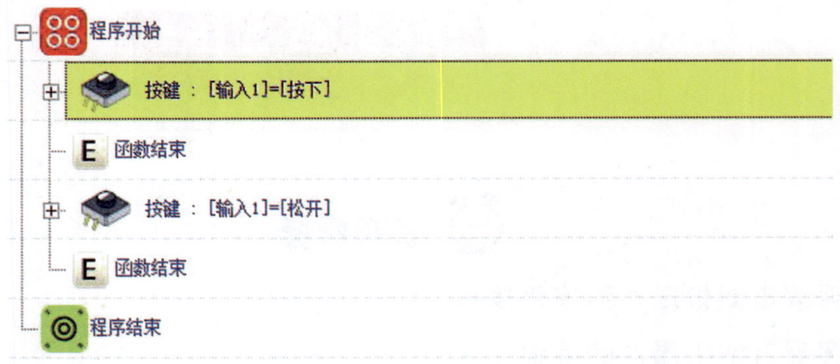

图 4-2 总程序

(2)触碰传感器被按下(Touch:[IN1]=[Pressed])(图4-3)。

●左边马达停止，右边马达停止。

●LED灯亮。

●延迟10秒。

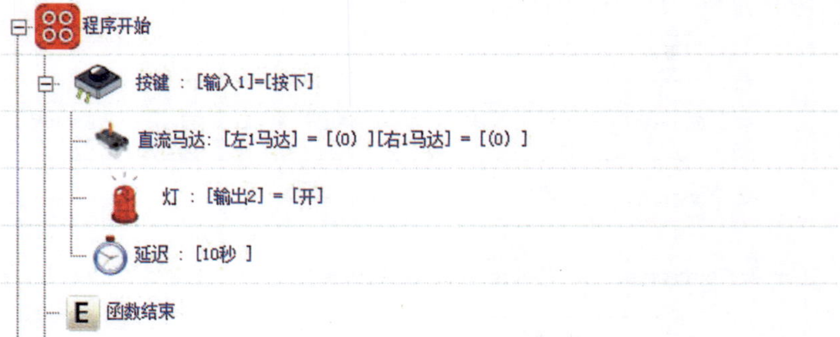

图 4-3 程序实现：触碰传感器被按下

(3)触碰传感器被松开(Touch:[IN1]=[Released])(图4-4)。

●LED灯熄灭。

●当遥控器“上”键被按下，左边马达速度为10，右边马达速度为10。

●当遥控器“下”键被按下，左边马达速度为-10，右边马达速度为-10。

●当遥控器“左”键被按下，左边马达速度为0，右边马达速度为10。

●当遥控器“右”键被按下，左边马达速度为10，右边马达速度为0。

●当遥控器“F1”键被按下，伺服马达转90度。

●当没有按键，左、右马达均停止。

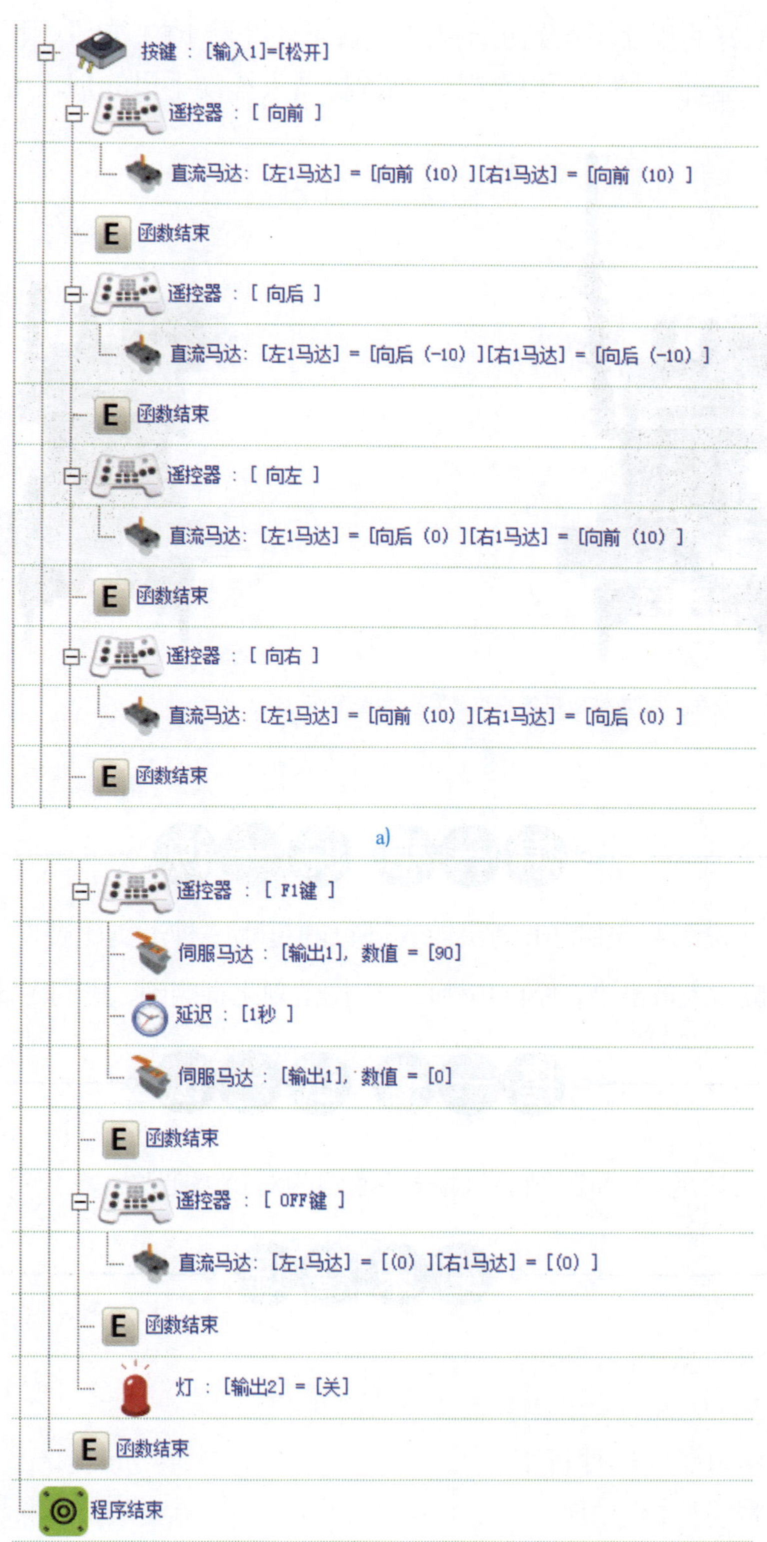

图 4-4　程序实现：触碰传感器被松开

（4）将编好的程序下载到机器人中，按下遥控器上的“上”“下”“左”“右”键指挥机器人运动。按下“F1”键，指挥机器人挥动手里的剑攻击对方，如图4–5所示。

提示：①伺服马达攻击。②触碰感应器感应到信号后会暂停 10 秒钟。

图 4–5　机器人对抗

（1）说一说图4–5中的击剑机器人进行的是哪一种击剑比赛？

（2）当机器人被击中，停止10秒时，根据击剑比赛规则，我们应该做些什么？

搭建击剑场地，和同学们进行一场激烈的对抗赛吧！

（1）请将作品拍照、保存。

（2）请将 6V 电池夹关闭并拆下。

（3）请将电子元器件拆下。

（4）请将模型拆除。

（5）请将所有配件放回原位。

（6）对照表 3–1 所示配件清单清点配件。

第5单元 抛石机搭建

学习目标

◎ 了解抛石机的种类。

◎ 了解抛石机的运作原理。

◎ 能够搭建抛石机模型。

◎ 能够正确连接主板和元件。

大开眼界

① 人力抛石机

战国时期，我国人力抛石机就出现了，被称为“炮”。抛石时，由几个人快速拉下抛石机的一头，把另一头的石弹抛出去。抛石机的结构（图5-1）为一个结实的木架，架子有横杆，横杆上加上炮梢。炮梢的一头用绳索拴住装石弹的皮套，另一头绑很多条绳子让人拉拽。最多的时候有7个炮梢装在一个炮架上，需要250人发射炮弹。

抛石机通常用来攻城时砸开城墙。唐朝时，我国与高句丽作战，使用的抛石机能抛出300多斤重的石料，给高句丽的木制城墙造成重创。宋代还出现过炮架可以旋转的炮，称为旋风炮。

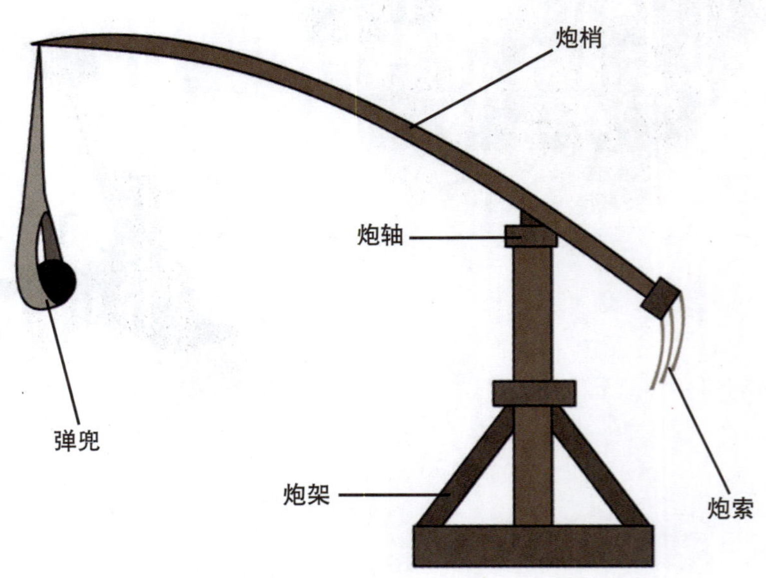

图 5-1　抛石机结构

② 弹力抛石机

我国古代称弹力抛石机为床弩或床子弩。它是依靠弓弦的弹力来抛射，除了发射大型箭也可以发射石弹。受弓弦所限，一般不能发射大型石弹。

③ 扭力抛石机

中国古代称扭力抛石机（图5-2）为石弩、投石车、弹射器或弩炮。它依靠扭绞绳索所产生的力量进行弹射。弹射杆平时是直立的，杆的下端插在一组扭绞得很紧的水平绳索里，顶端是装弹丸的袋子。弹射时，先用绞盘将弹射杆拉至接近水平位置，将弹丸放进顶端的袋子里，然后松开绞盘绳索，弹射杆在恢复到垂直位置的过程中，将弹丸抛出。

图 5-2　扭力抛石机

④ 配重式抛石机

配重式抛石机（图5-3）出现得比较晚，为大型的抛石机，它的顶端木杆一端装有重物，另一端装有待发射的石弹。发射前，先将放置石弹的一端用绞盘、滑轮或直接用人力拉下，同时，装有重物的一端上升。放好石弹后放开绳索，让装有重物的一端落下，石弹就能顺势抛出。

图 5-3　配重式抛石机

动手实现

① 本单元创意拼装目标：抛石机（图 5-4）。

图 5-4　抛石机模型

② 准备材料

按照表5-1所示的配件清单准备拼装材料，做好搭建准备。

表 5-1　配件清单

品名	图示	数量	品名	图示	数量
模块 15		13 块	连接轴		2 个
模块 111		5 块	长轴		3 根
模块 35		1 块	小齿轮		2 个
135 度模块		2 块	21 孔框架		3 个

（续）

品名	图示	数量	品名	图示	数量
大齿轮		2 个	中轮子		2 个
遥控接收器		1 个	模块 121		1 块
模块 511		7 块	5 孔框架		4 个
模块 523		2 块	5 孔连接框架		1 个
模块 1117		1 块	L 形模块		11 块
模块 321		2 块	主板		1 个
大护帽		6 个	DC 马达		2 个
小红帽		6 个	6V 电池夹		1 块
小护帽		6 个	伺服马达		1 块
大轮子		2 个	螺母		4 个
中螺钉	16mm	4 个	伺服架		2 个
伺服马达专用小螺钉		2 个	伺服 horn		1 个

③ 动手搭一搭（图5-5）

1

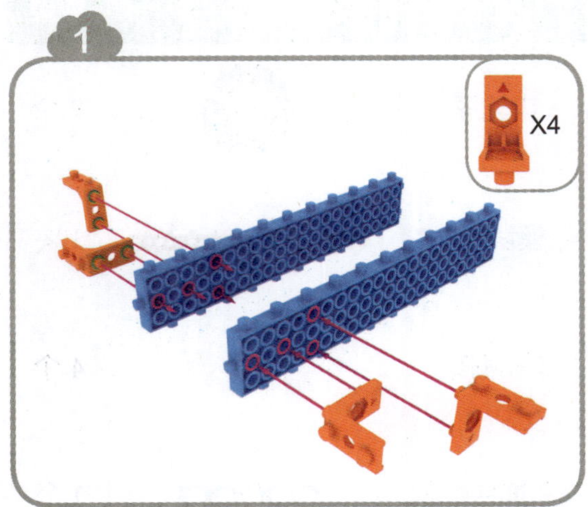

2

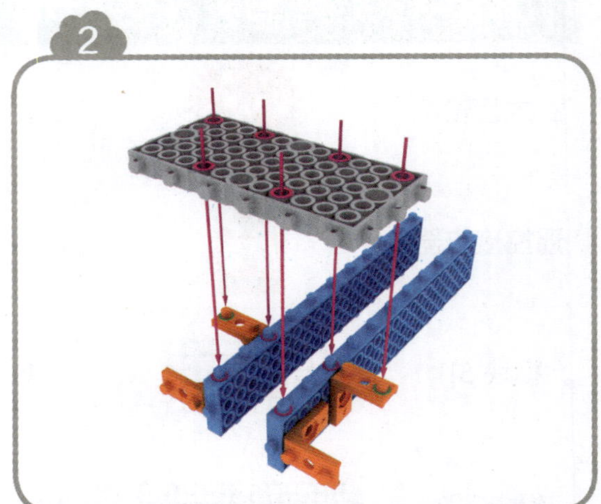

3

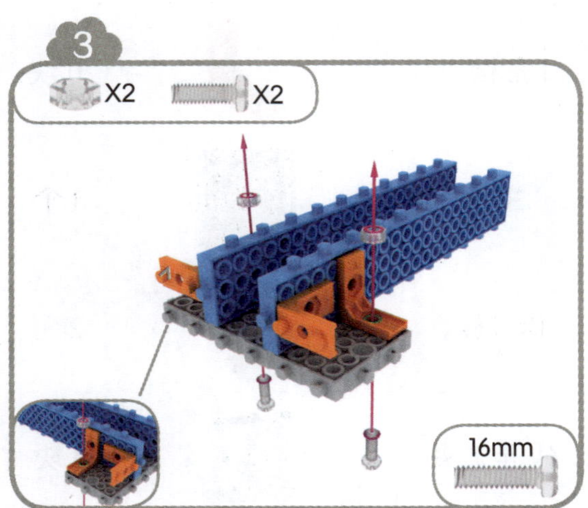

4

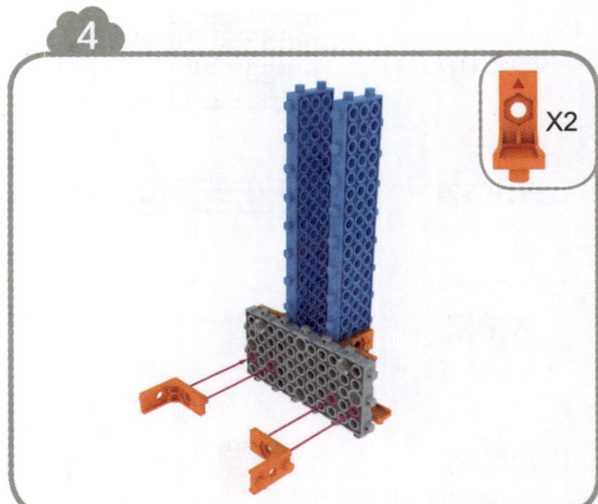

5

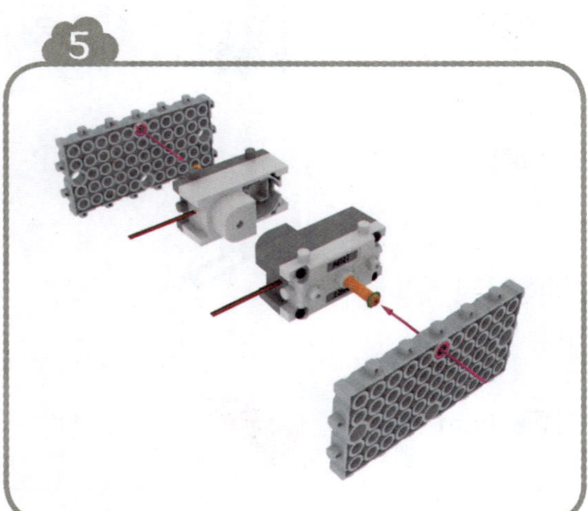

6

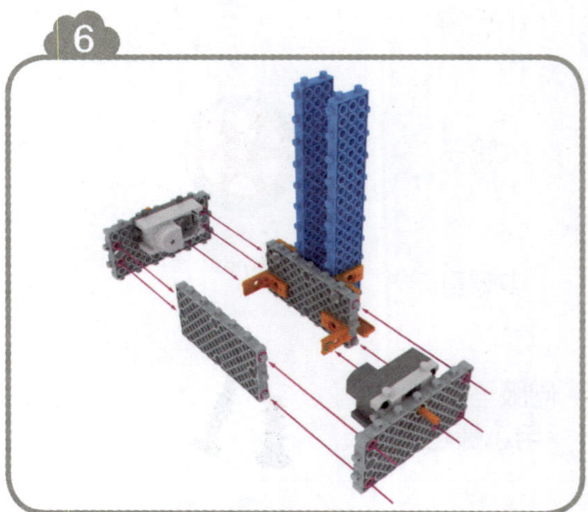

7

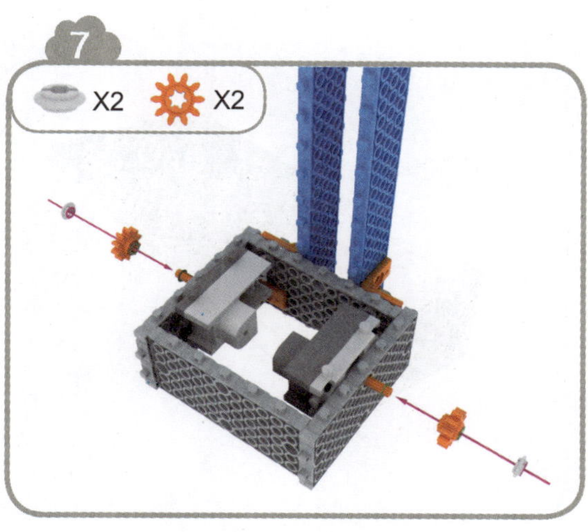

8

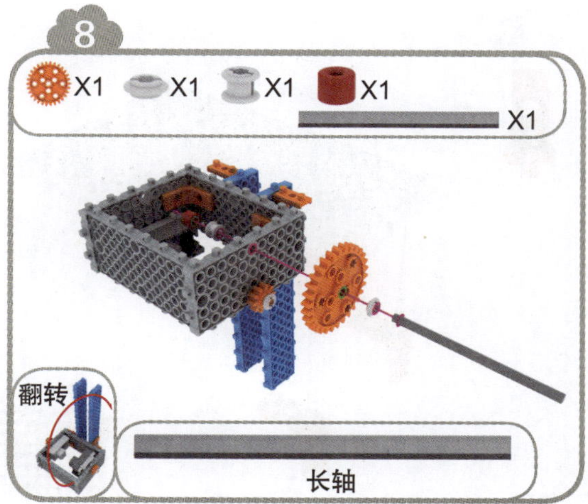

9

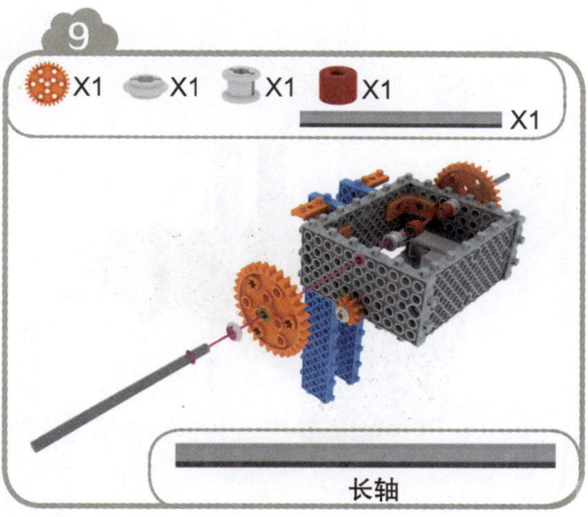

10

11

12

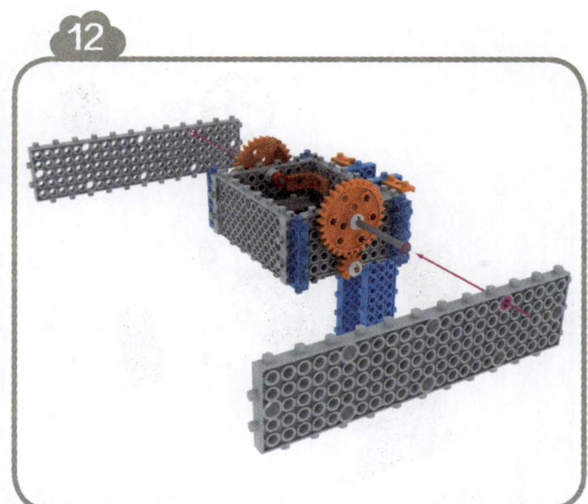

13

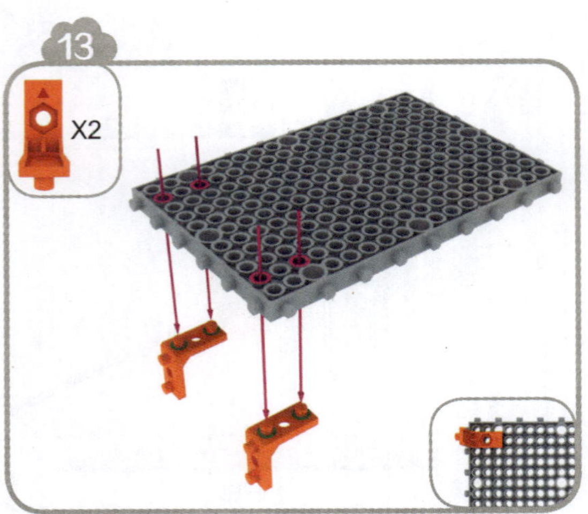

14

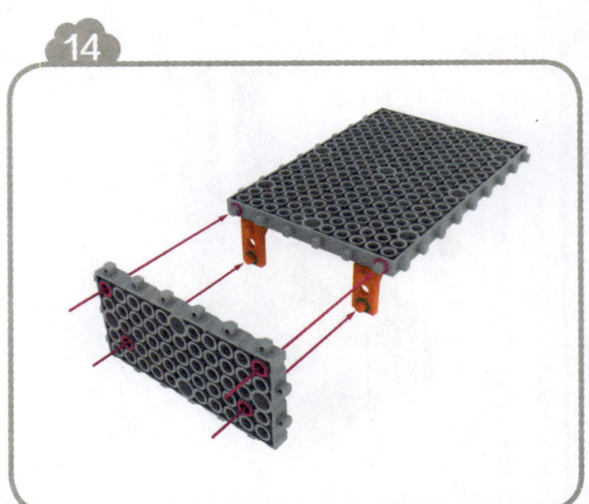

15

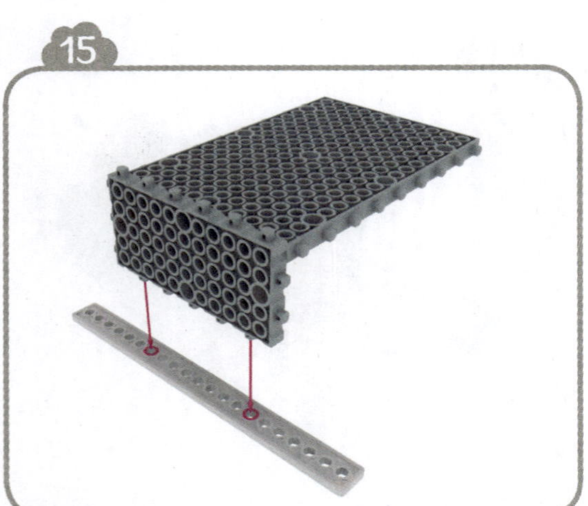

16

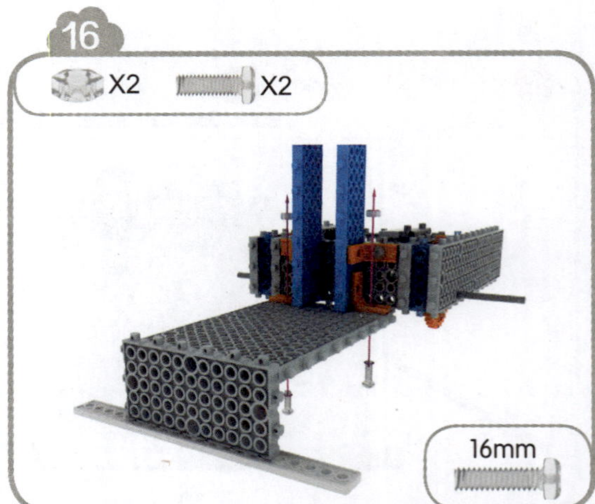

17

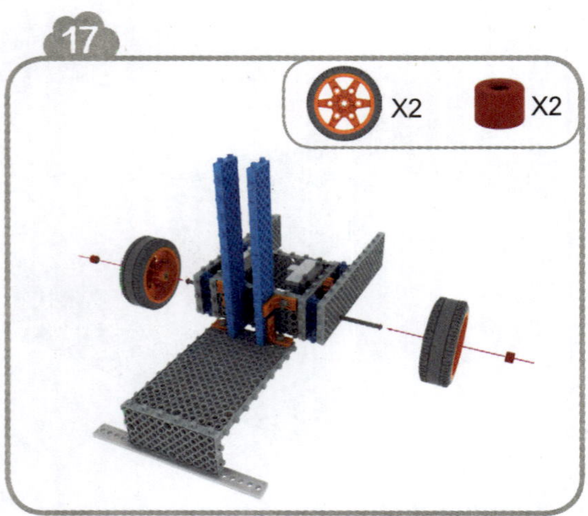

18

19

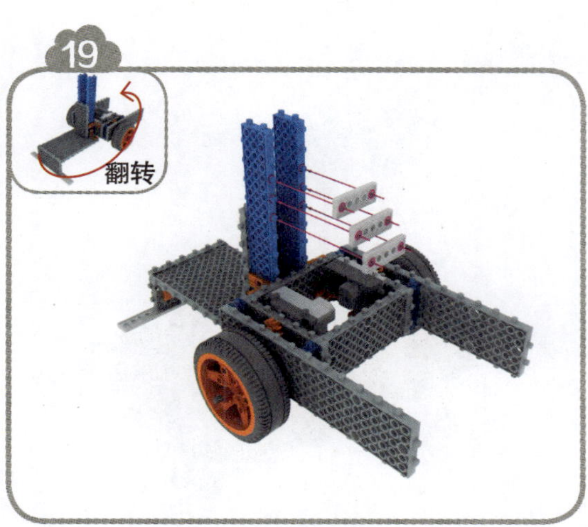

20

21

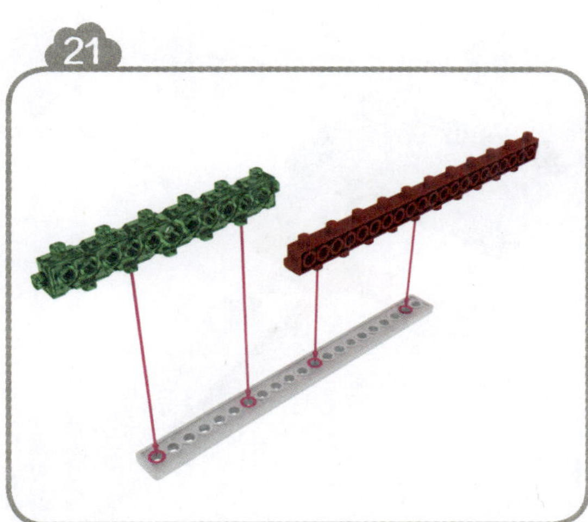

22

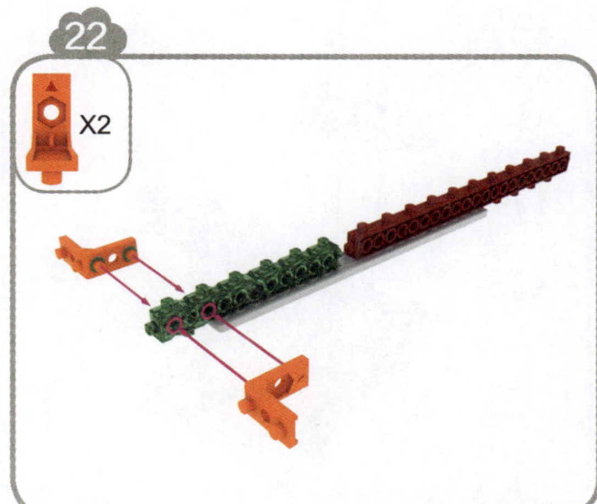

23

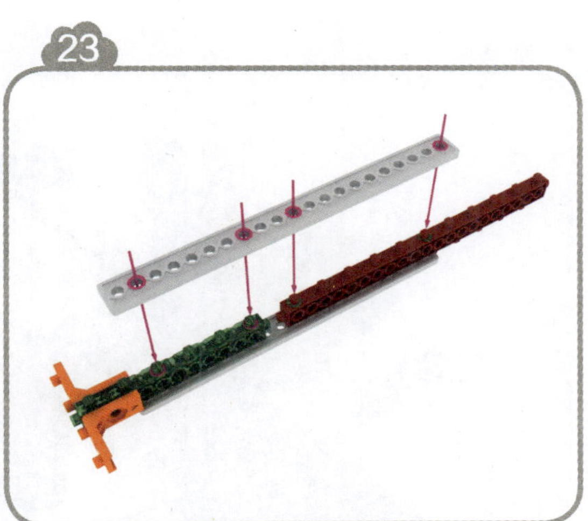

24

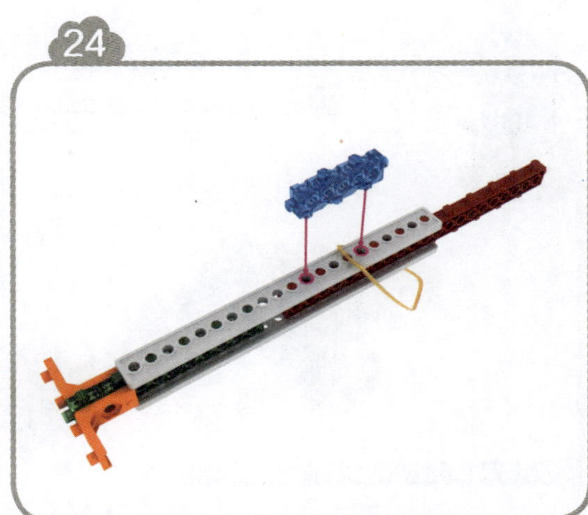

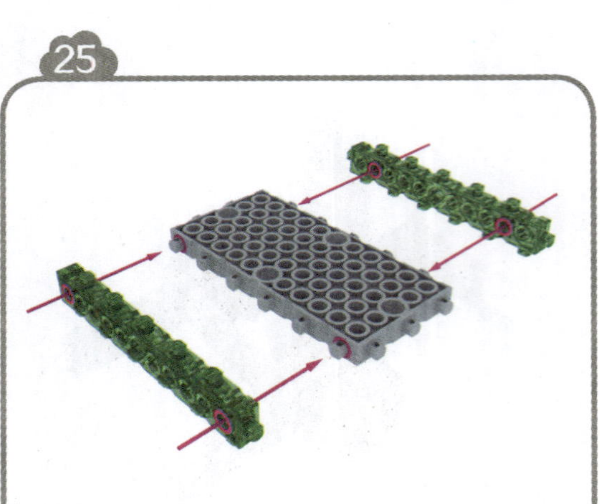
25

26

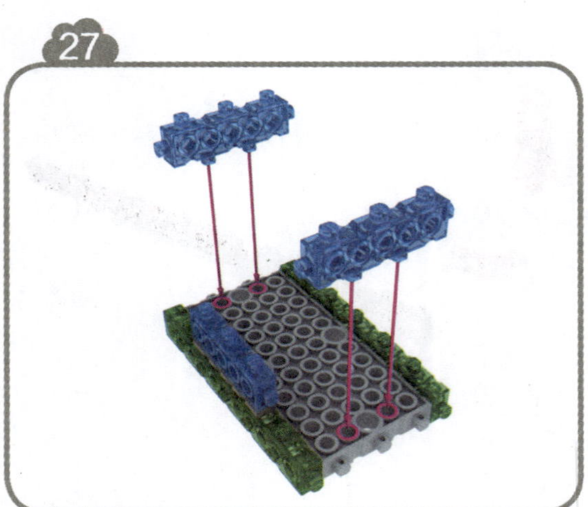
27

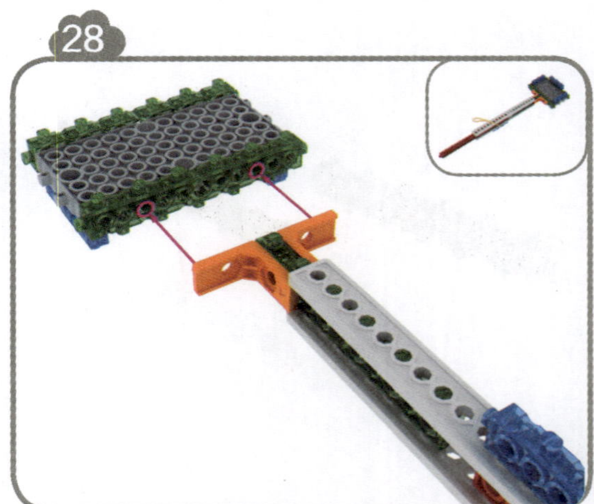
28

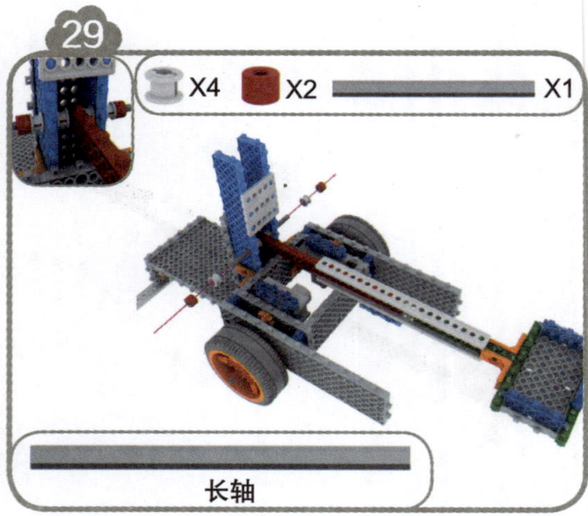
29
X4
X2
X1
长轴

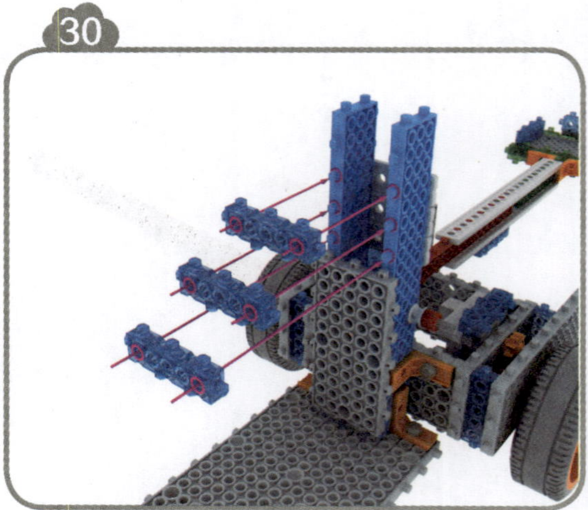
30

31

32

33

34

35

36

37

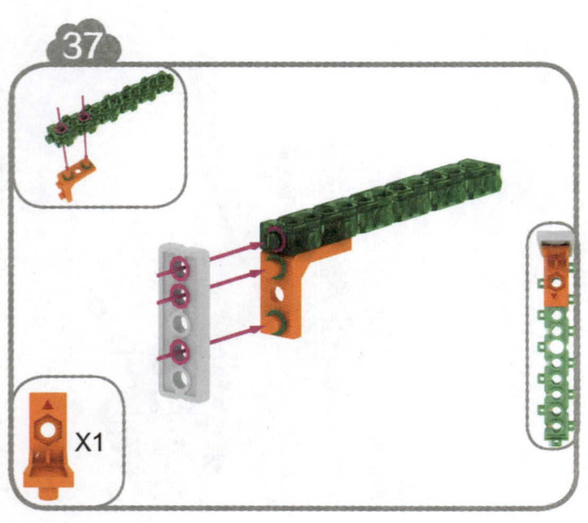

38

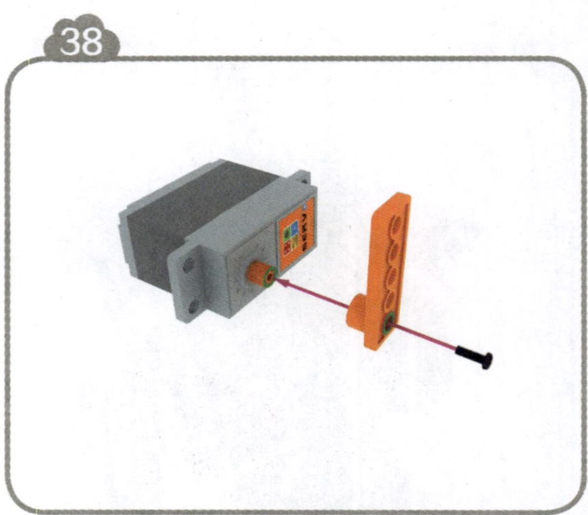

39

1. 使用伺服马达专用小螺钉将伺服 horn 安装到伺服马达上，注意伺服 horn 的方向。
2. 将伺服马达连接到主板相应的端口。
3. 编写如下程序上传到主板后，关掉电源并重新打开。

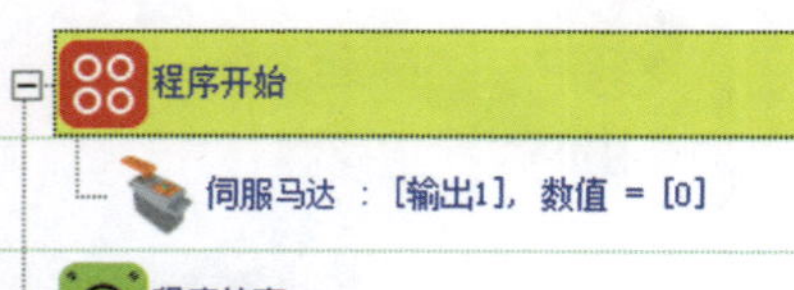

40

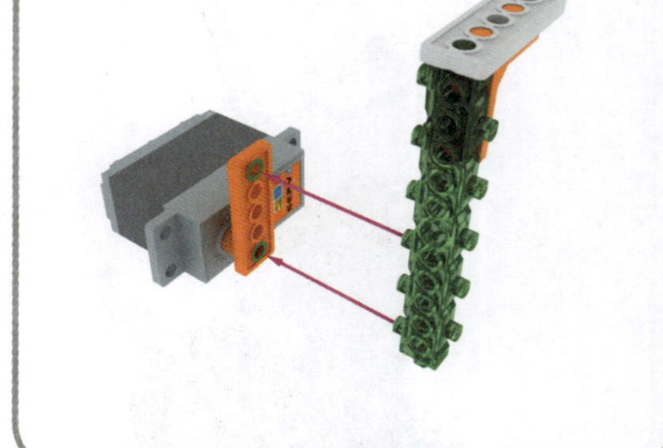

41

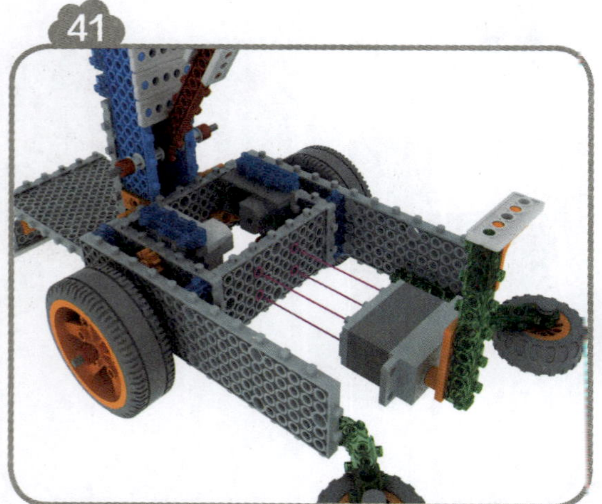

42

43

完成

图 5-5　拼装步骤

主板连接

按照图 5-6 所示，连一连。

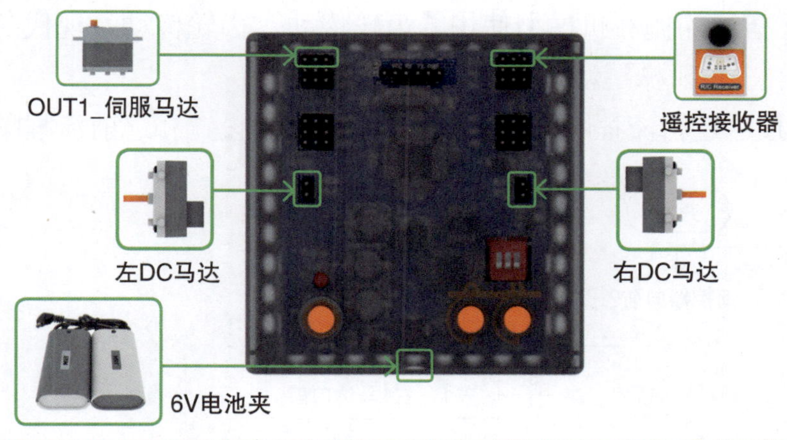

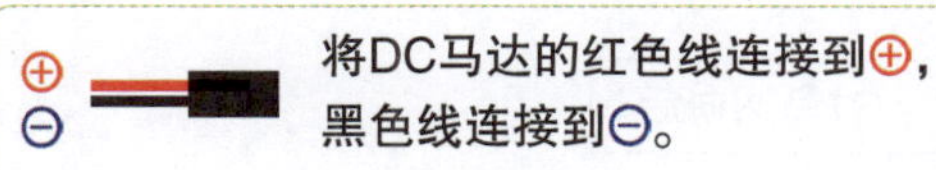

图 5-6　连接主板和组件

结束整理

（1）请将作品拍照、保存。
（2）请将 6V 电池夹关闭并拆下。
（3）请将电子元器件拆下。
（4）请将模型拆除。
（5）请将所有配件放回原位。
（6）对照表 5-1 所示配件清单清点配件。

第6单元 抛石机编程

学习目标

◎ 理解抛石机的编程逻辑。

◎ 实现抛石机的编程。

◎ 能够使用抛石机进行抛石。

◎ 能够根据抛石机原理设法改善投石效果。

逻辑解读

第5单元搭建的抛石机模型使用了齿轮传动。齿轮传动是现代各种设备中应用最广泛的一种机械运动。

请观察程序逻辑流程图6-1中马达转动方向的设置和之前流程图中的设置的区别。

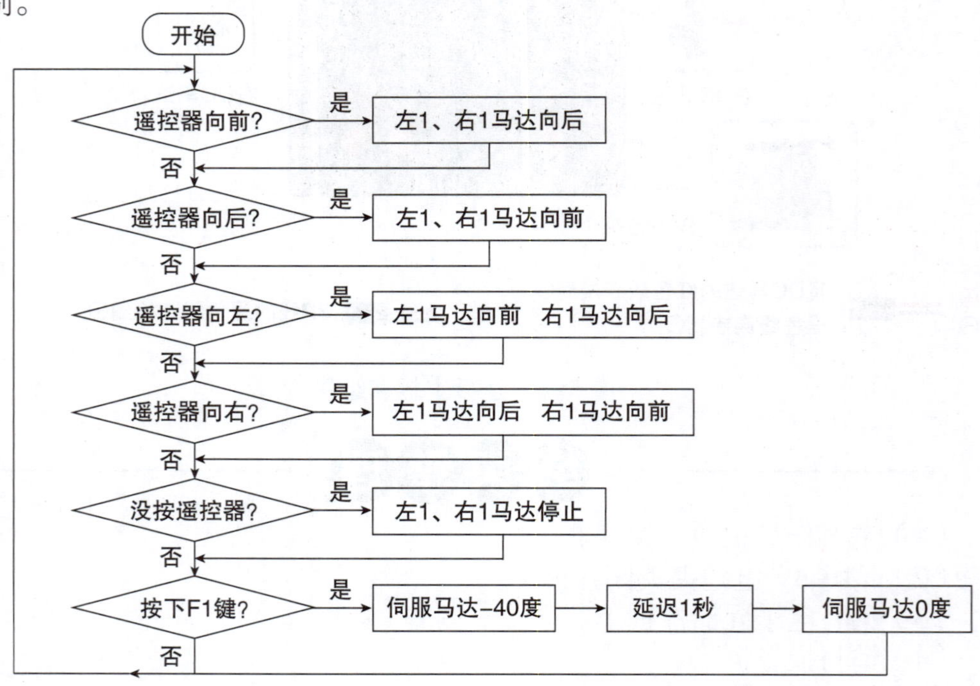

图 6-1 程序逻辑流程

（1）“F1”键被按下。

●伺服马达偏转-40度。

●停留1秒。

●伺服马达归零。

编程如图6-2所示。

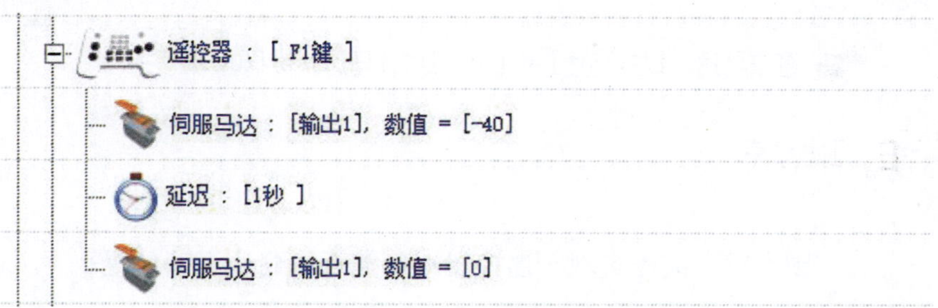

图 6-2 编程实现："F1" 键被按下

（2）未触发伺服马达时，遥控器“上”“下”“左”“右”键控制抛石机到达正确位置。编程如图6-3所示。

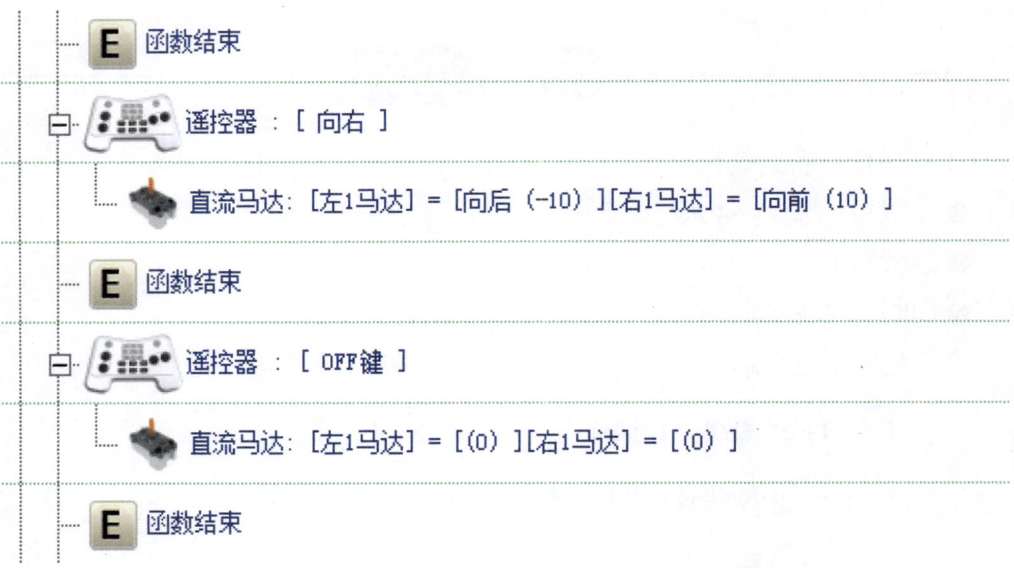

图 6-3　编程实现：遥控器控制抛石机到达正确位置

（3）将编好的程序下载到机器人中，按下遥控器上的“上”“下”“左”“右”键指挥抛石机运动。按下“F1”键，打开扣住抛杆的钩子，开始发射。操作方法如图6-4所示。

①把投石器安装到安全挂钩上。②按下遥控器上的“F1”键时，投石器会发射投石。

图 6-4　抛石机发射操作方法

（1）本单元搭建的是哪一种抛石机？这种抛石机有什么优缺点？

（2）如何使这种抛石机抛得更远？

搭一搭 试一试

（1）你能搭建出不同的抛石机吗？

（2）你能想出抛石机比赛的不同方法吗？和同学们一起来比一比吧。

结束整理

（1）请将作品拍照、保存。

（2）请将 6V 电池夹关闭并拆下。

（3）请将电子元器件拆下。

（4）请将模型拆除。

（5）请将所有配件放回原位。

（6）对照表 5-1 所示配件清单清点配件。

第7单元

学习目标

◎ 了解夹子的杠杆受力原理。

◎ 能够启发创意，找出长尾夹的多种用法。

◎ 能够搭建夹子机器人模型。

◎ 能够正确连接元器件。

大开眼界

① 夹子

日常生活中，我们会看到或使用各种各样的夹子，如文件夹、长尾夹（图7–1）、晾衣夹（图7–2）、发夹等。你知道吗？夹子的工作原理就是运用了基本的杠杆原理。我们手捏夹子的尾端一边，尾端相对于支点较远，这样我们可以用较小的力气捏紧尾端打开夹子，因此对夹子尾端来说夹子是省力杠杆。夹东西的一头，相对于支点较近，夹力较大，夹住的东西不容易滑落，因此对夹子夹头一边来说夹子是费力杠杆。

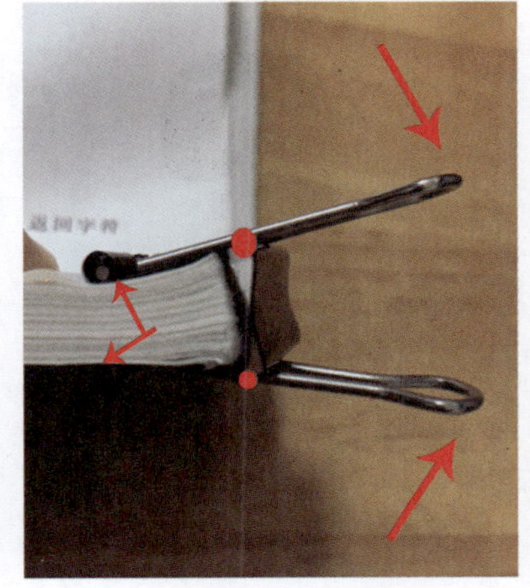

图 7–1　长尾夹

图 7–2　晾衣夹

② 长尾夹的用途

长尾夹在生活中有很多用途。例如，可以将电线固定在桌子边上，避免电线乱成一团（图7–3）；还可以用两个长尾夹做一个手机架；或用长尾夹夹住洗碗海绵，方便海绵滴干水；等等。你能想出长尾夹的什么新用途吗？

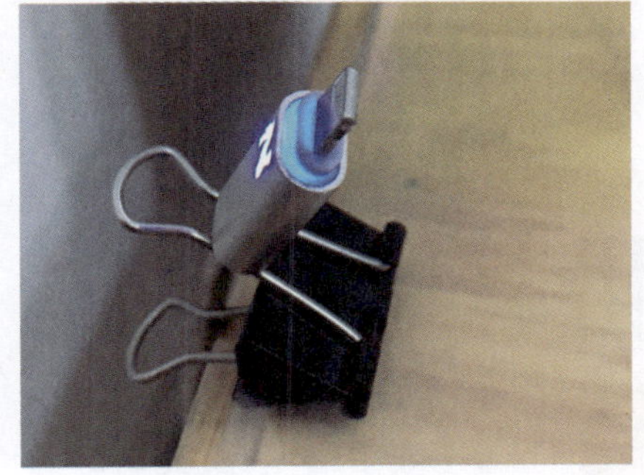

图 7–3　长尾夹的用途之一

动手实现

① 本单元创意拼装目标：夹子机器人（图7-4）。

图 7-4　夹子机器人模型

② 准备材料

按照表7-1所示的配件清单准备拼装材料，做好搭建准备。

表 7-1　配件清单

品名	图示	数量	品名	图示	数量
模块 15		1 块	连接轴		3 个
模块 111		4 块	中轴		1 根
135 度模块		4 块	长轴		1 根
模块 35		3 块	大齿轮		2 个
引导轮		1 个	模块 511		3 块

（续）

品名	图示	数量	品名	图示	数量
11孔框架		6块	21孔框架		2块
模块523		1块	马达固定模块		4块
模块1117		1块	主板		1个
大护帽		1个	DC马达		2个
小红帽		6个	6V电池夹		1块
小护帽		4个	遥控接收器	R/C Receiver	1个
大轮子		2个	长螺钉	20mm	1个
11孔连接框架		2个	中螺钉	16mm	6个
L形模块		2块	螺母		8个
伺服马达专用小螺钉		2个	伺服马达		1个
伺服horn		1个	伺服架		2个

③ 动手搭一搭（图7-5）

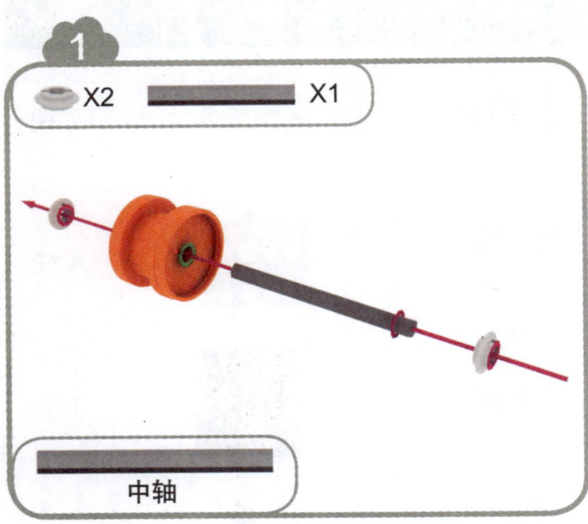

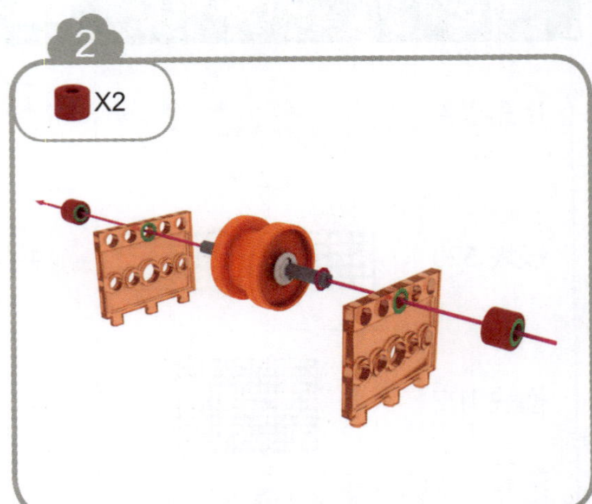

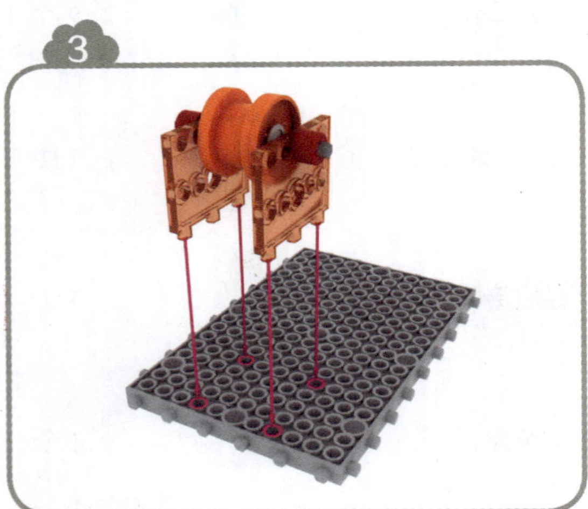

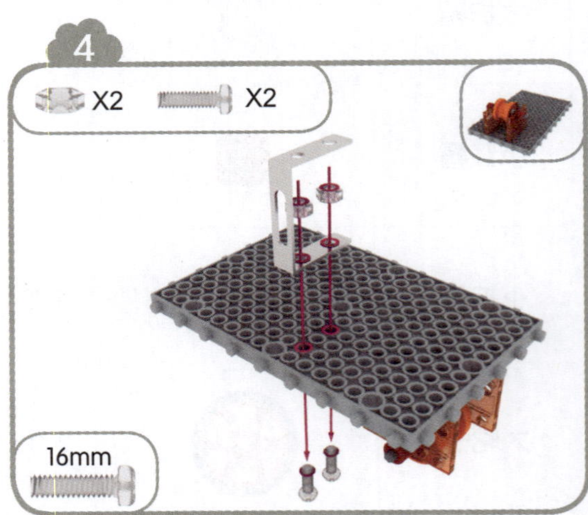

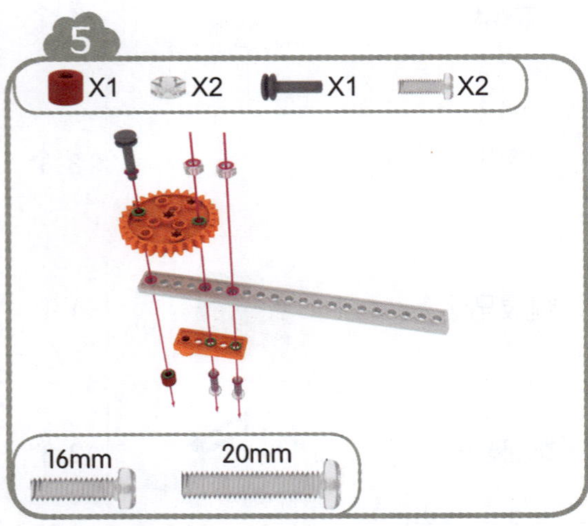

1. 使用伺服马达专用小螺钉将伺服 horn 安装到伺服马达上，注意伺服 horn 的方向。
2. 将伺服马达连接到主板相应的端口。
3. 编写如下程序上传到主板后，关掉电源并重新打开。

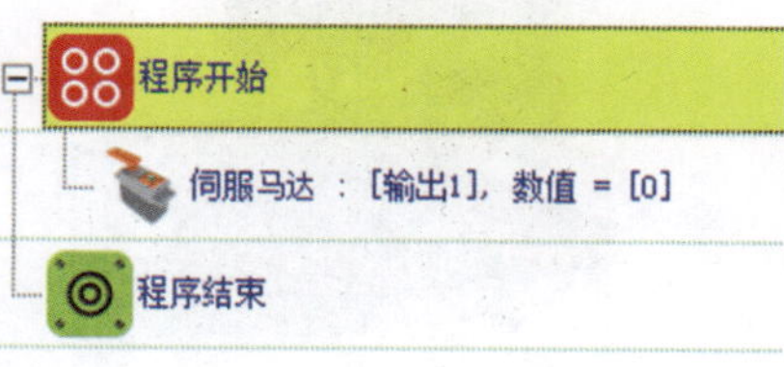

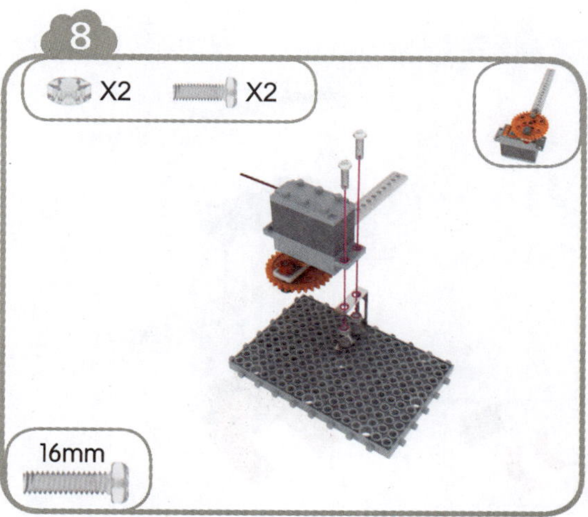

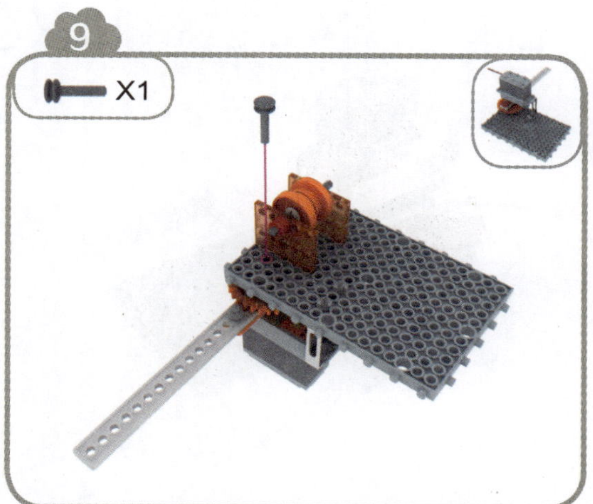

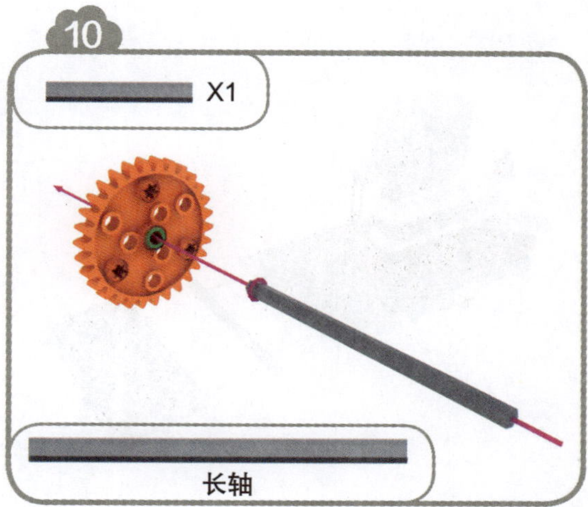

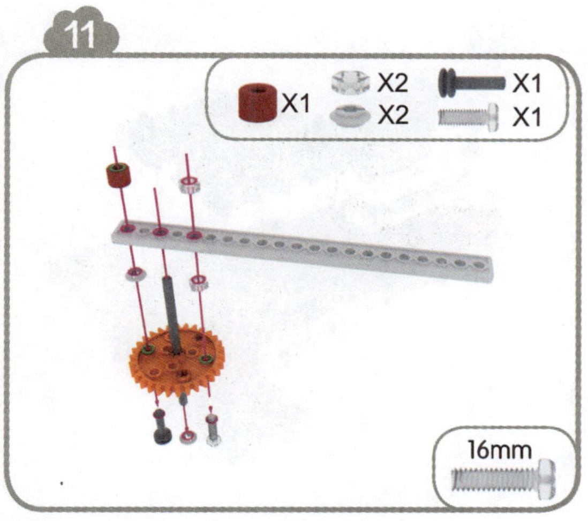

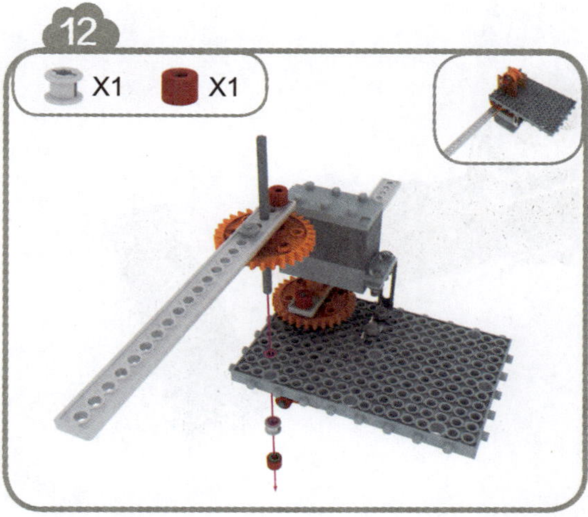

13

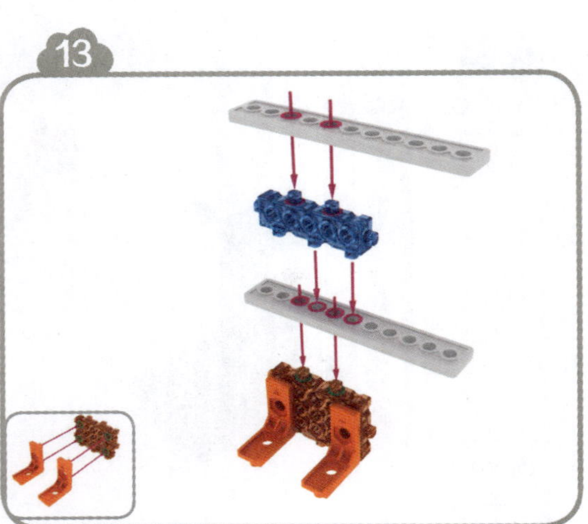

14

15

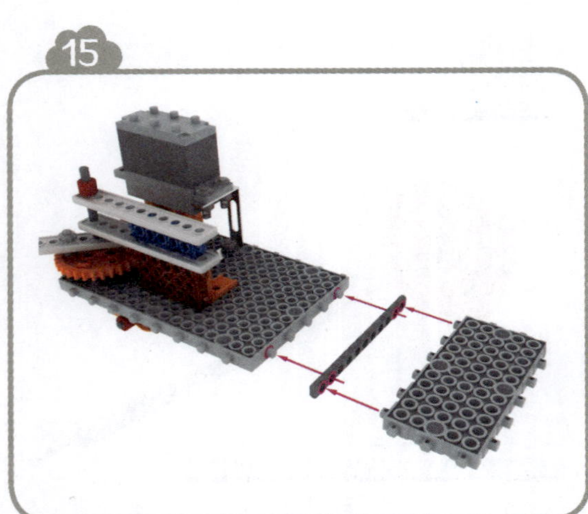

16

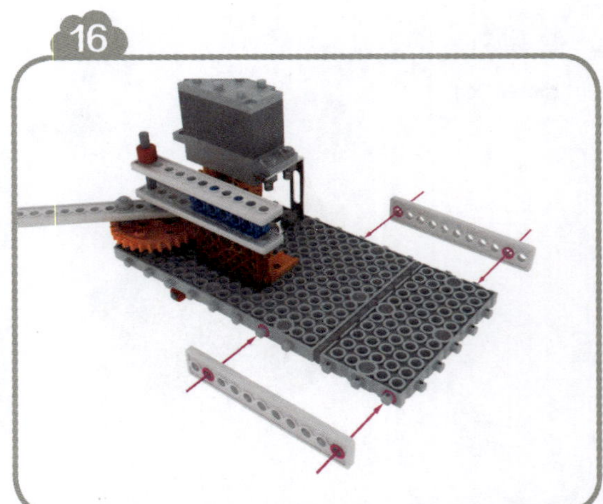

17

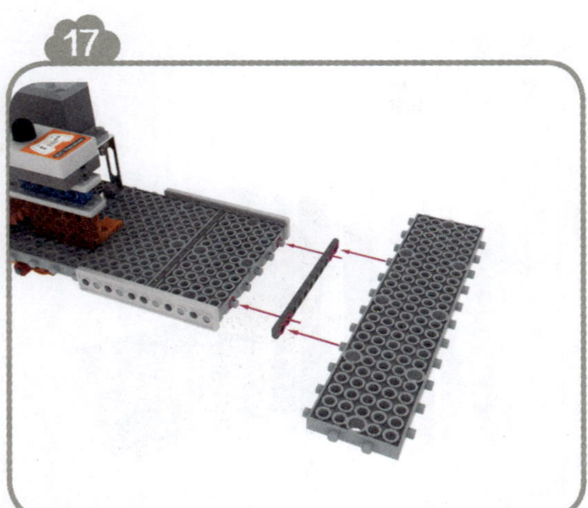

18

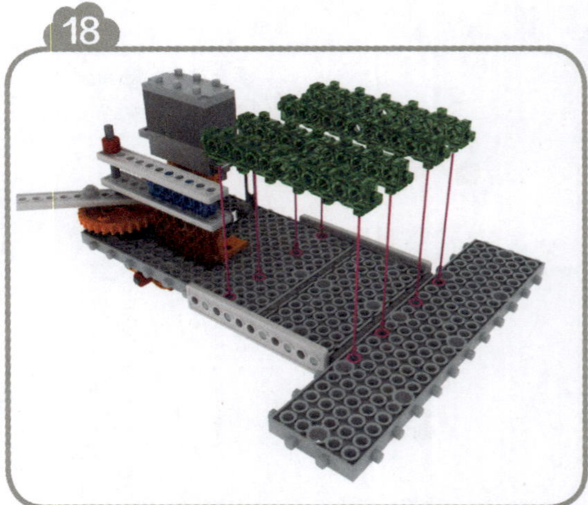

19

20

21

22

23

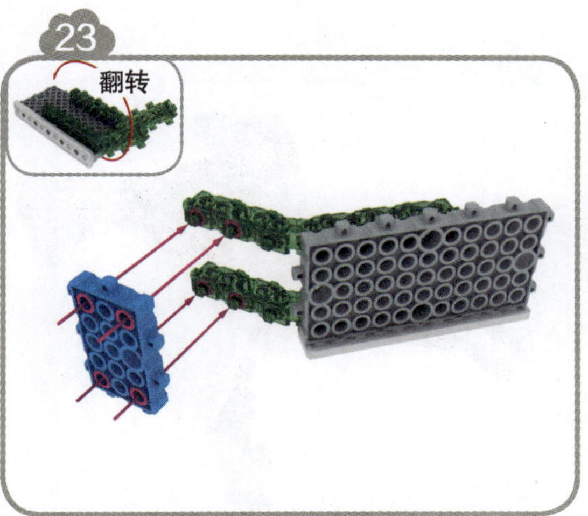

24

25

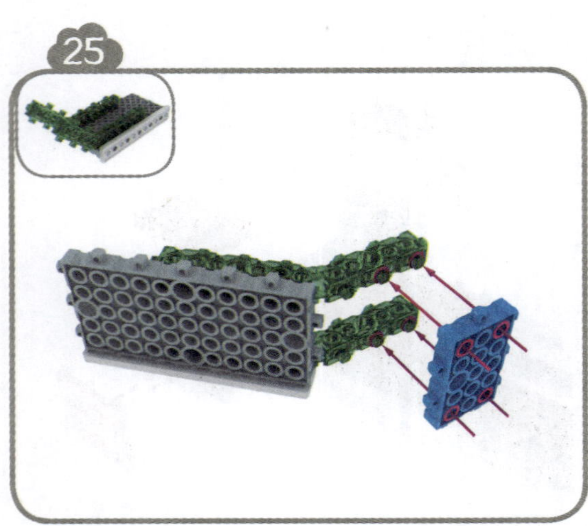

26

27

28

29

完成

图 7-5　拼装步骤

按照图 7-6 所示，连一连。

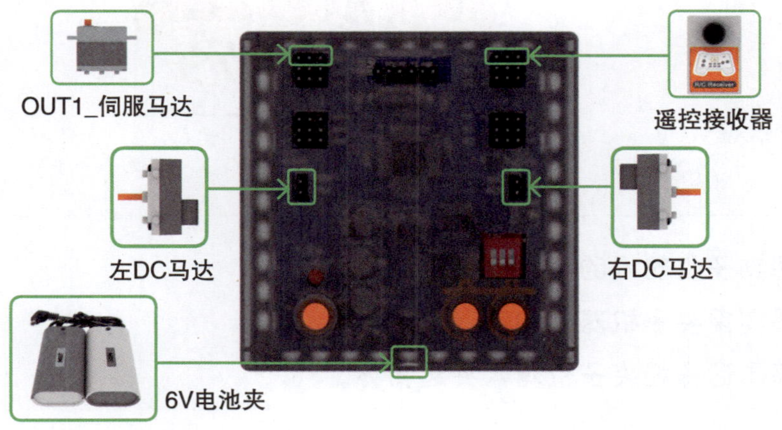

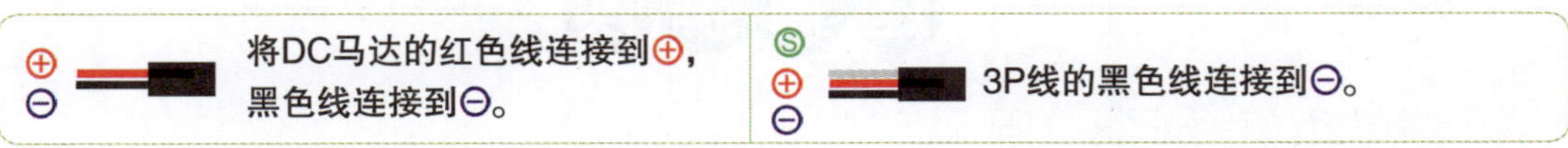

图 7-6　连接主板和组件

（1）请将作品拍照、保存。

（2）请将 6V 电池夹关闭并拆下。

（3）请将电子元器件拆下。

（4）请将模型拆除。

（5）请将所有配件放回原位。

（6）对照表 7-1 所示配件清单清点配件。

第 8 单元

学习目标

◎ 理解夹子机器人的程序逻辑。

◎ 能够实现夹子机器人的编程。

◎ 能够灵活操控夹子机器人夹起物体。

逻辑解读

程序逻辑流程如图8-1所示。

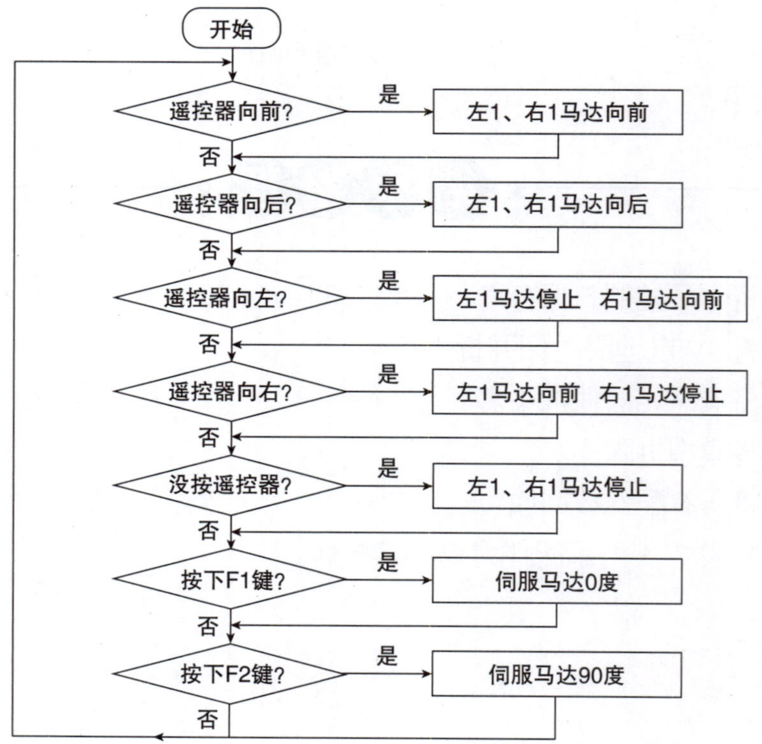

图 8-1 程序逻辑流程

(1)“F1”键被按下，伺服马达归0度(图8-2)。

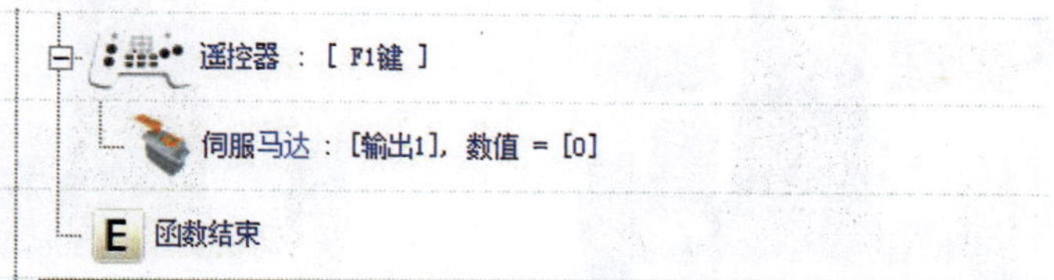

图 8-2　程序实现：“F1”键被按下，伺服马达归 0 度

(2)“F2”键被按下(图8-3)。

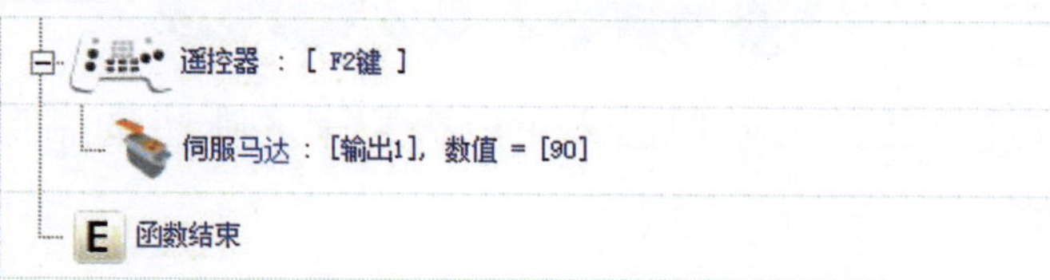

图 8-3　程序实现：“F2”键被按下

(3)“上”“下”“左”“右”按键分别被按下(图8-4)。

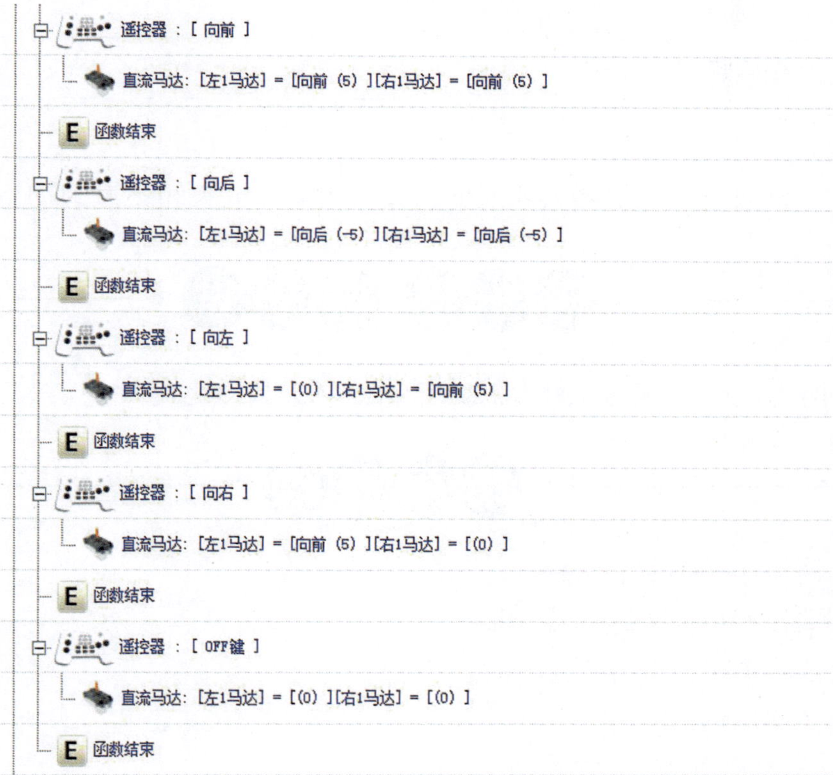

图 8-4　程序实现：方位键被按下

（4）将编好的程序下载到机器人中，按下遥控器上的“上”“下”“左”“右”键指挥夹子机器人运动。按下“F1”键，打开夹子，按下“F2”键，合起夹子，如图8-5所示。

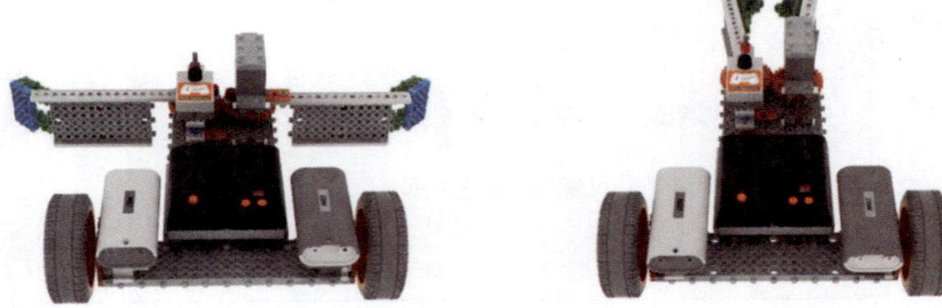

图 8-5　操作方法

想一想 说一说

（1）你所搭建完成的夹子机器人可以夹起下表哪些物品呢？填写在表8-1中并补全信息。

表 8-1　所夹物品信息

物品	重量	夹起 / 夹不起
笔盒		
布娃娃		

（2）怎样改进夹子机器人才能使它夹得更紧，能夹起更重的物品？

搭一搭 试一试

和同学们一起，操控夹子机器人进行一场夹公仔比赛。

结束整理

（1）请将作品拍照、保存。

（2）请将 6V 电池夹关闭并拆下。

（3）请将电子元器件拆下。

（4）请将模型拆除。

（5）请将所有配件放回原位。

（6）对照表 7-1 所示配件清单清点配件。

第9单元

对抗机器虫搭建

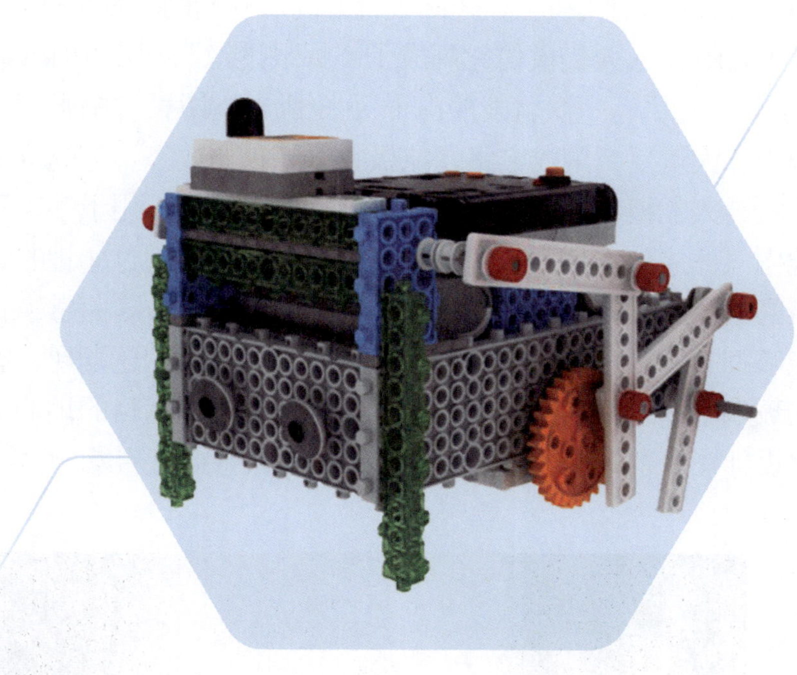

学习目标

◎ 了解仿生的概念。

◎ 了解什么是仿生机器人。

◎ 能够搭建仿生机器人——对抗机器虫模型。

◎ 能够正确连接元器件。

大开眼界

① 仿生

大自然很神奇，很多生物所具有的功能比现代人类制造出来的机械的性能都优越。例如，即使是一只小小的苍蝇（图9-1），身上也有很多神奇之处。苍蝇的楫翅（又叫平衡棒）是“天然导航仪”，人们模仿它制成了“振动陀螺仪”，应用在火箭和高速飞机上，控制飞行方向。苍蝇的眼睛是一种“复眼”，由3000多只小眼组成，人们模仿它制成了“蝇眼透镜”，用在相机镜头上，可以做成“蝇眼照相机”，一次就能照出千百张相同的相片，“蝇眼照相机”可以用于印刷制版和大量复制集成电路，能极大提高工作效率。苍蝇身上还有一种气味检测器官，人们模仿它制成了一种小型气体分析仪，用于宇宙飞船的座舱里，检测舱内气体成分。另外，一只苍蝇身上通常携带超过60种的病菌，而苍蝇体内携带的病菌更多。科学家通过研究苍蝇为什么不被病菌感染，从苍蝇体内提炼出能够抑制多种病原菌和抗病毒的物质。科学家们还发现，苍蝇不仅能够在光滑的玻璃平面悬重行走，而且选择的路线都是到达目的地的最短路线，这对于如何设计在复杂地形上行走及工作的机器人也很有启发。

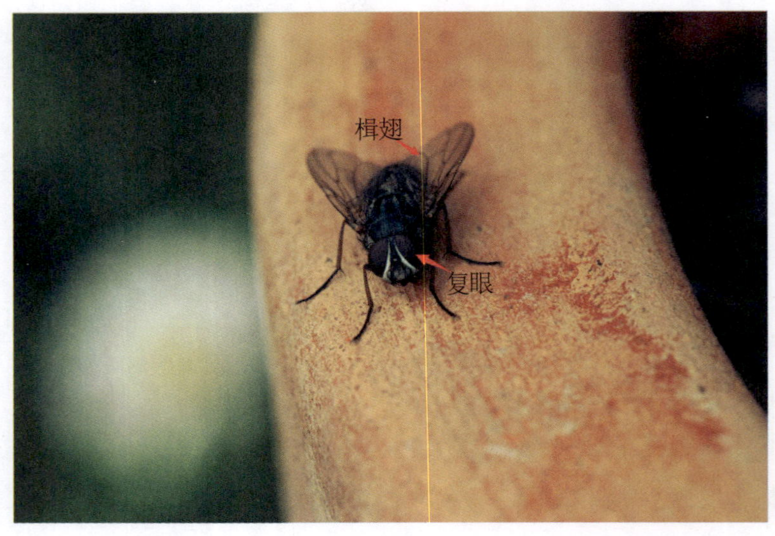

图 9-1　苍蝇

② 仿生机器人

仿生机器人是指模仿生物的动作、行为的机器人。在我国三国时代，诸葛亮就曾发明过木牛流马，可以看成是仿生机器人的雏形。

仿生机器人可以模仿动物也可以模仿人。模仿动物的机器人可以用来作为宠物，如宠物狗、宠物鱼；也可以用来完成一些高难度的工作，如可以在海底工作的机器鱼（图9-2）、机器蟹等。

图 9-2 机器鱼

① 本单元创意拼装目标：对抗机器虫（图 9-3）。

图 9-3 对抗机器虫模型

2 准备材料

按照表9-1所示的配件清单准备拼装材料，做好搭建准备。

表 9-1　配件清单

品名	图示	数量	品名	图示	数量
11 孔框架		9 个	大护帽		7 个
模块 111		4 块	小红帽		10 个
模块 35		4 块	小护帽		10 个
眼睛模块		2 块	5 孔连接框架		2 个
连接轴		4 个	11 孔连接框架		1 个
长轴		4 根	L 形模块		10 块
大齿轮		2 个	主板		1 个
遥控接收器	R/C Receiver	1 个	DC 马达		2 个
模块 511		3 个	6V 电池夹		1 块
模块 523		2 个	长螺钉	20mm	2 个
模块 1117		1 个	螺母		2 个
连接护帽		2 个			

③ 动手搭一搭（图 9-4）

1

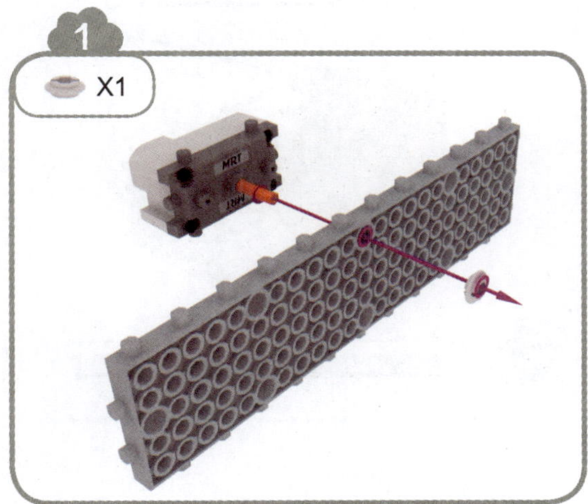

2

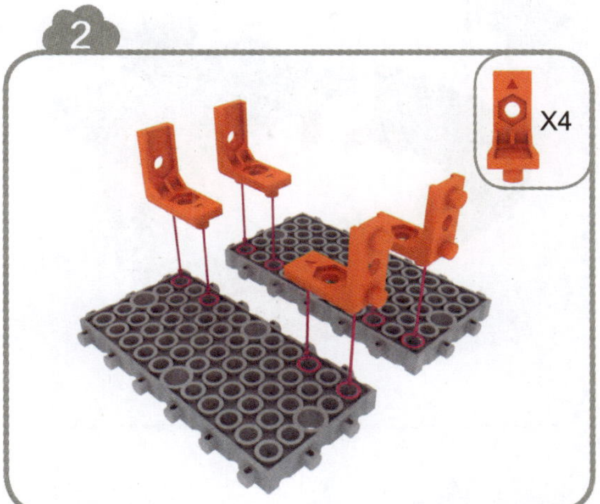

3

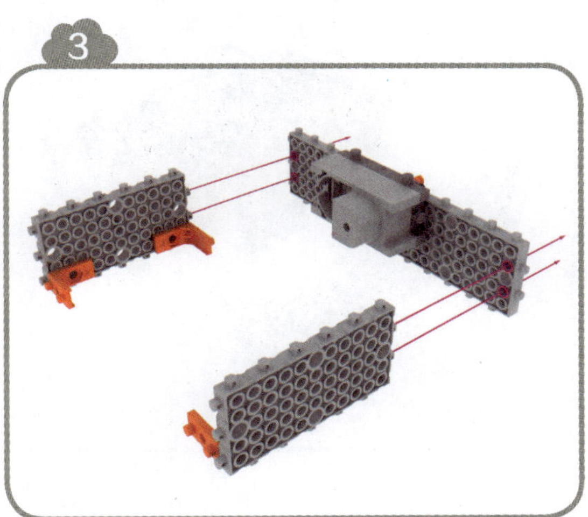

4

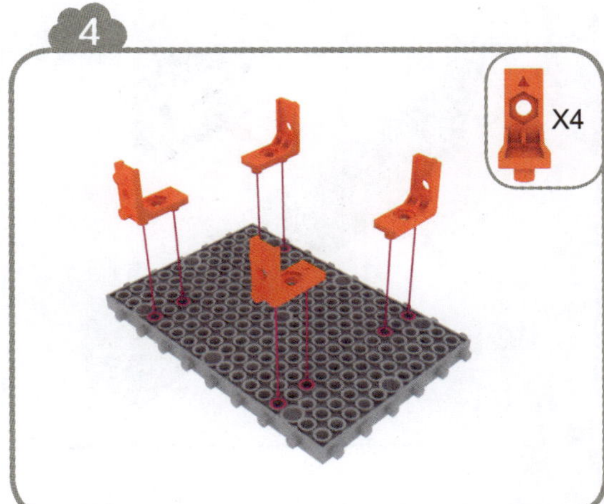

5

6

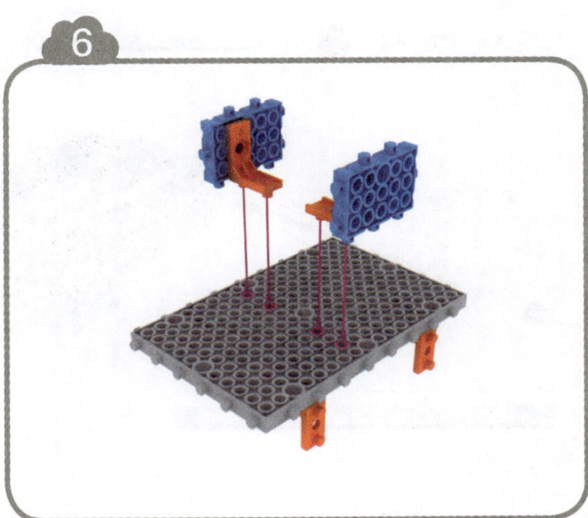

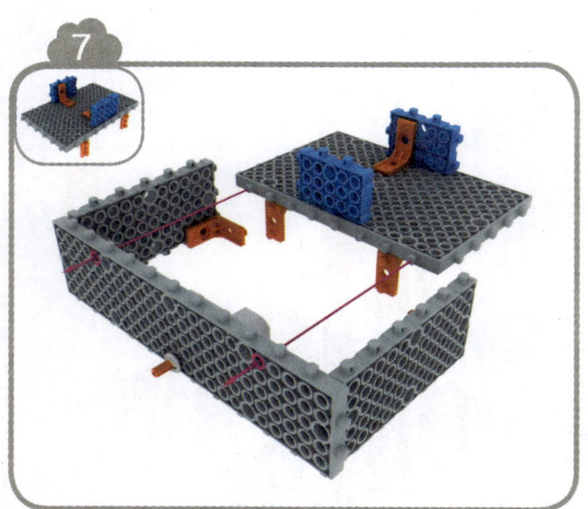
7

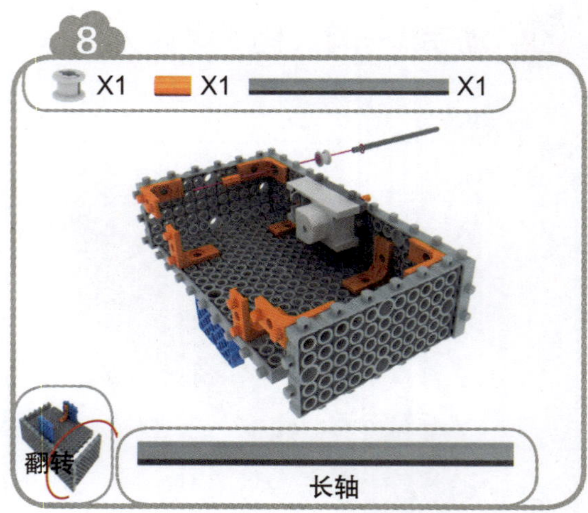
8
X1
X1
X1
翻转
长轴

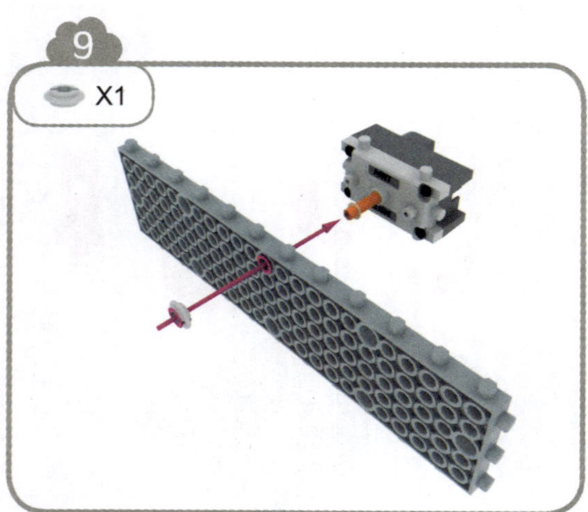
9
X1

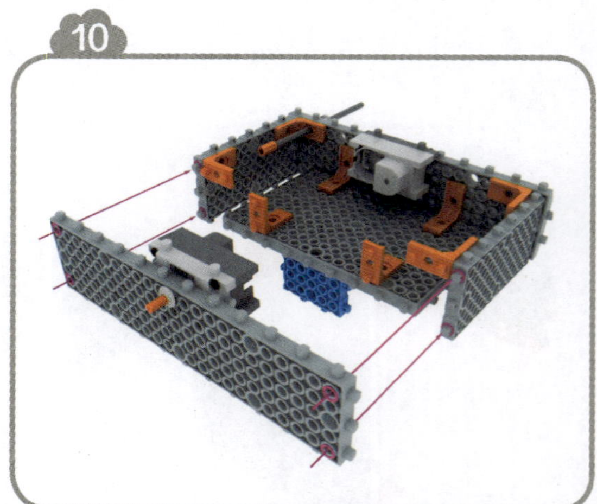
10

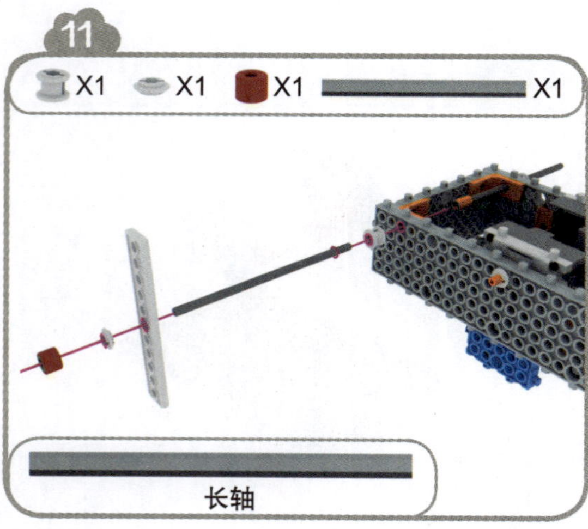
11
X1
X1
X1
X1
长轴

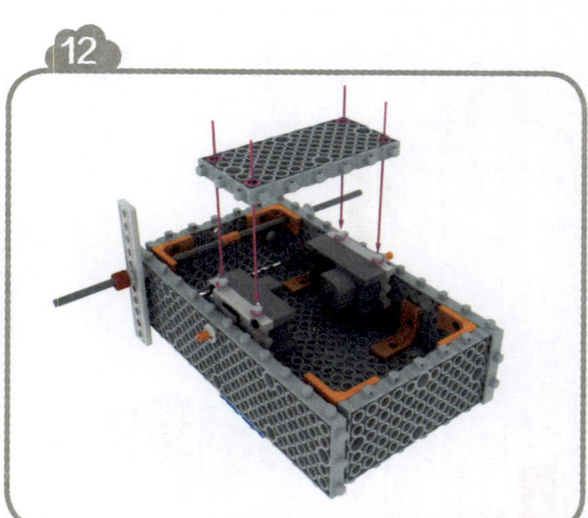
12

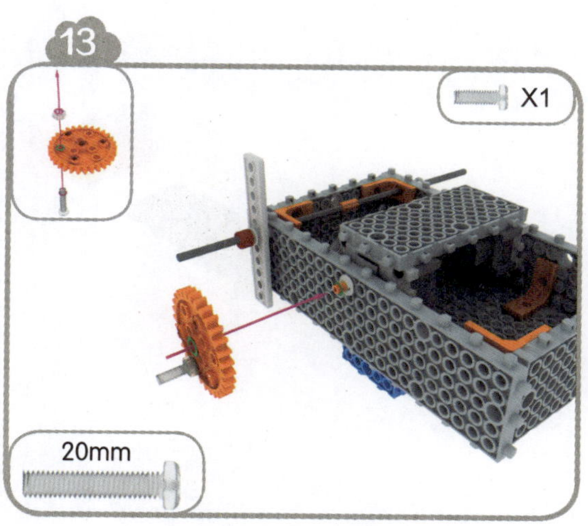
13
X1
20mm

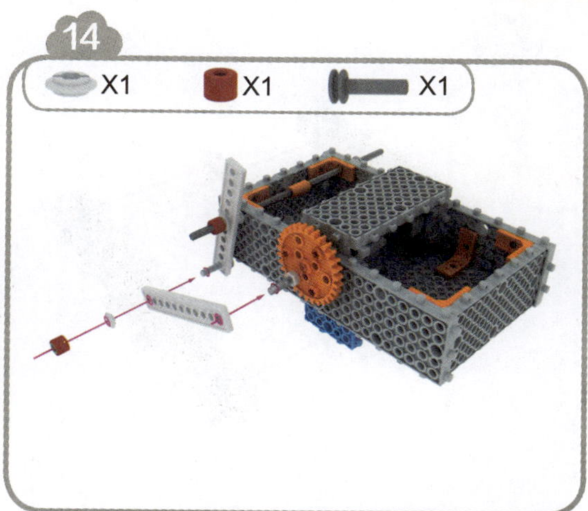
14
X1
X1
X1

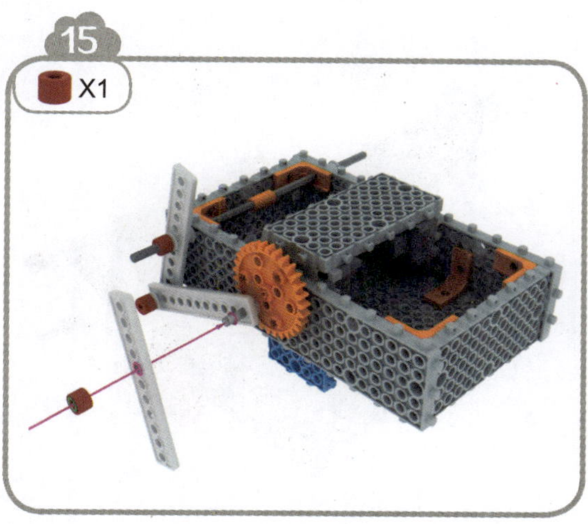
15
X1

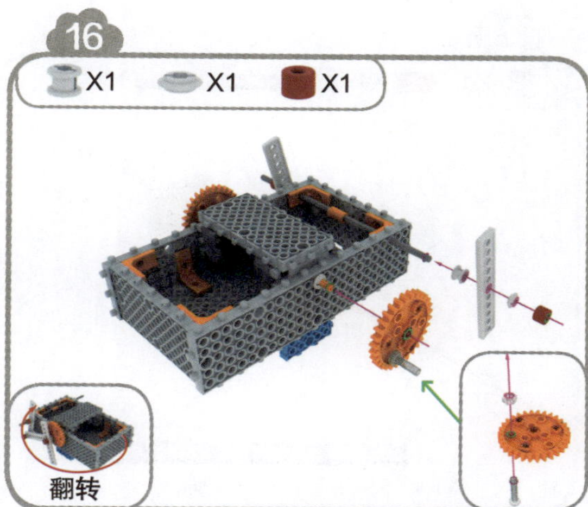
16
X1
X1
X1
翻转

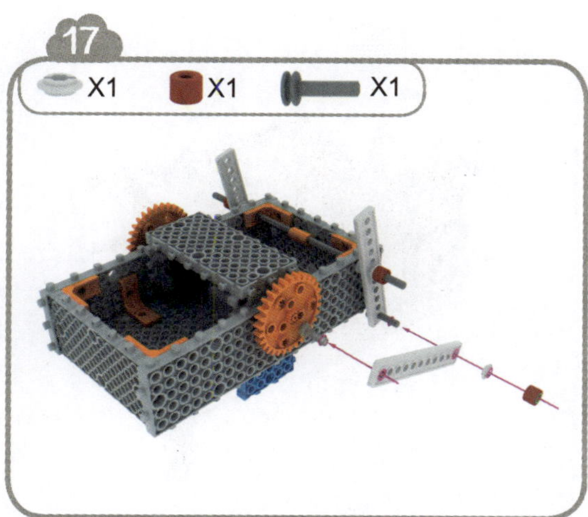
17
X1
X1
X1

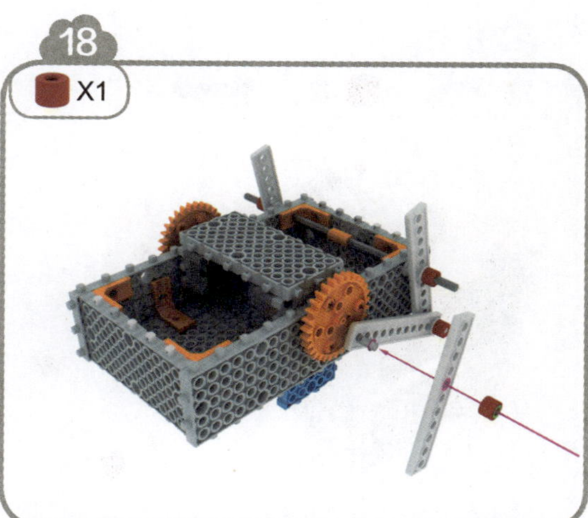
18
X1

19

20

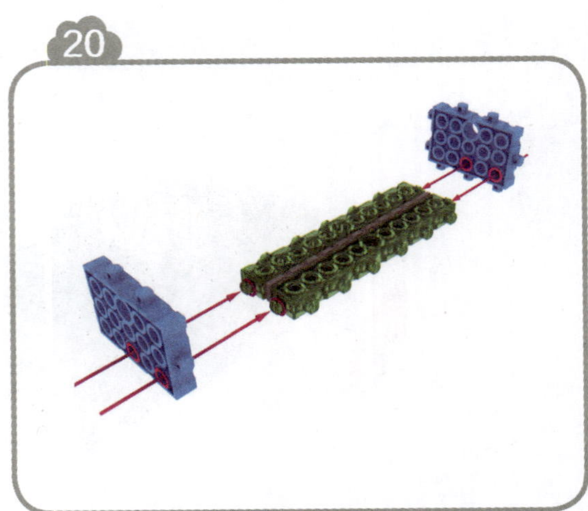

21

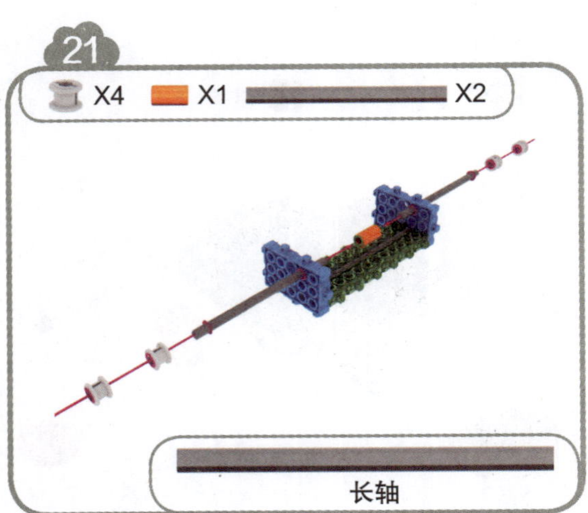

22

23

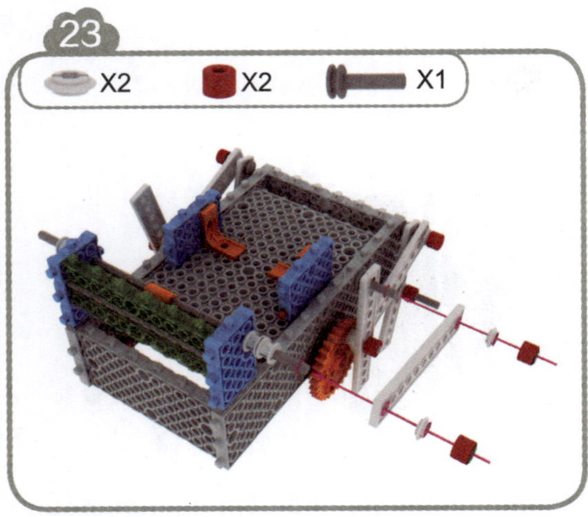

24

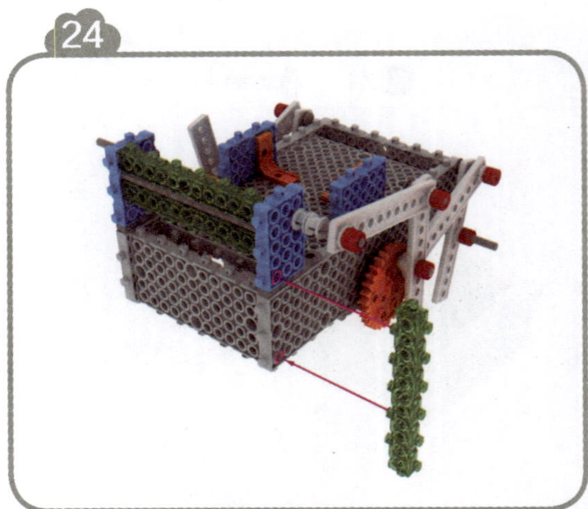

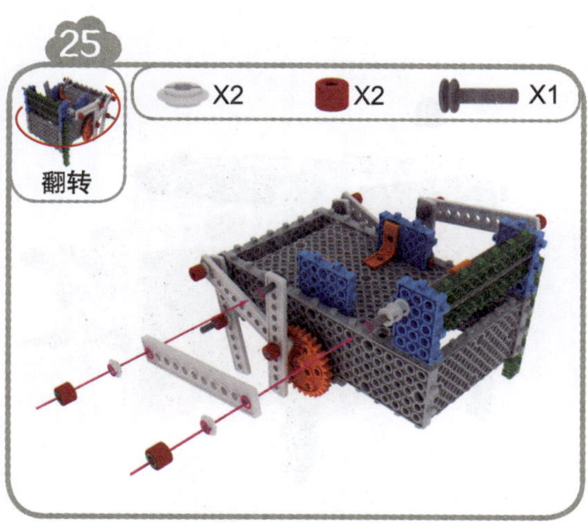
25
X2
X2
X1
翻转

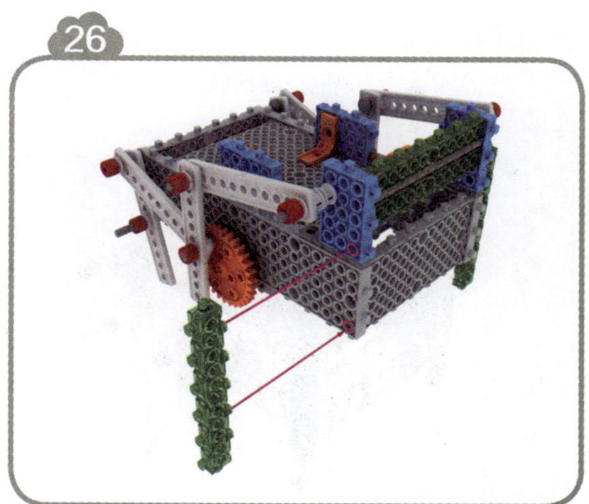
26

27

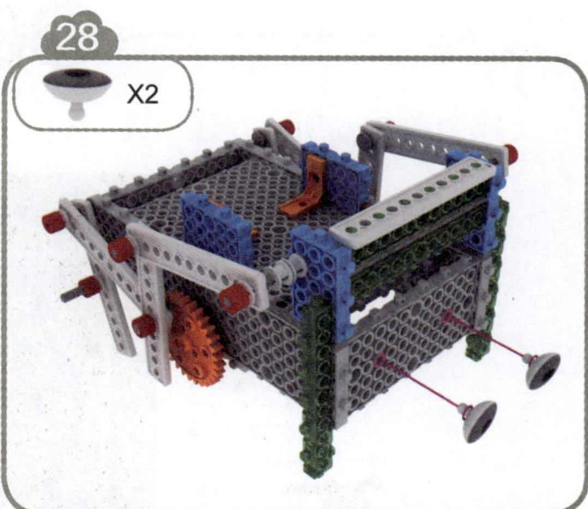
28
X2

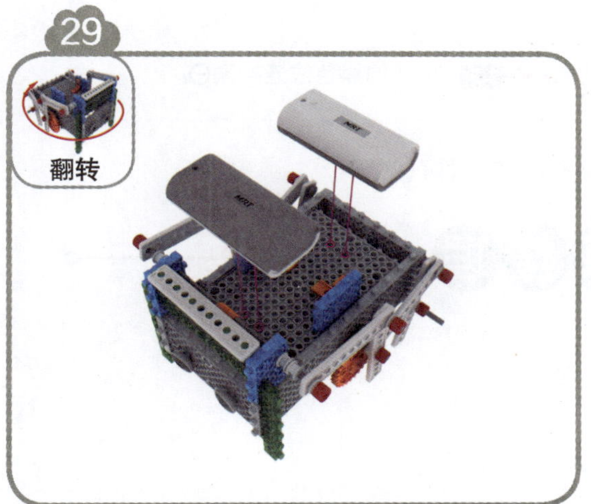
29
翻转

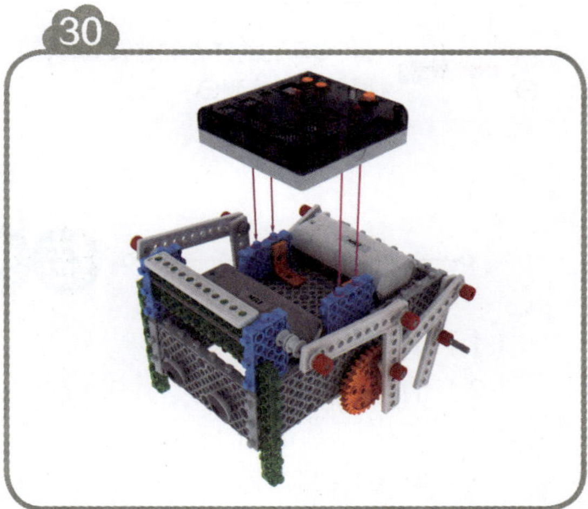
30

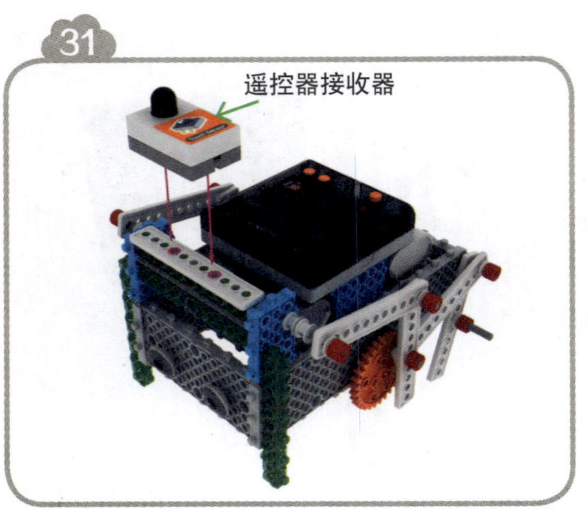

图 9–4　拼装步骤

按照图 9–5 所示，连一连。

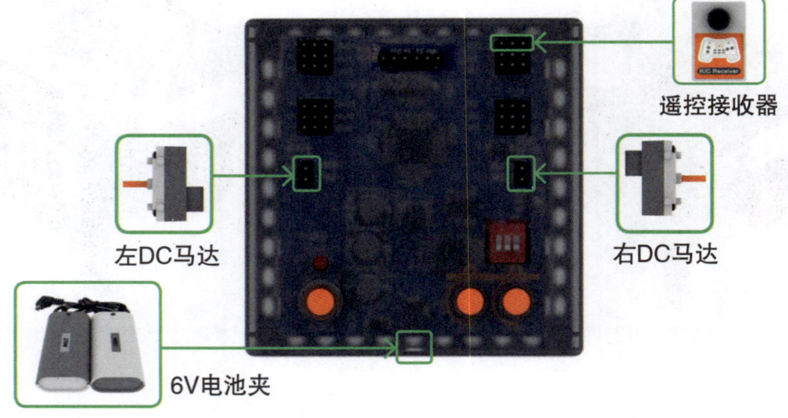

将DC马达的红色线连接到⊕，黑色线连接到⊖。

Ⓢ ⊕ ⊖ 3P线的黑色线连接到⊖。

图 9–5　连接主板和组件

（1）请将作品拍照、保存。
（2）请将 6V 电池夹关闭并拆下。
（3）请将电子元器件拆下。
（4）请将模型拆除。
（5）请将所有配件放回原位。
（6）对照表 9–1 所示配件清单清点配件。

第10单元

◎ 熟练掌握基础运动逻辑。
◎ 熟练掌握基础运动编程。
◎ 能够自行添加传感器并编程。
◎ 能够使用各种手段加强对抗机器虫的表现。

程序逻辑流程如图 10-1 所示。

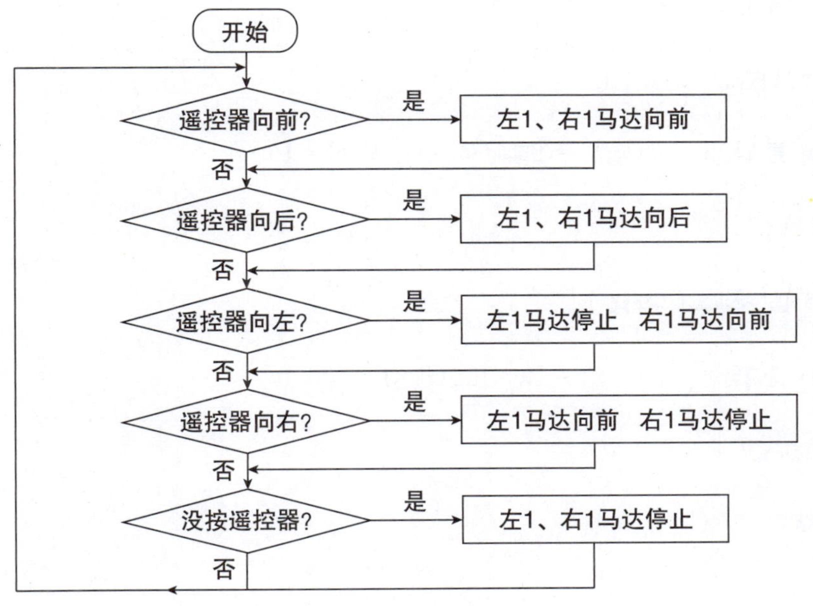

图 10-1 程序逻辑流程

（1）基本运动逻辑（图 10-2）。

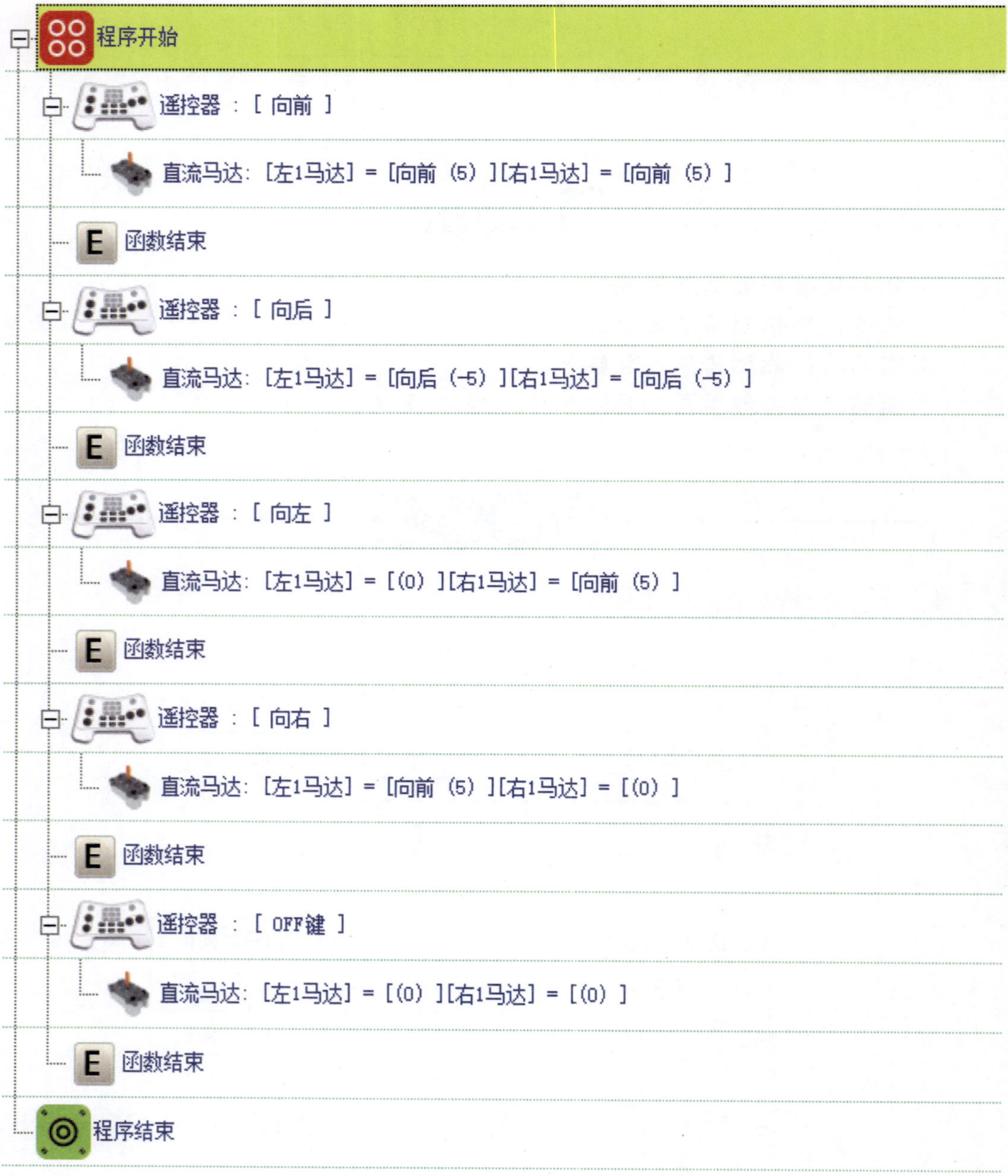

```
程序开始
    遥控器 ：[ 向前 ]
        直流马达：[左1马达] = [向前 (5) ][右1马达] = [向前 (5) ]
    函数结束
    遥控器 ：[ 向后 ]
        直流马达：[左1马达] = [向后 (-5) ][右1马达] = [向后 (-5) ]
    函数结束
    遥控器 ：[ 向左 ]
        直流马达：[左1马达] = [(0) ][右1马达] = [向前 (5) ]
    函数结束
    遥控器 ：[ 向右 ]
        直流马达：[左1马达] = [向前 (5) ][右1马达] = [(0) ]
    函数结束
    遥控器 ：[ OFF键 ]
        直流马达：[左1马达] = [(0) ][右1马达] = [(0) ]
    函数结束
程序结束
```

图 10-2　基本运动逻辑

（2）将编好的程序下载到对抗机器虫中，按下遥控器上的“上”“下”“左”“右”键指挥对抗机器虫运动（图 10-3）。

图 10-3　操作对抗机器虫

（1）在互联网上查找资料，你还能找到哪些仿生机器人的例子呢？向其他同学介绍你所找到的仿生机器人。

（2）我们的对抗机器虫还可以在哪些方面进行改进？需要增加哪些传感器？达到哪些效果？

（1）与其他同学的对抗机器虫来一场对抗赛吧。

（2）改进你的对抗机器虫，再与同学们的对抗机器人比赛一下吧。

（1）请将作品拍照、保存。

（2）请将 6V 电池夹关闭并拆下。

（3）请将电子元器件拆下。

（4）请将模型拆除。

（5）请将所有配件放回原位。

（6）对照表 9-1 所示配件清单清点配件。

第11单元

扫地机器人搭建

学习目标

◎ 了解扫地机器人。

◎ 了解扫地机器人的路径规划。

◎ 了解扫地机器人的传感器。

◎ 能够搭建扫地机器人模型。

◎ 能够正确连接元器件。

① 扫地机器人

扫地机器人一般是圆盘型的，使用充电电池作为动力，能够自行根据事先设定好的程序，在房屋内移动，清扫地面。扫地机器人一般采用刷子和真空吸尘相结合的方式，将地面杂物吸入内部的垃圾收纳盒。其结构如图 11-1 所示。

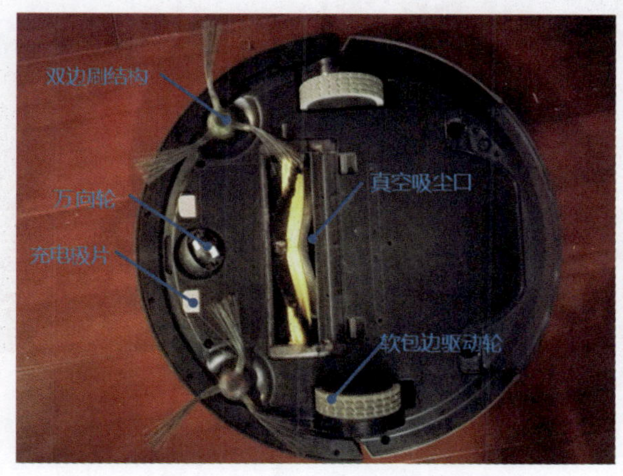

图 11-1　扫地机器人结构

② 扫地机器人的技术特点

路径规划是扫地机器人的核心技术之一。路径规划，就是扫地机器人怎么走才能尽可能地将家里所有的地方都扫到，而且自己不被卡住，尽可能不重复走同样的地方。现在的扫地机器人已经可以先使用陀螺仪感知家里的环境,在“脑海”里生成一张完整的家庭平面图，然后计算出最优的清扫路线（图 11-2）。

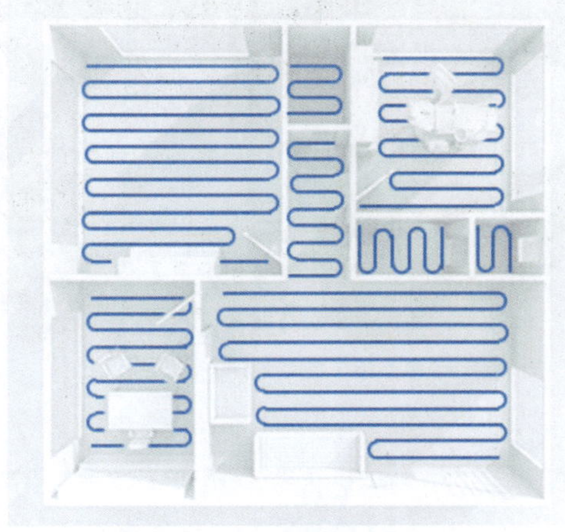

图 11-2　路径规划

扫地机器人的另一项核心技术是感知系统。扫地机器人上安装有光敏传感器，一旦被卡住可以自动后退或关机；碰撞头上装有红外线反射探测器，可以判断出前方是否悬空或有无障碍物，然后自动绕开；新一代的扫地机器人（图11–3）更配有超声波测距传感器，以侦测障碍物。

图 11–3　新一代的扫地机器人

① 本单元创意拼装目标：扫地机器人（图 11–4）。

图 11–4　扫地机器人模型

② 准备材料

按照表11-1所示的配件清单准备拼装材料，做好搭建准备。

表 11-1 配件清单

品名	图示	数量	品名	图示	数量
模块 15		12 块	模块 35		3 块
模块 111		11 块	模块 511		6 块
11 孔框架		14 个	模块 1117		2 块
21 孔框架		5 个	引导轮		1个
135 度模块		8 块	小红帽		6个
短轴		2 根	小护帽		7个
长轴		2 根	红外线传感器		3个
小齿轮		2 个	伺服马达		1个
大齿轮		2 个	中螺钉	16mm	7个

（续）

品名	图示	数量	品名	图示	数量
中轮子		2 个	L 形模块		8 块
5 孔框架		10 个	主板		1 个
5 孔连接框架		2 个	DC 马达		2 个
11 孔连接框架		9 个	6V 电池夹		1 块
伺服架		2 个	螺母		9 个
伺服 horn		1 个	伺服马达专用小螺钉		2 个
短螺钉	12mm	2 个			

③ 动手搭一搭（图 11-5）

1

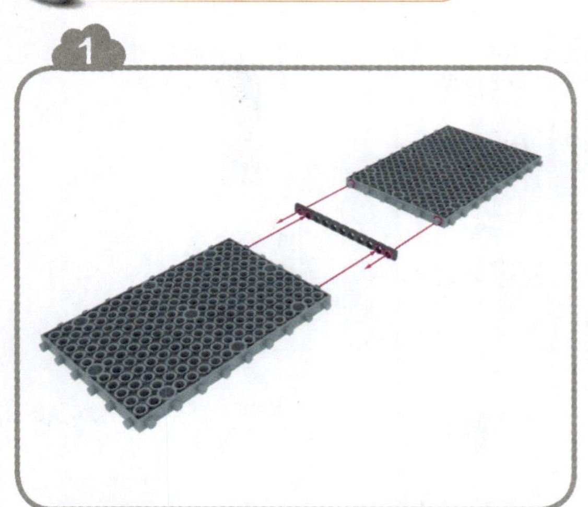

2

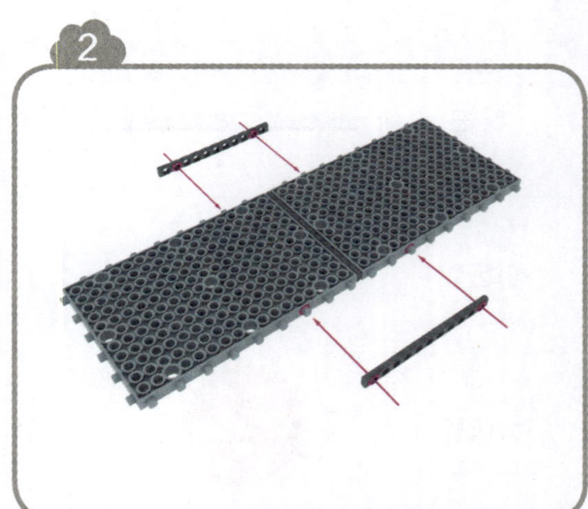

3

4

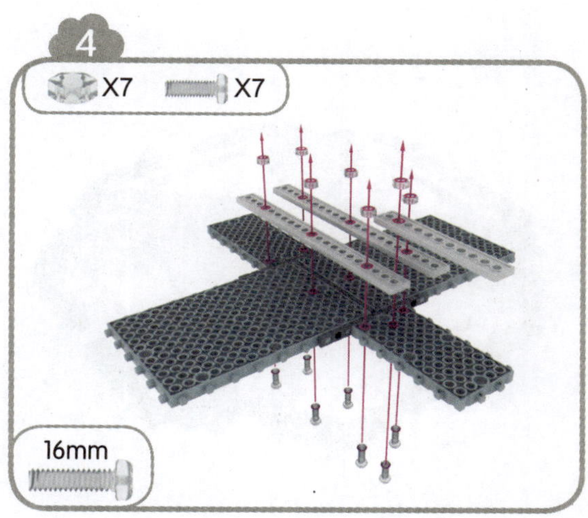

5

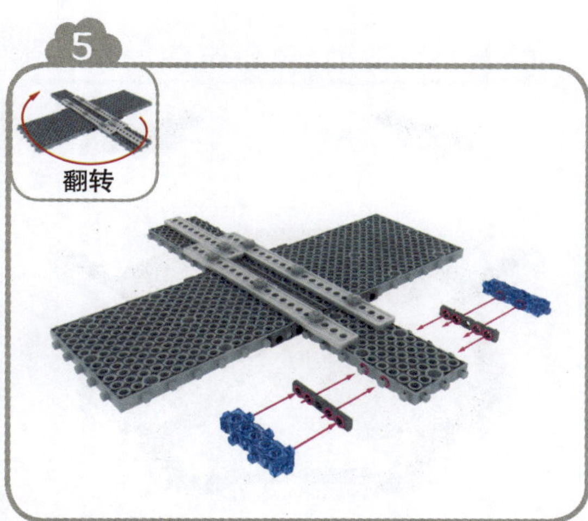

6

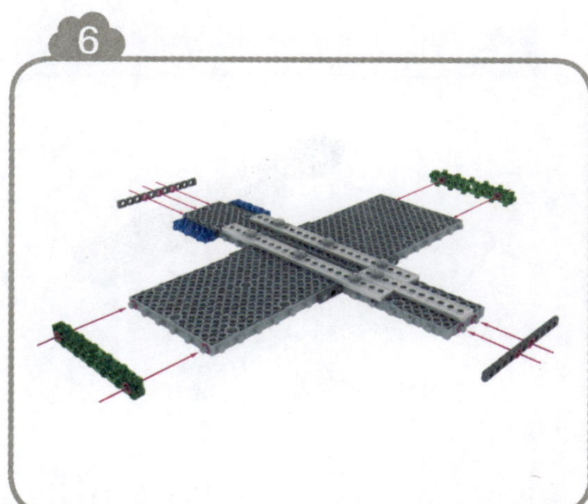

7

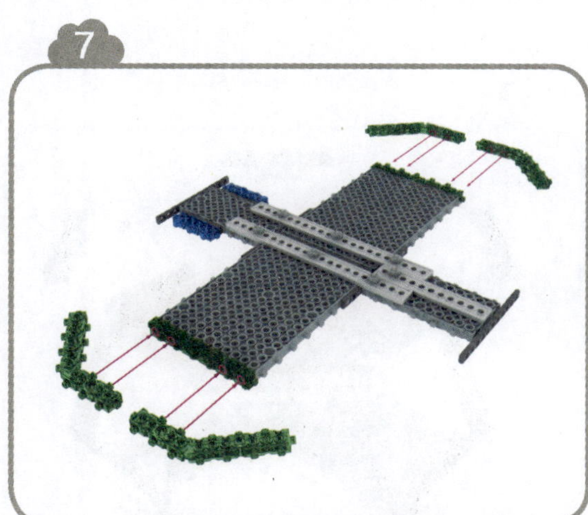

8

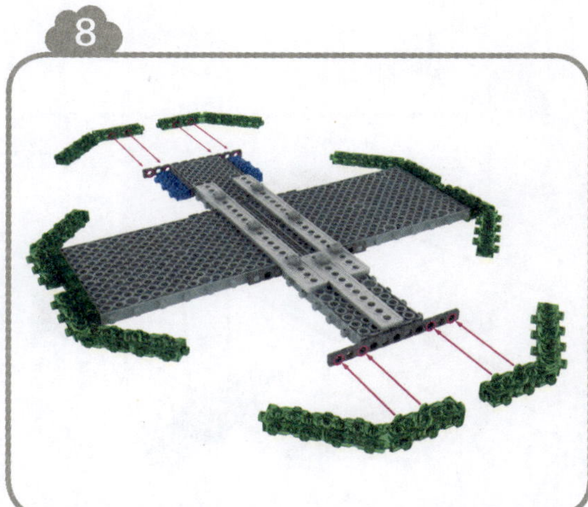

9

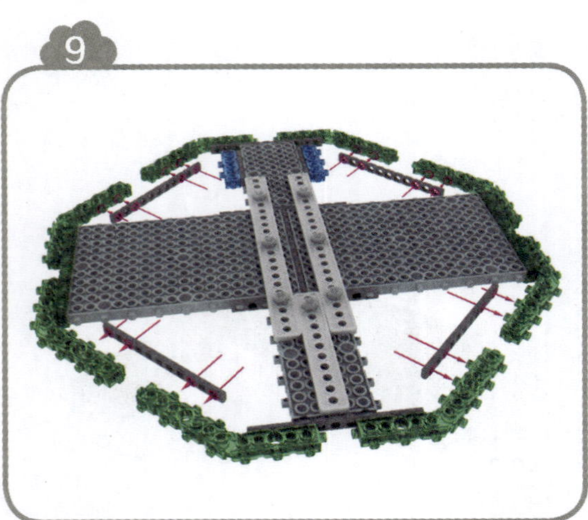

10

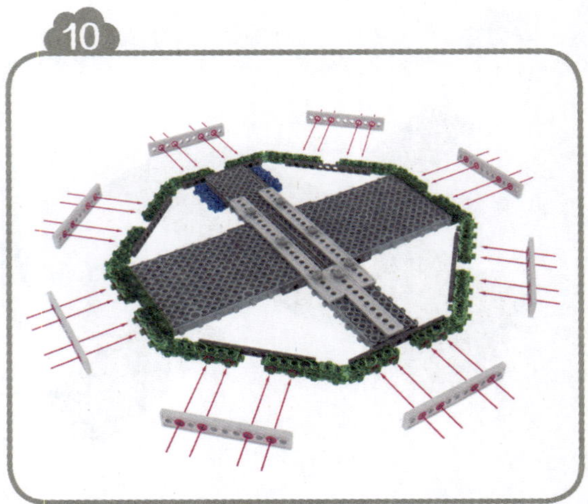

11

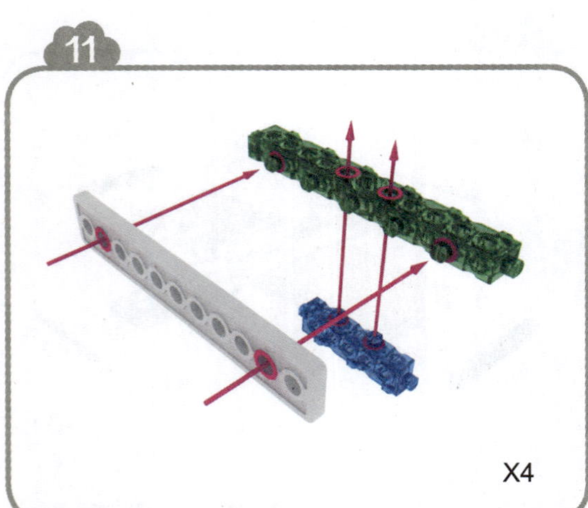

12

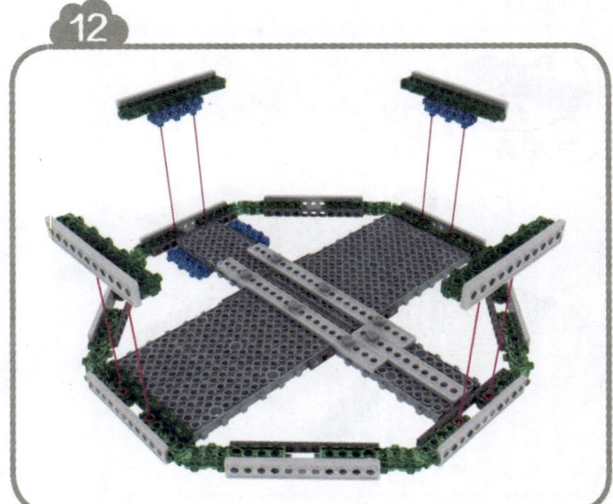

13

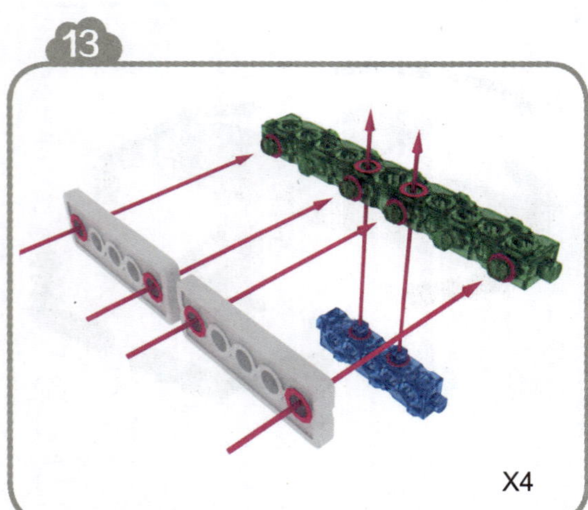

14

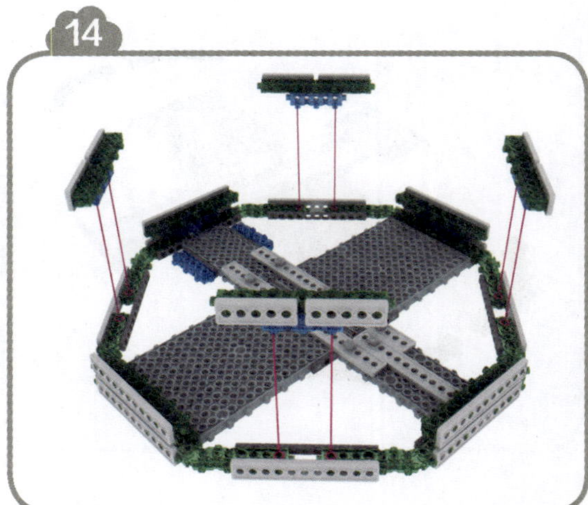

15

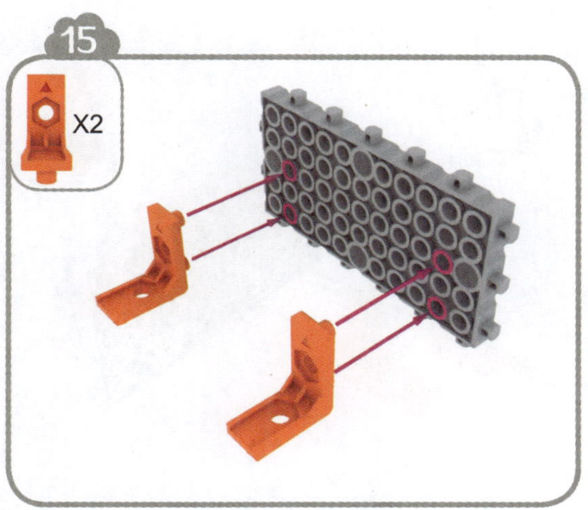

16

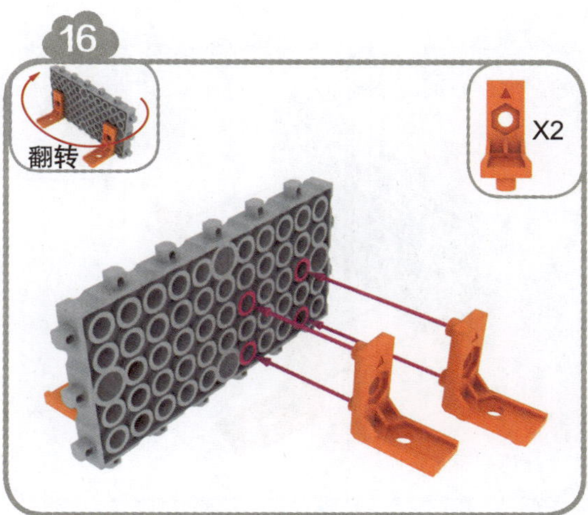

17

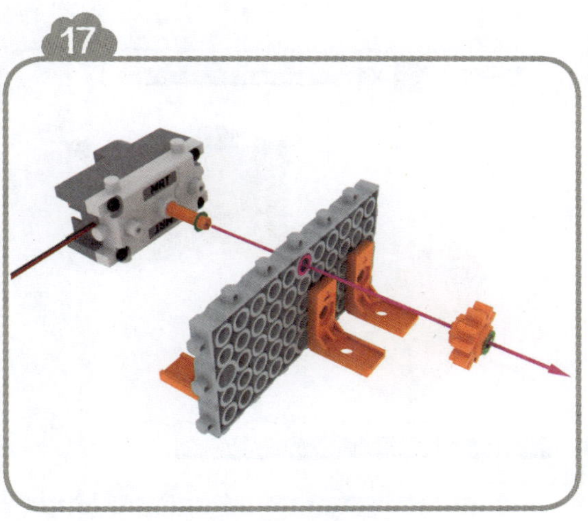

18

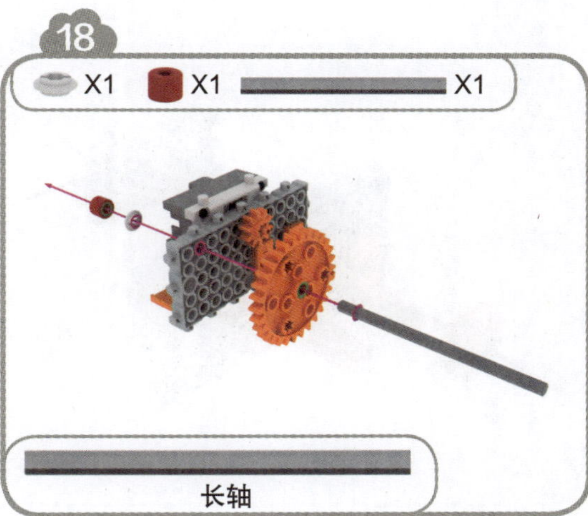

19

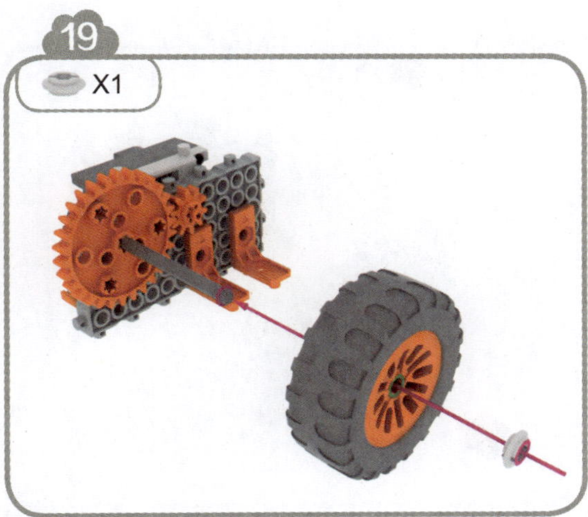

20

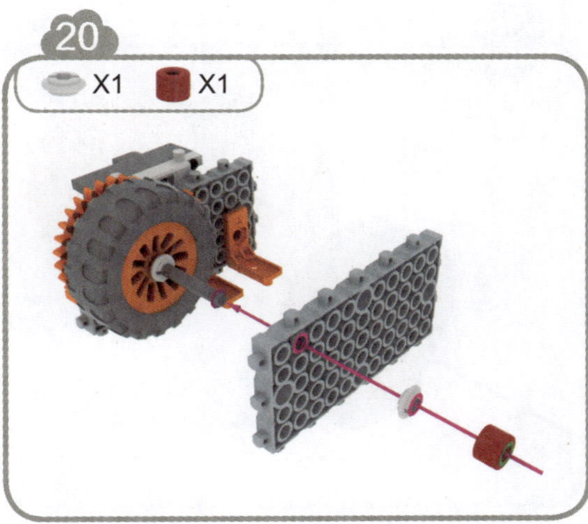

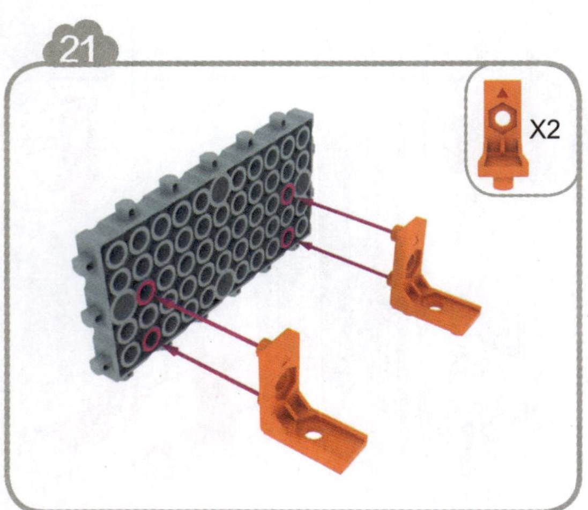
21
X2

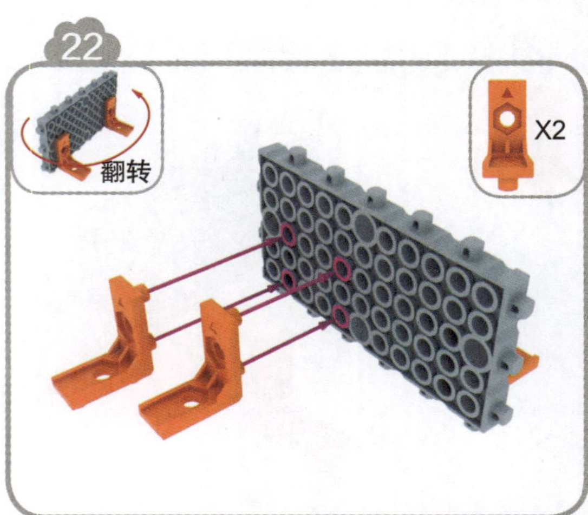
22
翻转
X2

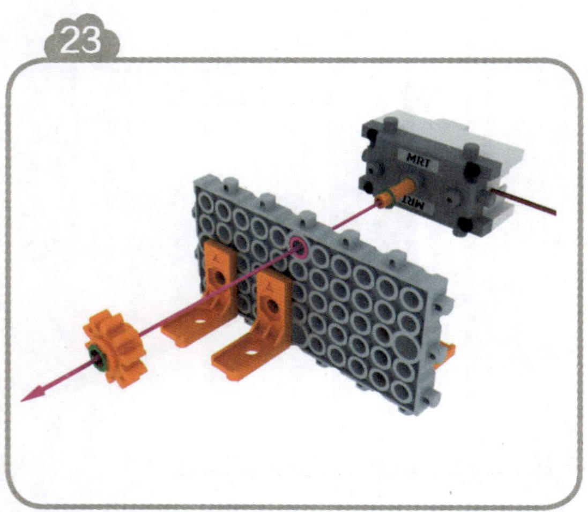
23
MRT

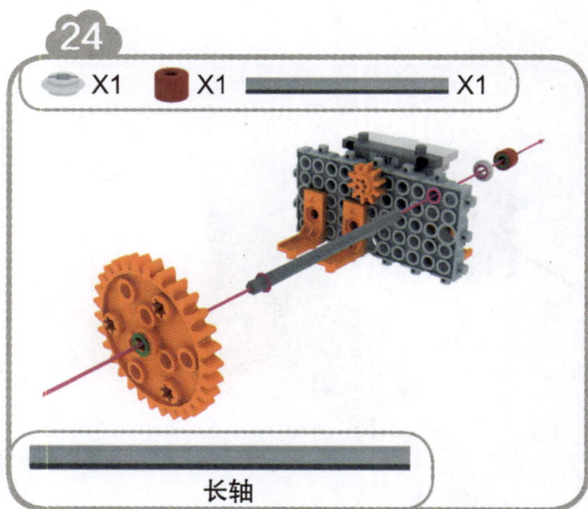
24
X1
X1
X1
长轴

25
X1

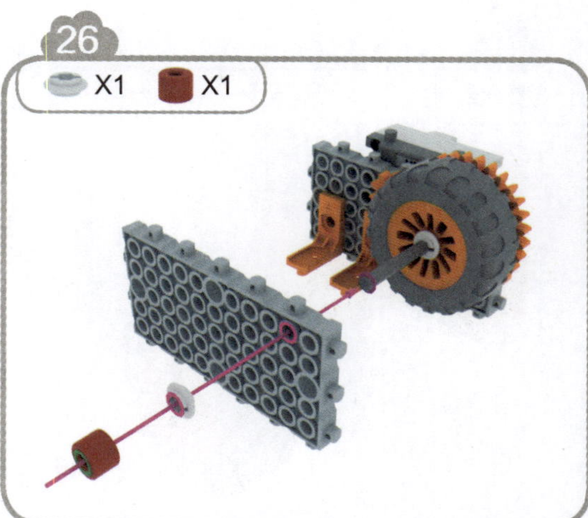
26
X1
X1

27

28

29

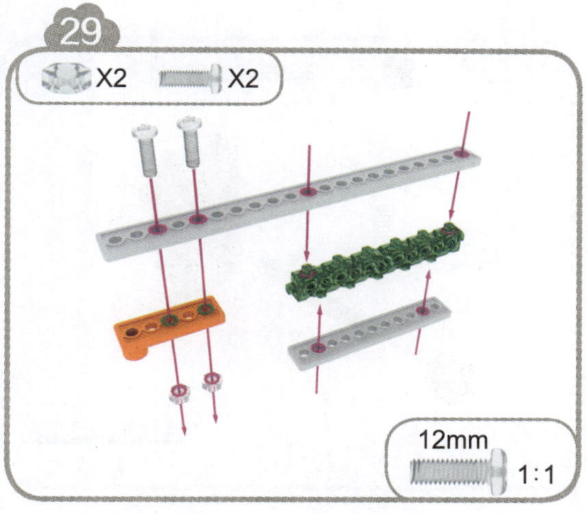

30

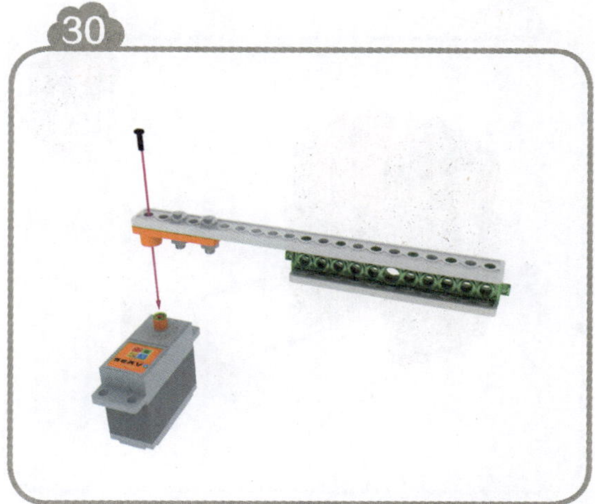

31

1. 使用伺服马达专用小螺钉将伺服 horn 安装到伺服马达上，注意伺服 horn 的方向。
2. 将伺服马达连接到主板相应的端口。
3. 编写如下程序上传到主板后，关掉电源并重新打开。

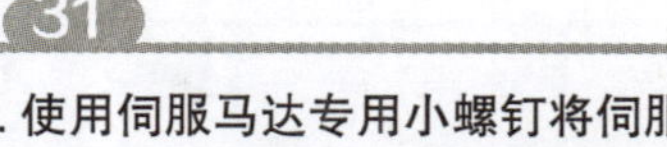

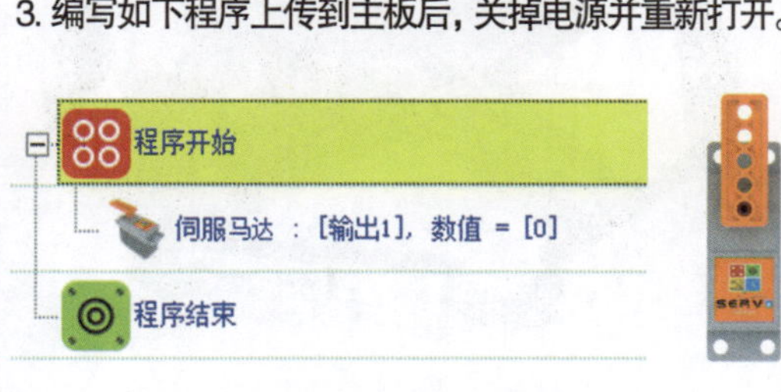

32

33

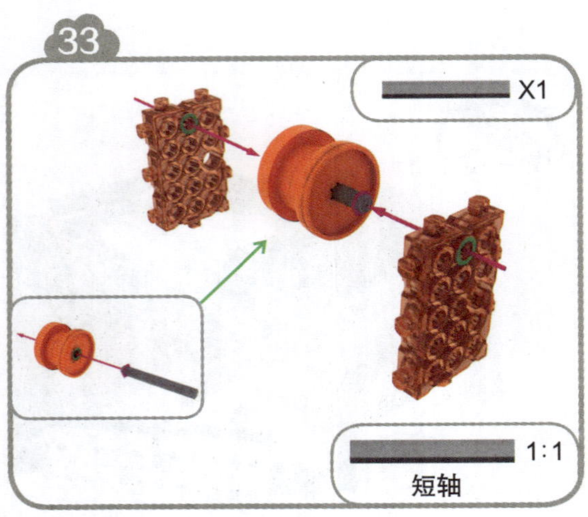

34

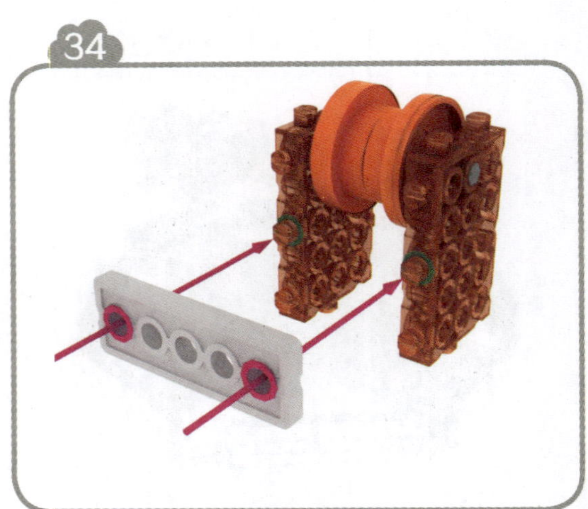

35

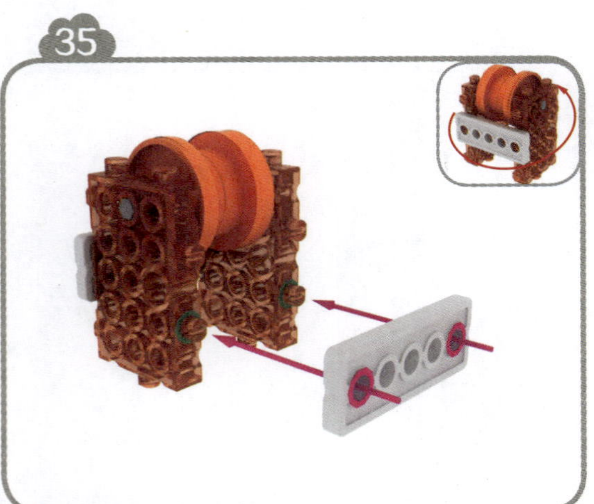

36

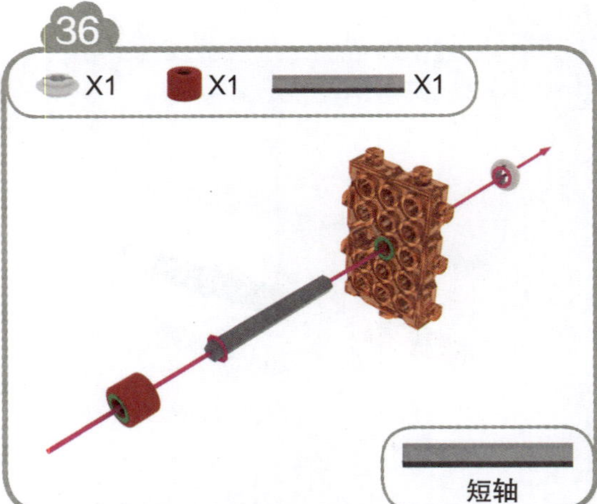

37

38

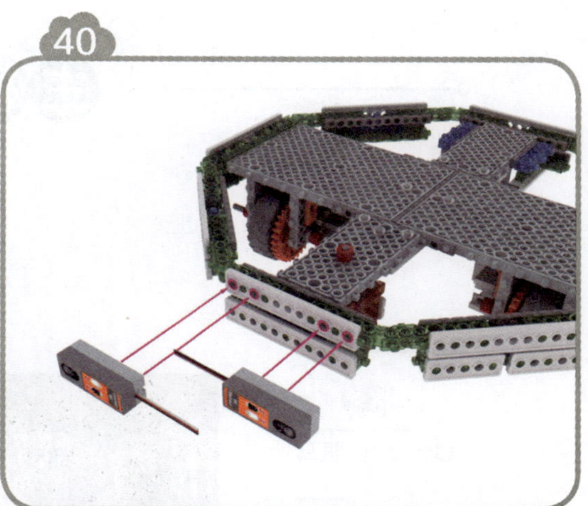

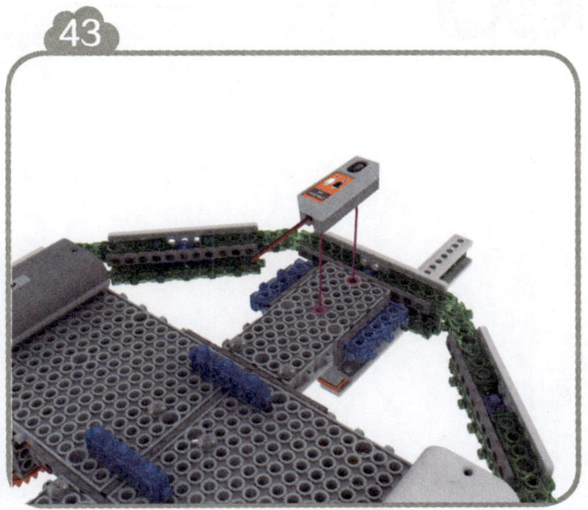

图 11-5　拼装步骤

按照图 11-6 所示，连一连。

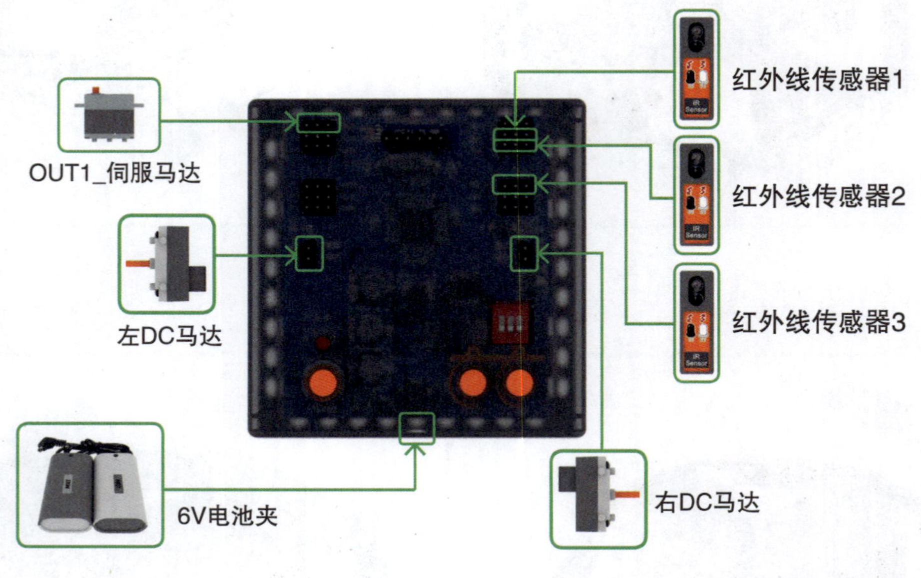

图 11-6　连接主板和组件

结束整理

（1）请将作品拍照、保存。

（2）请将 6V 电池夹关闭并拆下。

（3）请将电子元器件拆下。

（4）请将模型拆除。

（5）请将所有配件放回原位。

（6）对照表 11-1 所示配件清单清点配件。

第 12 单元

第 12 单元 扫地机器人编程

◎ 熟练掌握基础运动逻辑。

◎ 熟练掌握基础运动编程。

◎ 能够自行添加传感器并编程。

◎ 能够使用各种手段加强扫地机器人表现。

① 红外线传感器 1

●被卡住后，尝试左转，持续 1 秒；

●如果还被卡住，则尝试右转，持续 1 秒；

●如果还无法离开，则停止动作。

程序逻辑流程如图 12–1 所示。

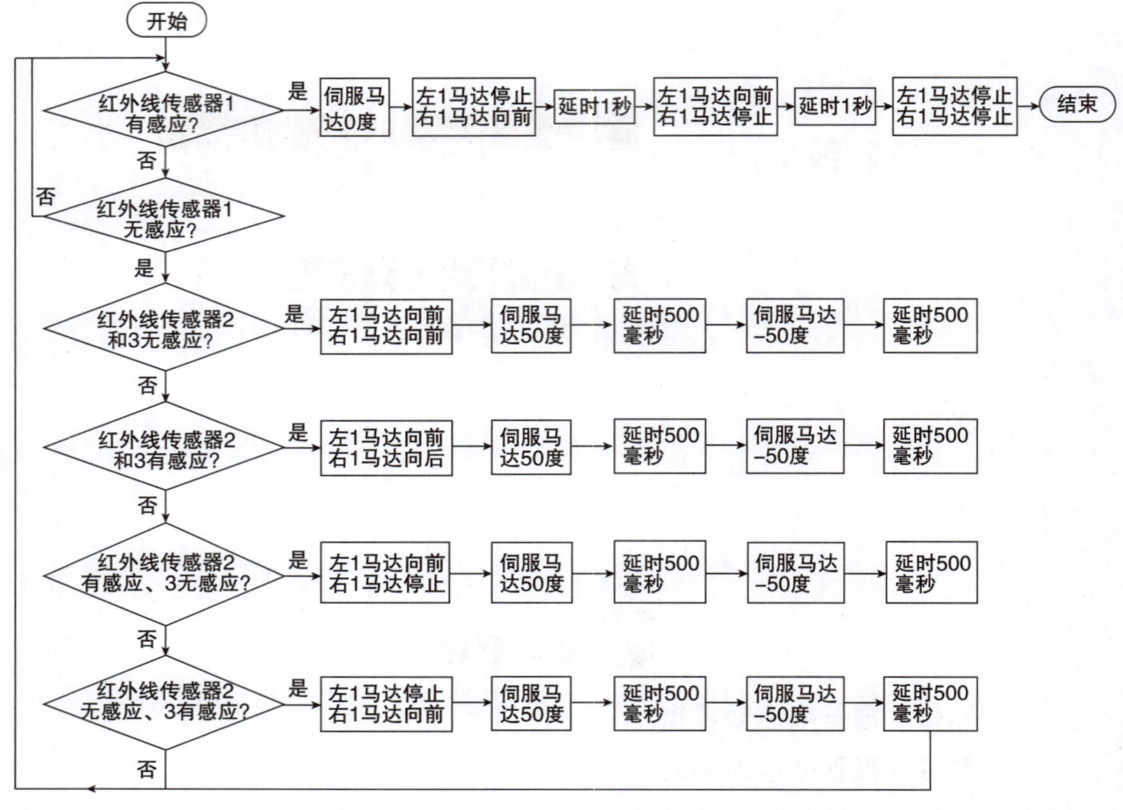

图 12-1　程序逻辑流程

2 红外线传感器 2 和红外线传感器 3

- 当红外线传感器 2 感知不是障碍，并且红外线传感器 3 感知不是障碍，左、右马达前进速度 10；
- 当红外线传感器 2 未感知障碍，红外线传感器 3 感知障碍，机器人左转；
- 当红外线传感器 2 感知障碍，红外线传感器 3 未感知障碍，机器人右转；
- 当红外线传感器 2 感知障碍，红外线传感器 3 也感知障碍，机器人向右原地转圈。

（1）红外线传感器 1 有感应：

- 被卡住后，尝试左转，持续 1 秒；
- 如果还被卡住，则尝试右转，持续 1 秒；
- 如果还无法离开，则停止动作。

程序实现如图 12–2 所示。

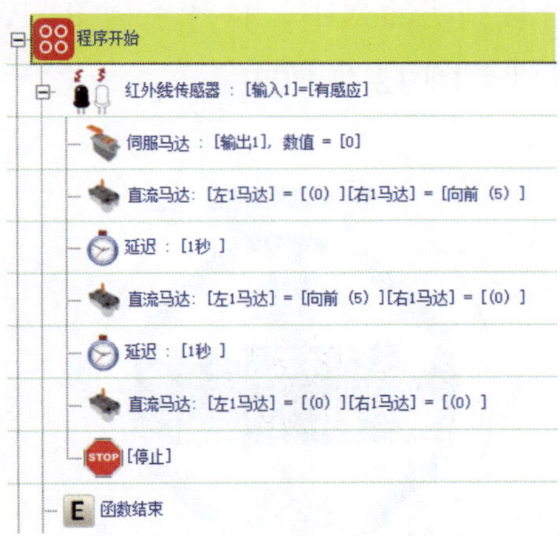

图 12–2　程序实现：红外线传感器 1 有感应

（2）红外线传感器 1 无感应：

- 在扫地机器人行动过程中，伺服马达持续运行；
- 当红外线传感器 2 感知不是障碍，并且红外线传感器 3 感知不是障碍，左、右马达前进速度 10；
- 当红外线传感器 2 感知障碍，红外线传感器 3 也感知障碍，机器人向右原地转圈；
- 当红外线传感器 2 感知障碍，红外线传感器 3 未感知障碍，机器人右转；
- 当红外线传感器 2 未感知障碍，红外线传感器 3 感知障碍，机器人左转。

程序实现如图 12–3 所示。

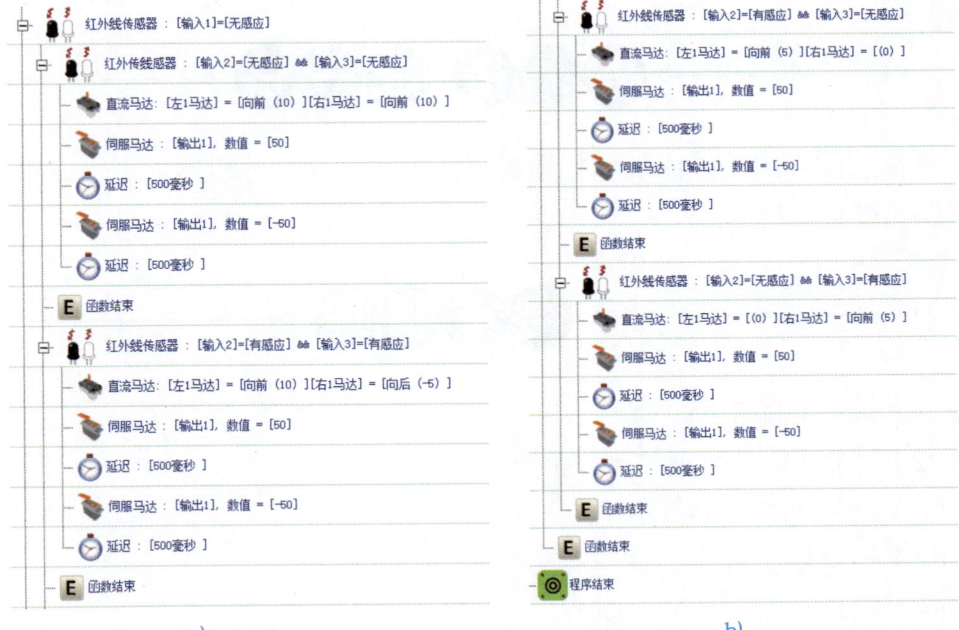

图 12–3　程序实现：红外线传感器 1 无感应

（3）将编好的程序下载到机器人中，打开主板电源，让机器人自己开始扫地吧。扫地机器人遇障处理如图 12-4 所示。

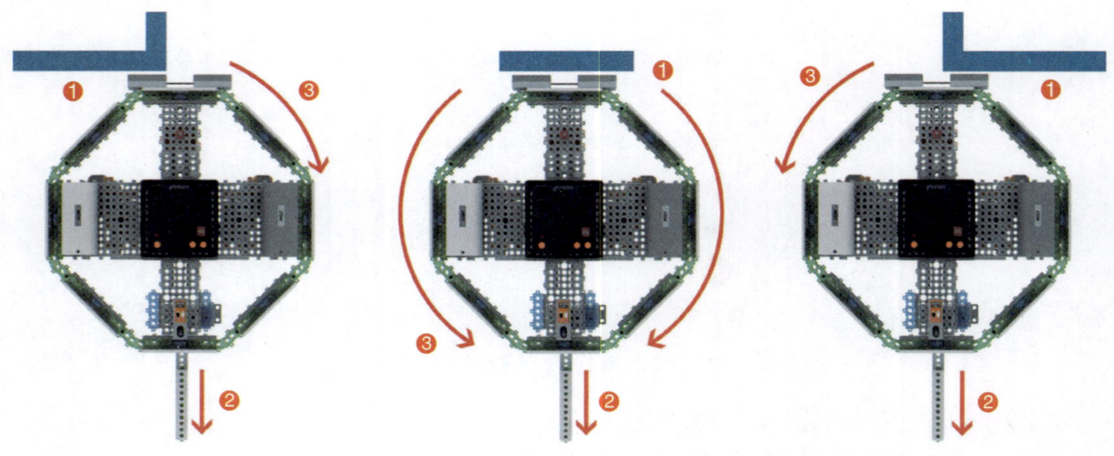

图 12-4　扫地机器人遇障处理

（1）在互联网上查找资料，总结扫地机器人一般采取什么路线进行清扫。

（2）在现有的程序中，扫地机器人被卡住了，应该如何处理？

（3）利用现有元器件，你还可以给扫地机器人增加什么功能？

将你想添加的功能添加到扫地机器人上，再让扫地机器人工作，看看是否按照你的设想运行。

（1）请将作品拍照、保存。

（2）请将 6V 电池夹关闭并拆下。

（3）请将电子元器件拆下。

（4）请将模型拆除。

（5）请将所有配件放回原位。

（6）对照表 11-1 所示配件清单清点配件。

第 13 单元 自卸车搭建

学习目标

◎ 了解自卸车工作原理。

◎ 了解液压装置的工作原理。

◎ 能够搭建自卸车模型。

◎ 能够正确连接元器件。

大开眼界

① 自卸车

自卸车（图 13-1）的载货车厢可以向后或向一边倾翻，这样，可以将车厢中的物品倒出车外。载货车厢的倾翻一般是通过液压机械装置驱动进行的。

图 13-1　自卸车

② 液压装置

液压装置一般由一个密封的装置组成（图 13-2a），装置里面装满液体，两边有一大一小两个活塞。在小的活塞上作用的力，会在大活塞上转换成一个更大的力，从而把重物举起（图 13-2b）；大活塞的面积是小活塞面积的几倍，这个力就会变大几倍。这就是液压装置的运行原理。

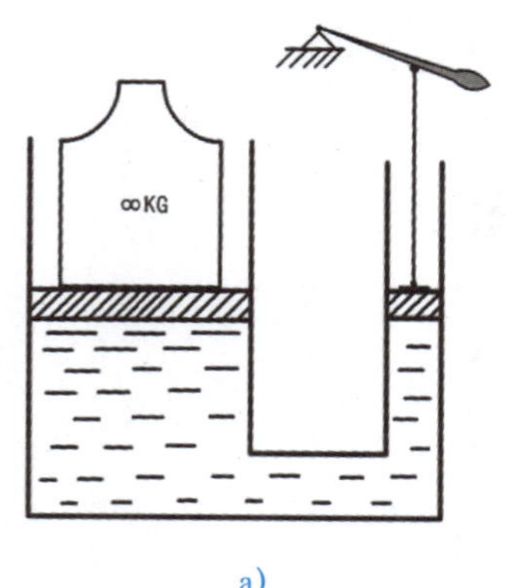

a)

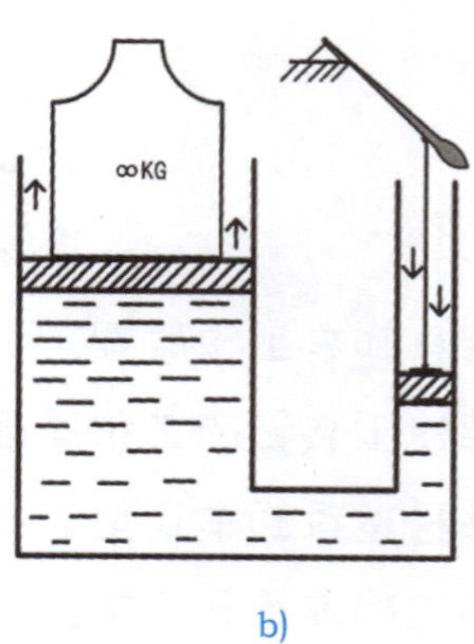

b)

图 13-2　液压装置的运行原理

动手实现

① 本单元创意拼装目标：自卸车（图 13-3）。

图 13-3　自卸车模型

② 准备材料

按照表13-1所示的配件清单准备拼装材料，做好搭建准备。

表 13-1　配件清单

品名	图示	数量	品名	图示	数量
模块 15		13 块	模块 35		6 块
模块 111		2 块	马达固定模块		4 块
90 度模块		5 块	11 孔框架		11 个

（续）

品名	图示	数量	品名	图示	数量
长轴		3 根	圆形模块		6 块
短轴		2 根	小红帽		13 个
中轴		2 根	大护帽		6 个
连接轴		1 个	小护帽		6 个
小齿轮		2 个	三角模块		1 块
大齿轮		2 个	轴模块		2 块
模块 511		8 块	135 度模块		6 块
模块 523		2 块	模块 121		2 块
模块 1117		3 块	5 孔框架		3 个
模块 311		5 块	5 孔连接框架		2 个
模块 321		2 块	11 孔连接框架		8 个

（续）

品名	图示	数量	品名	图示	数量
L 形模块		9 块	6V 电池夹		1 块
主板		1 个	伺服马达		1 个
DC 马达		2 个	中轮子		2 个
伺服架		2 个	大轮子		2 个
伺服 horn		1 个	伺服马达专用小螺钉		2 个

③ 动手搭一搭（图 13-4）

1

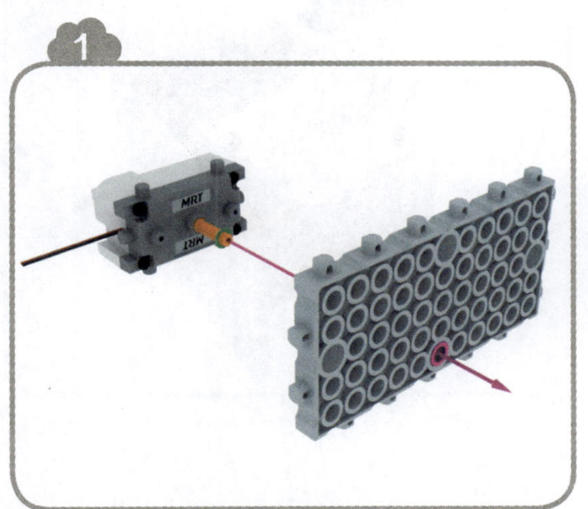

2

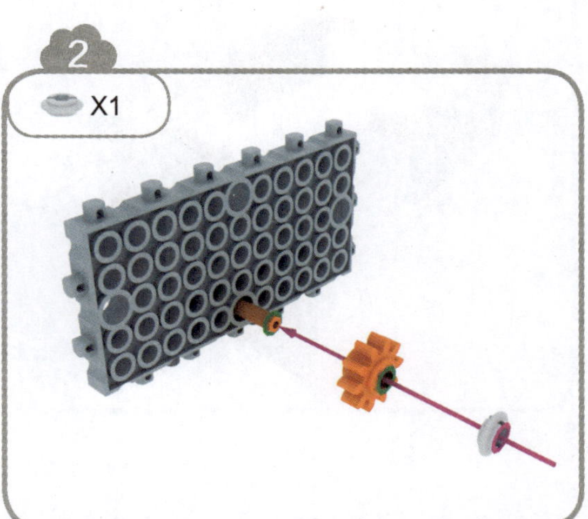

3

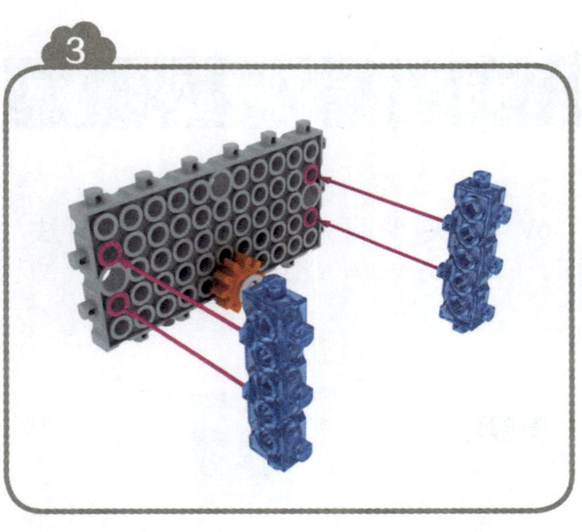

4

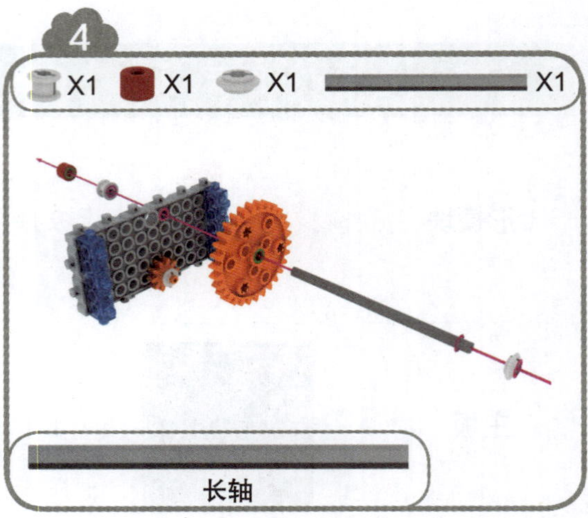

5

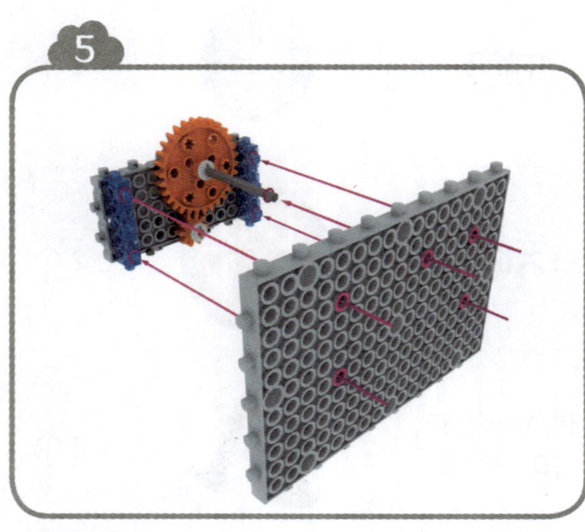

6

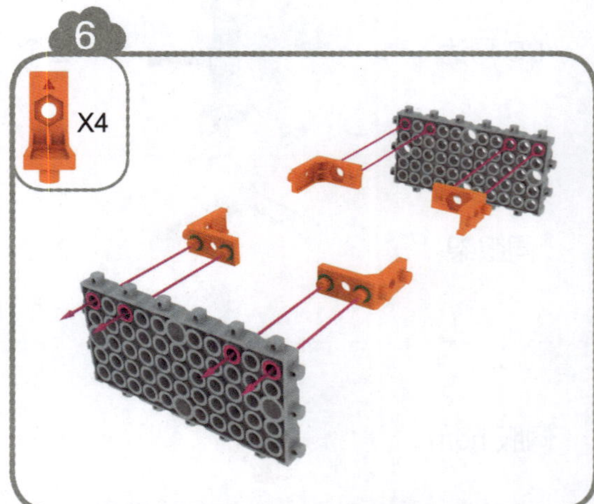

7

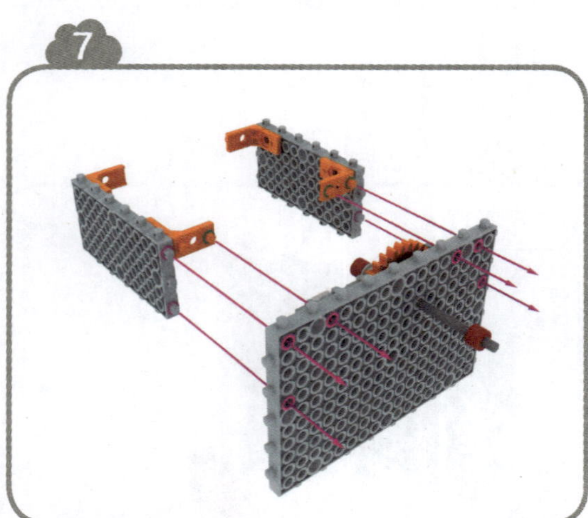

8

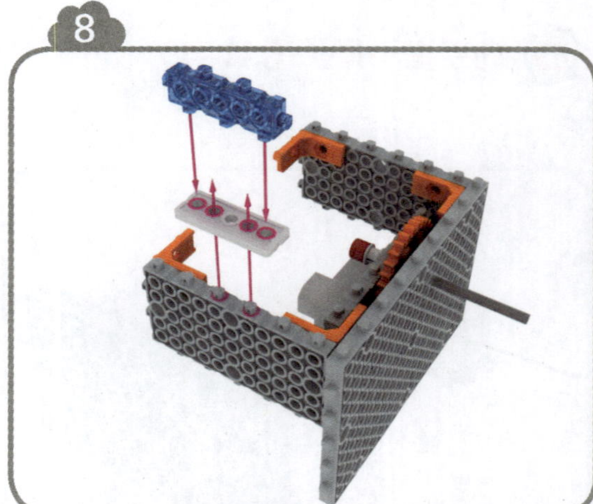

9

10

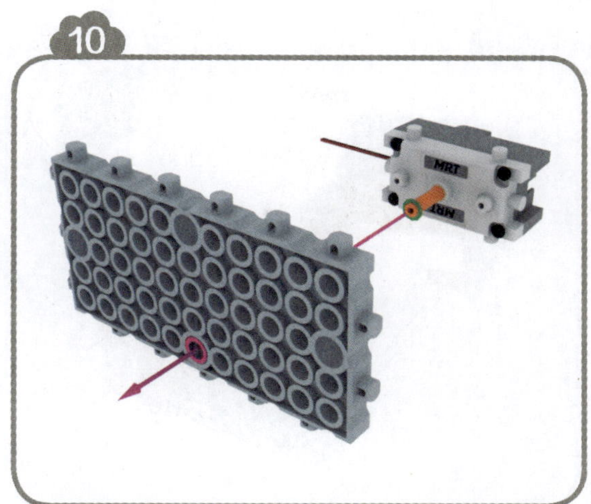

11

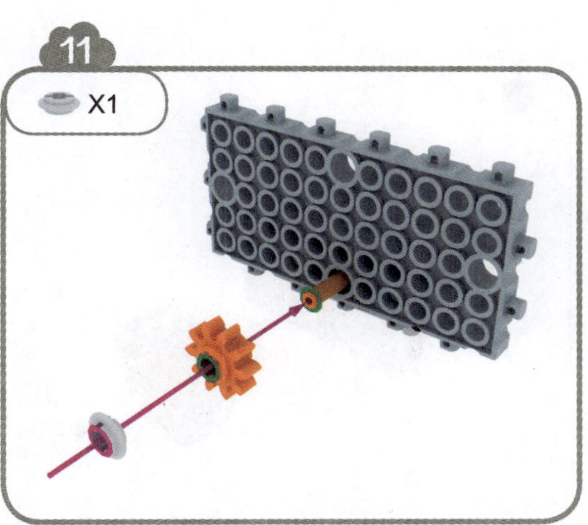

12

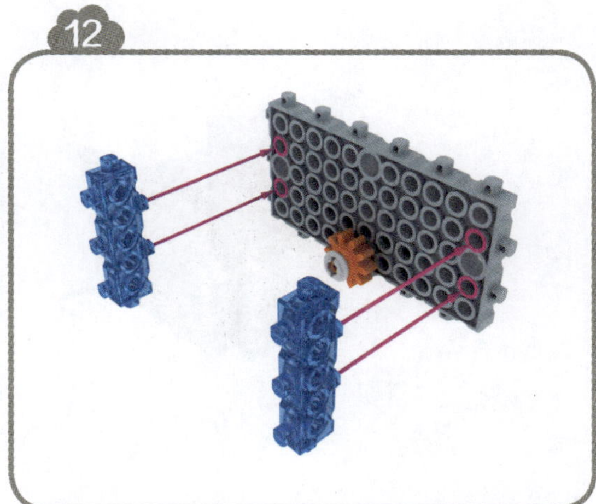

13

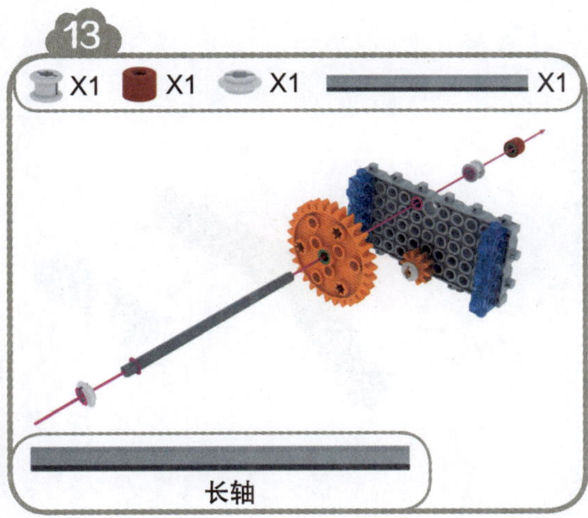

14

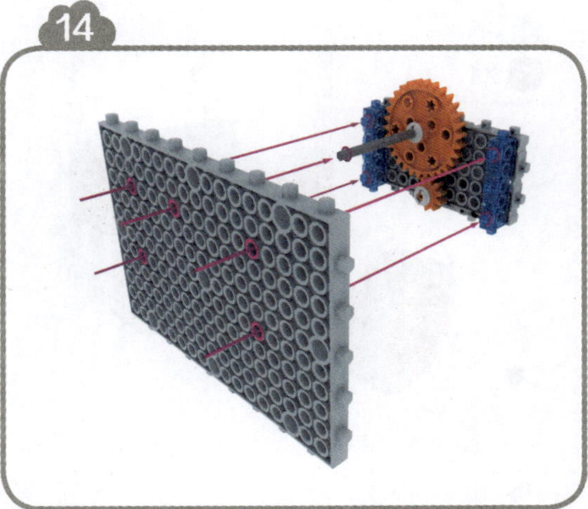

15

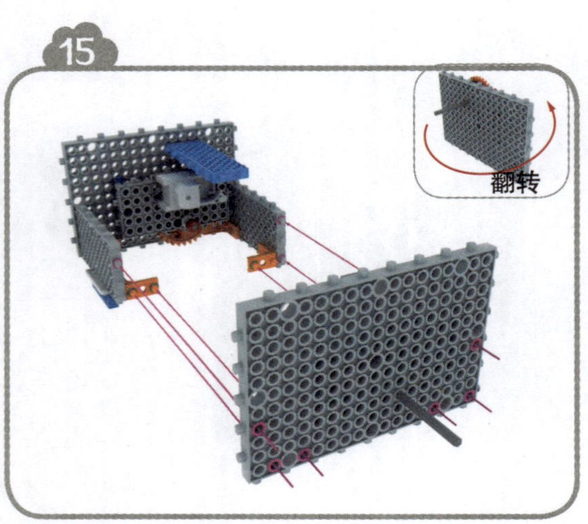

16

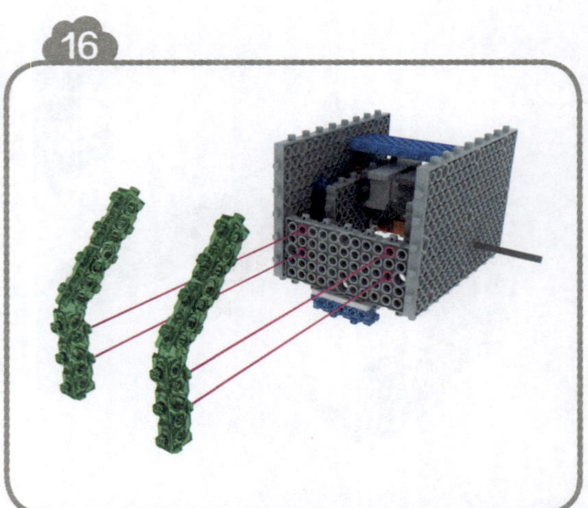

17

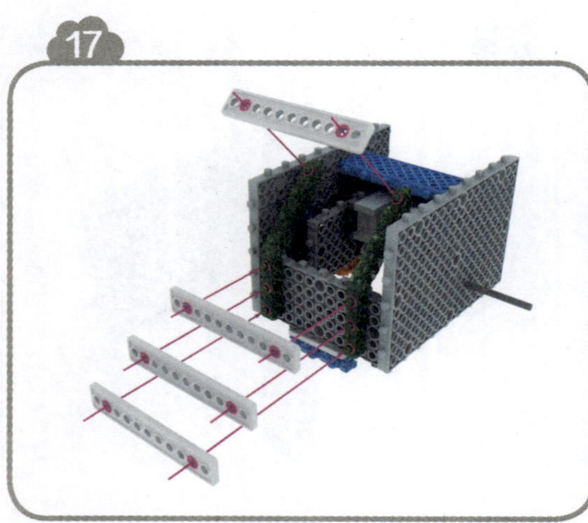

18

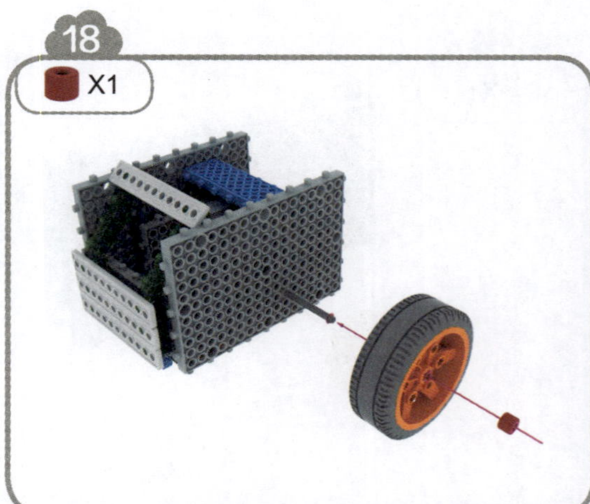

19

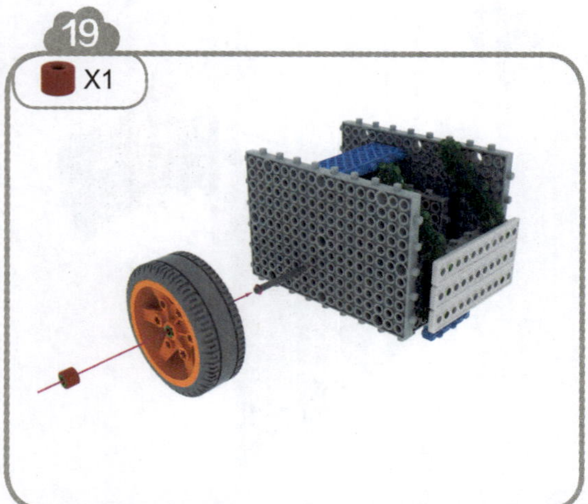

20

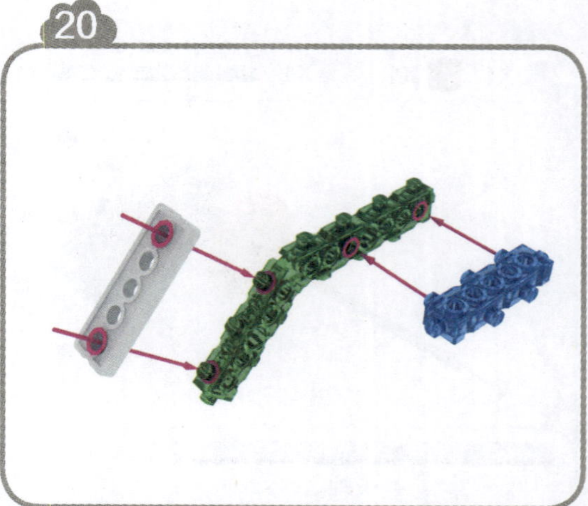

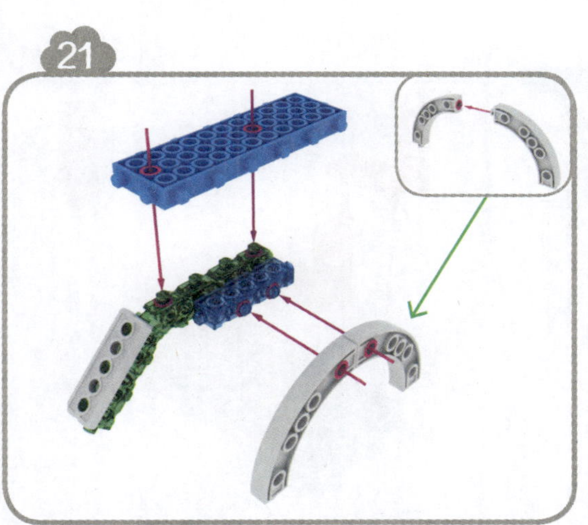
21

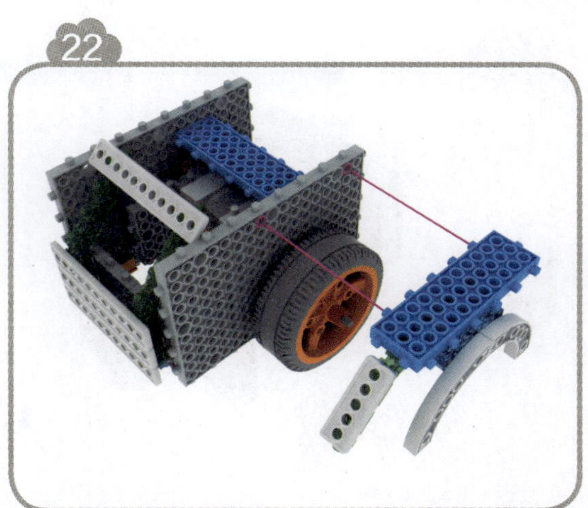
22

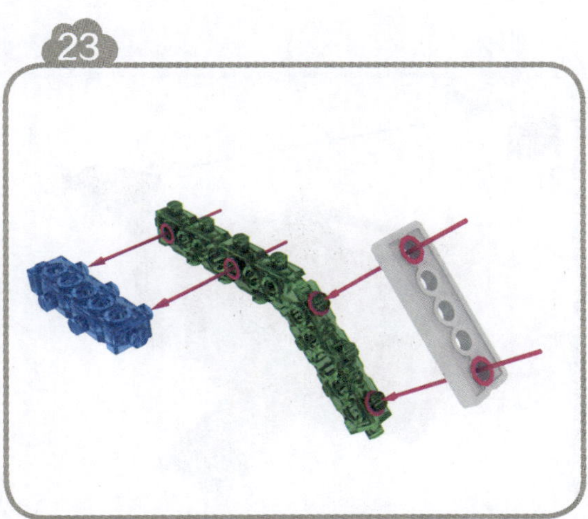
23

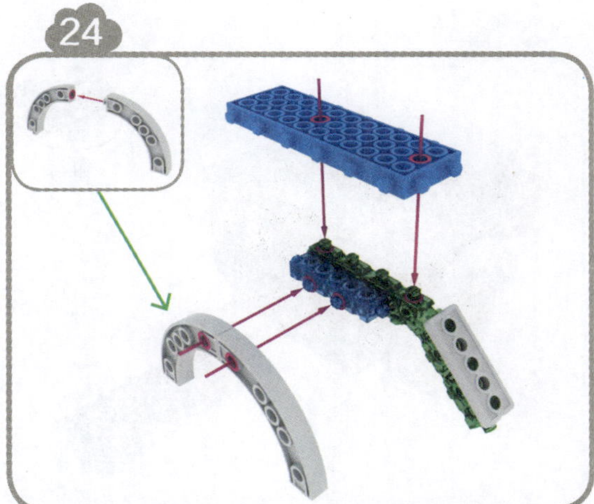
24

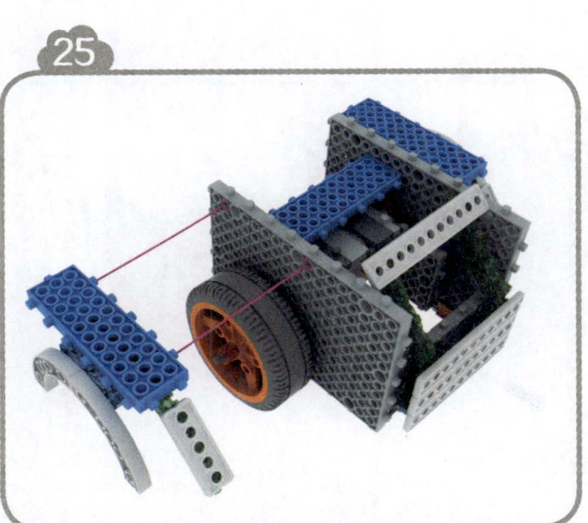
25

26

27

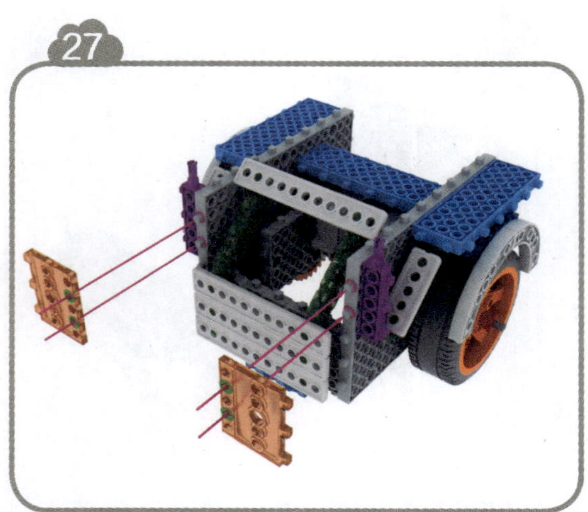

28

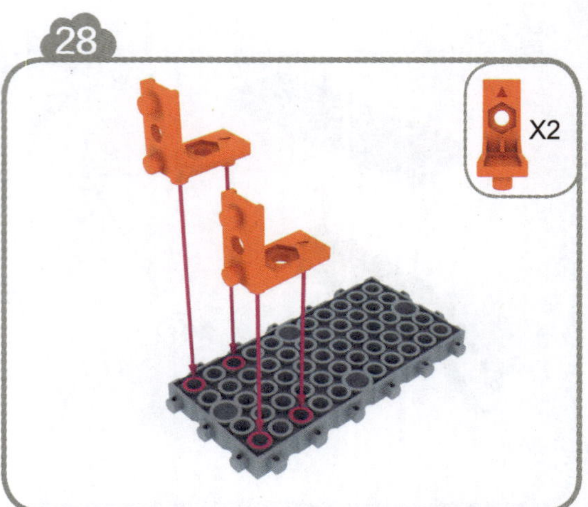

29

30

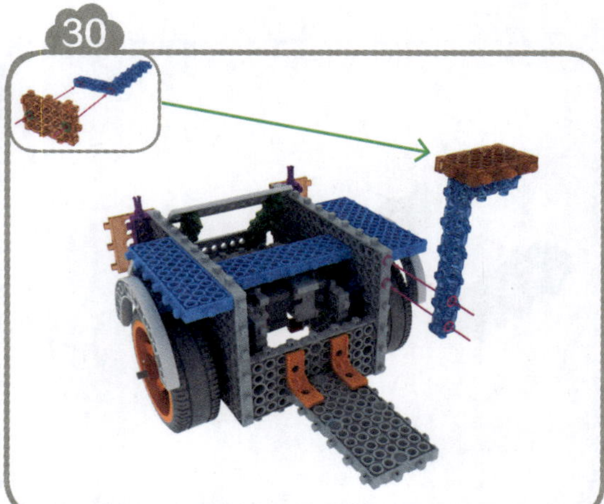

31

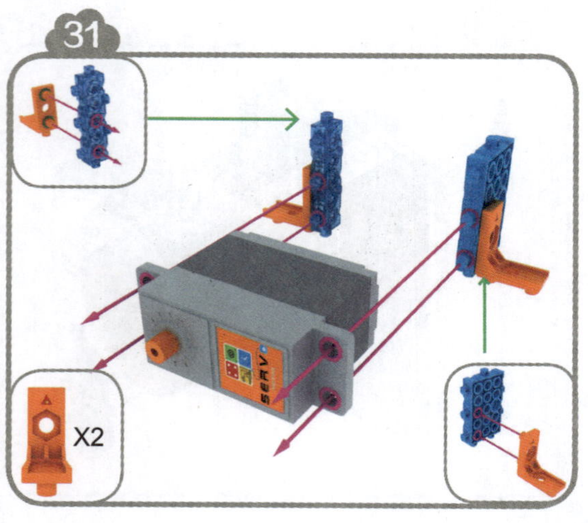

32

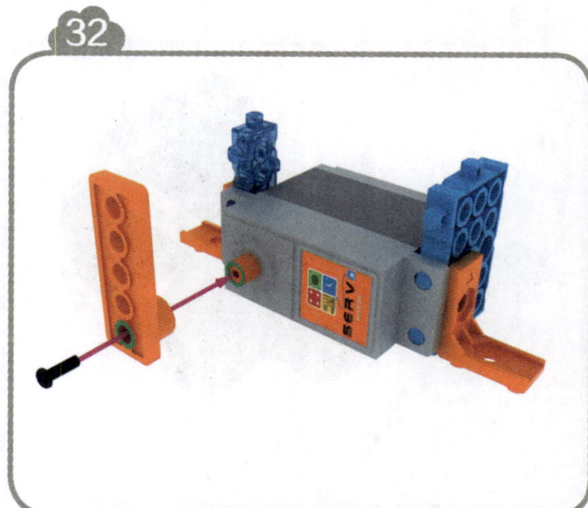

33

1. 使用伺服马达专用小螺钉将伺服 horn 安装到伺服马达上，注意伺服 horn 的方向。
2. 将伺服马达连接到主板相应的端口。
3. 编写如下程序上传到主板后，关掉电源并重新打开。

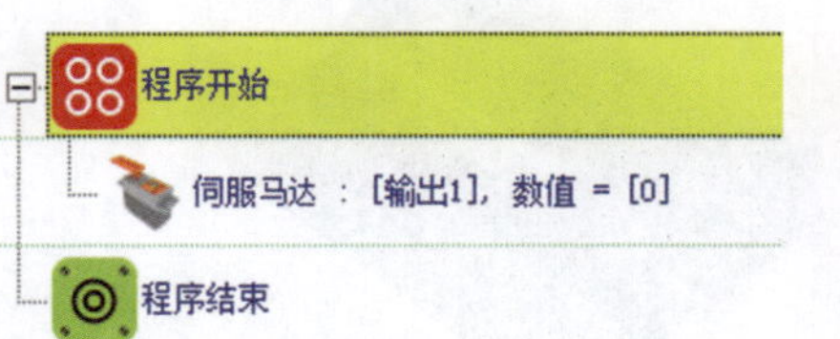

34

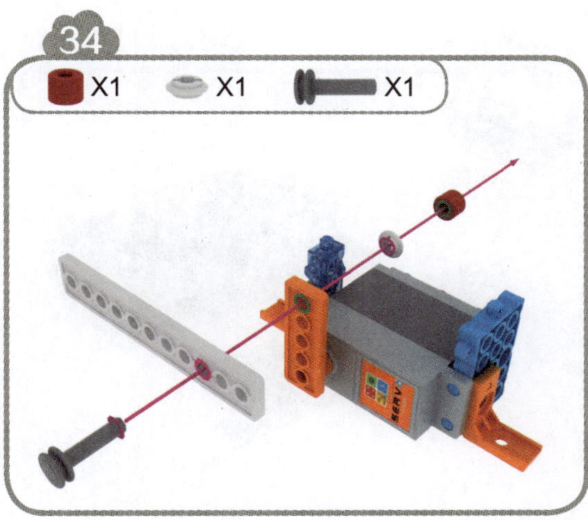

35

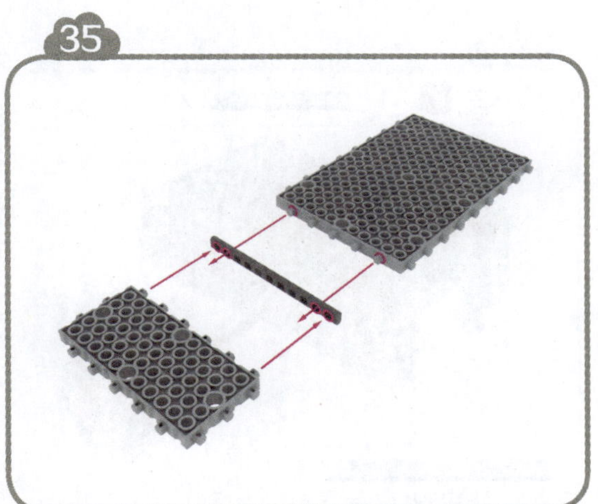

36

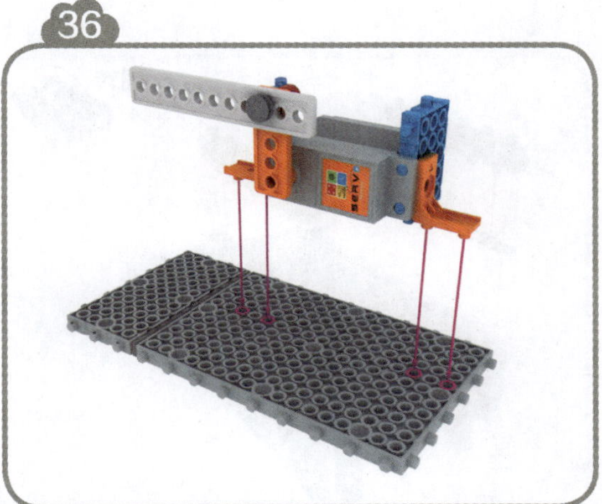

37

38

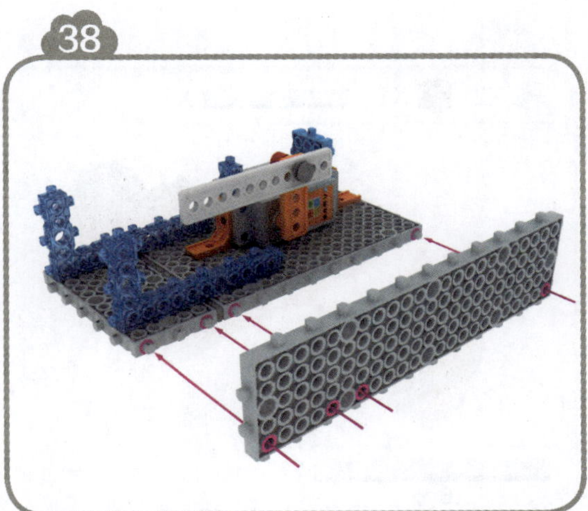

39

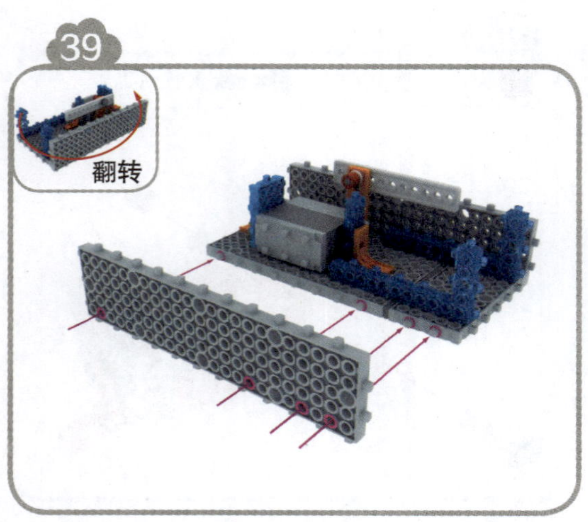

40

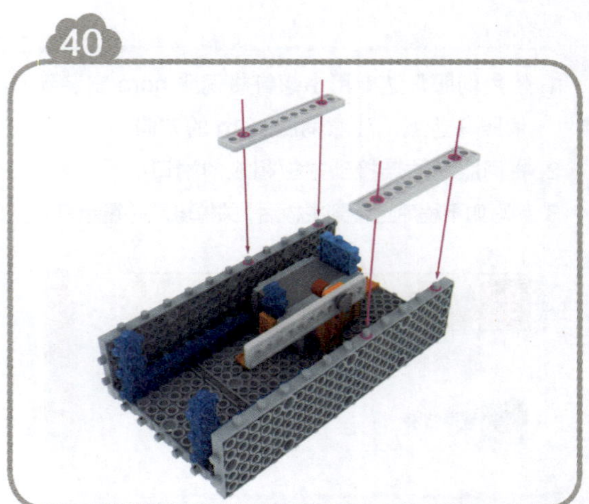

41

42

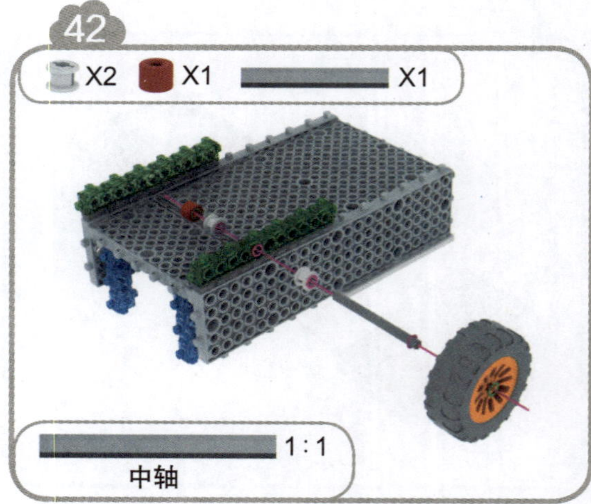

43

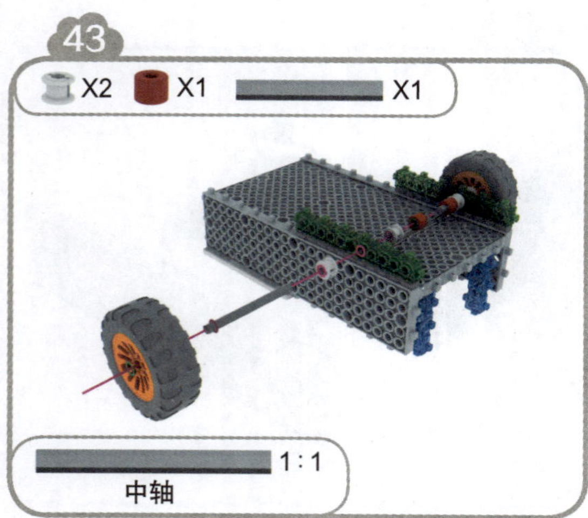

44

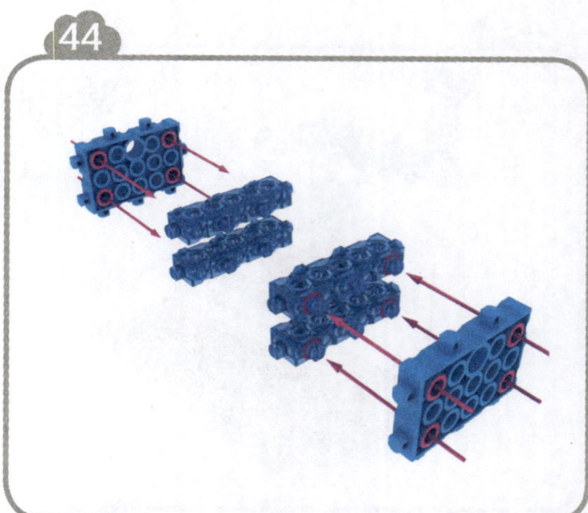

45

46

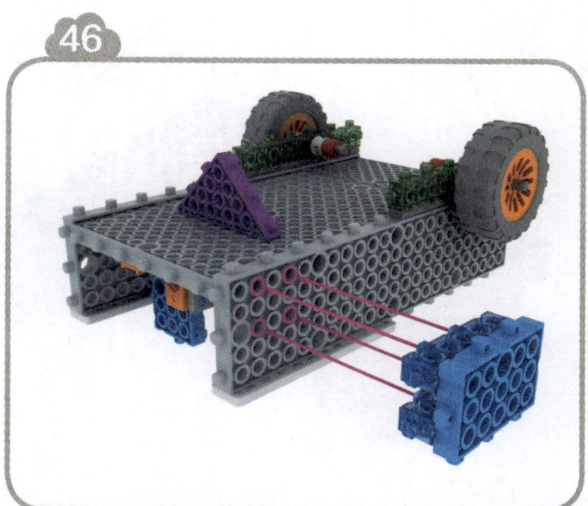

47

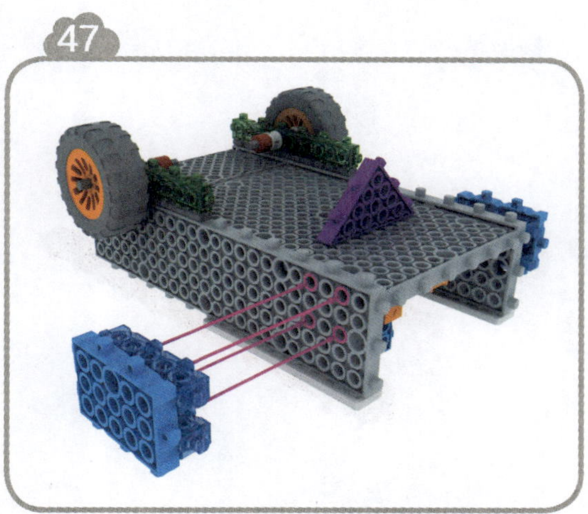

48

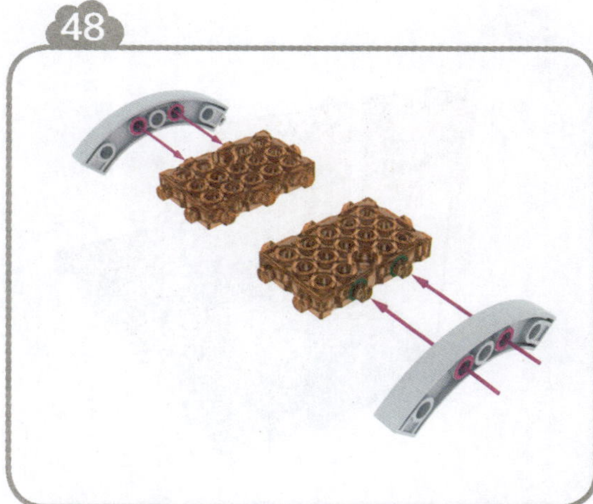

49

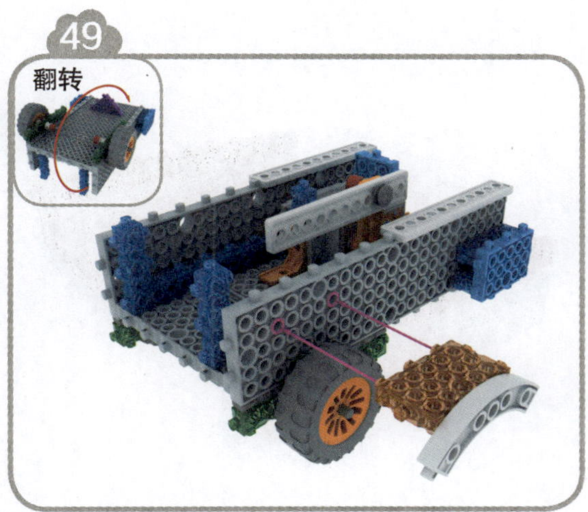

50

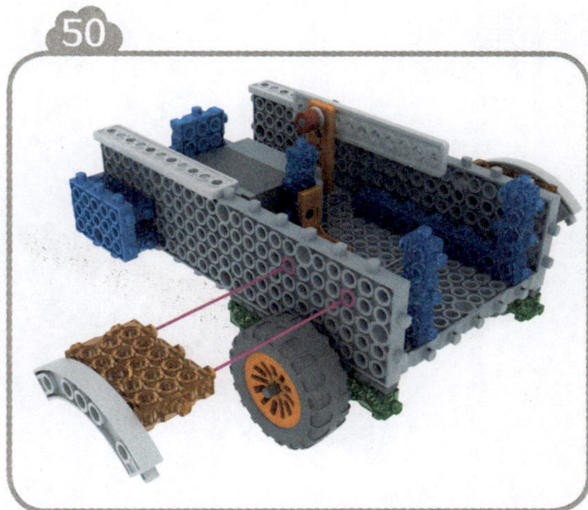

51

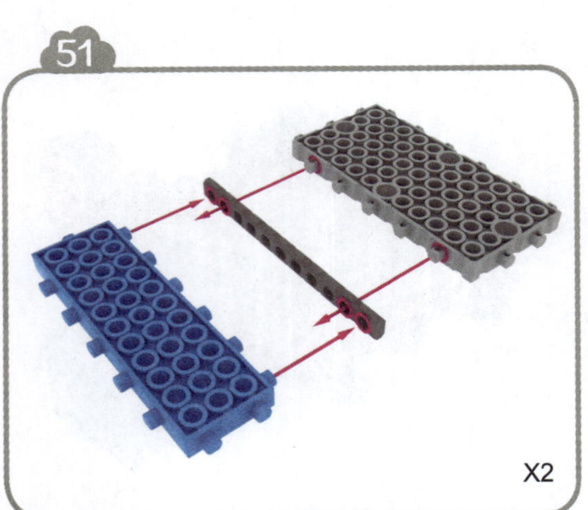

52

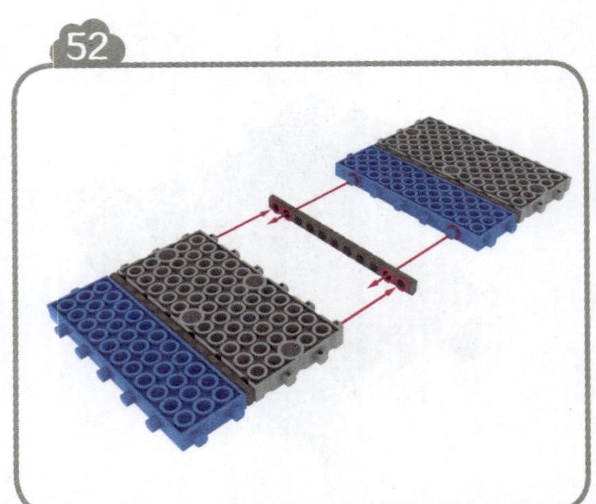

53

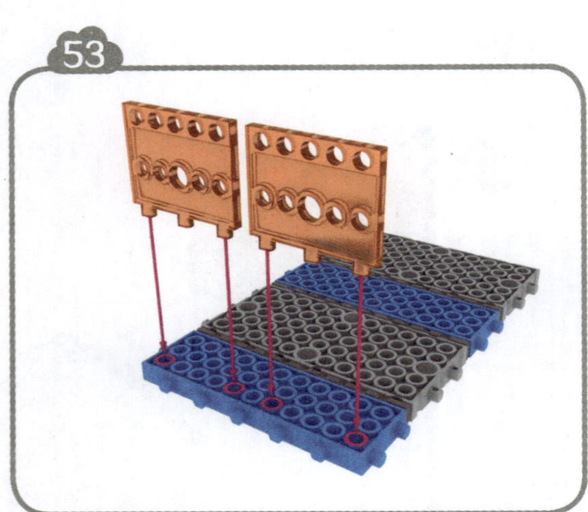

54

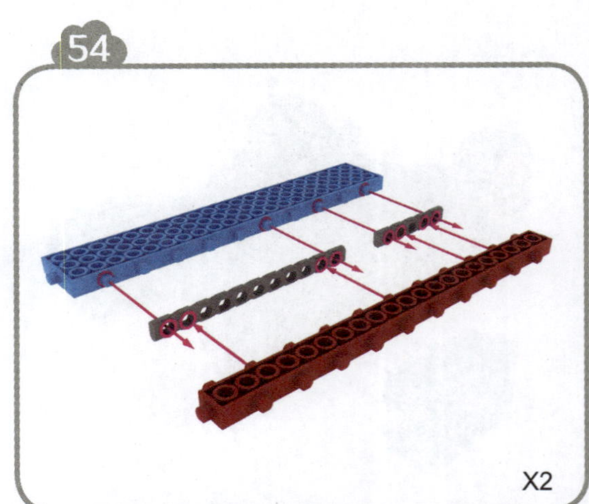

55

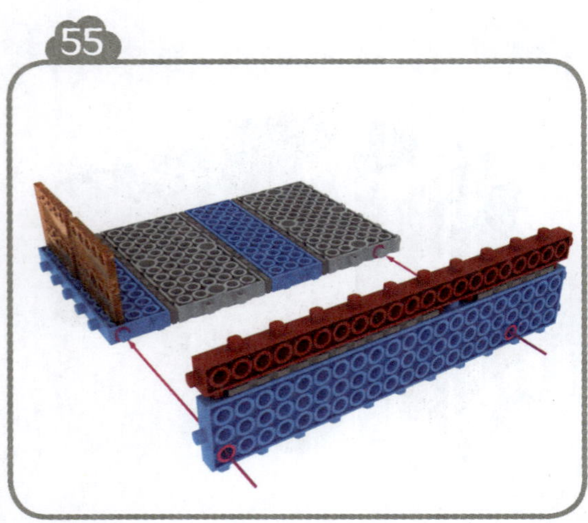

56

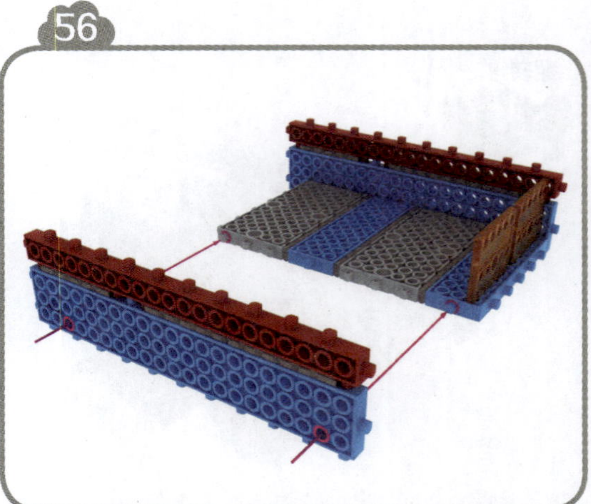

57

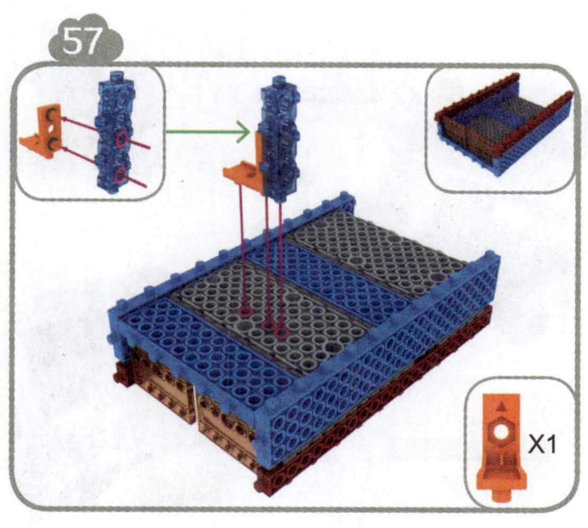

58

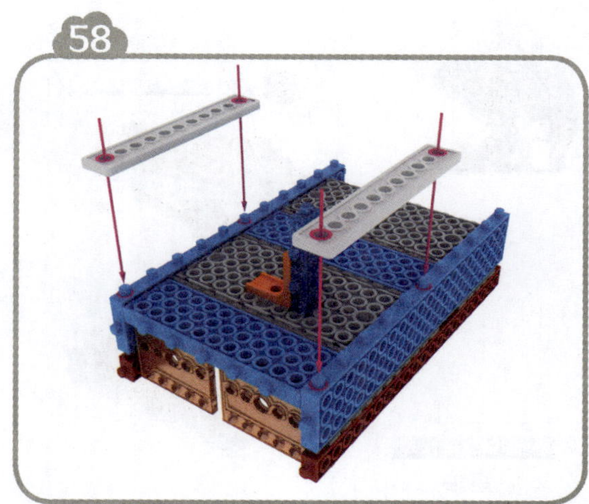

59

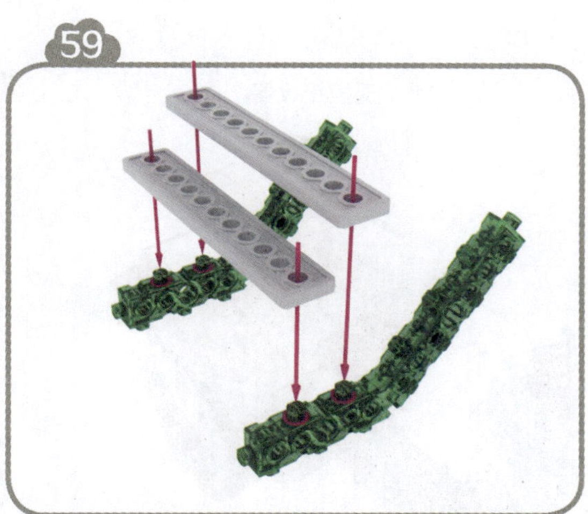

60

61

62

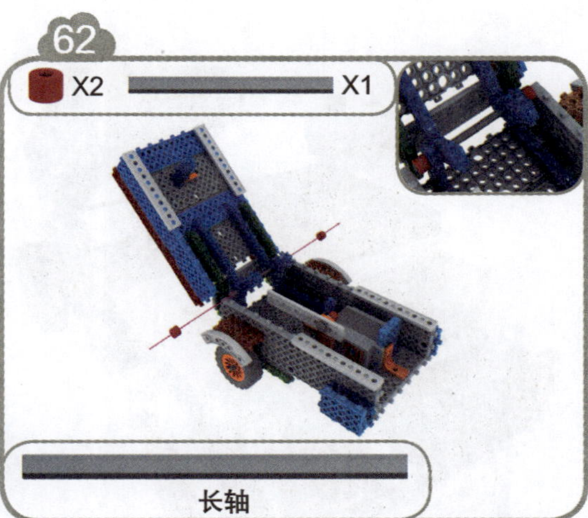

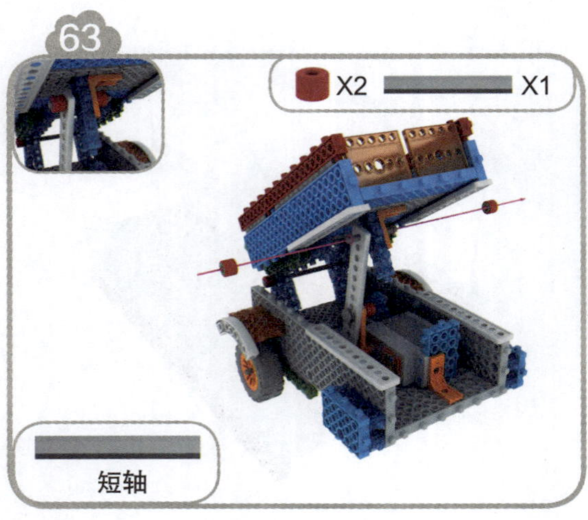

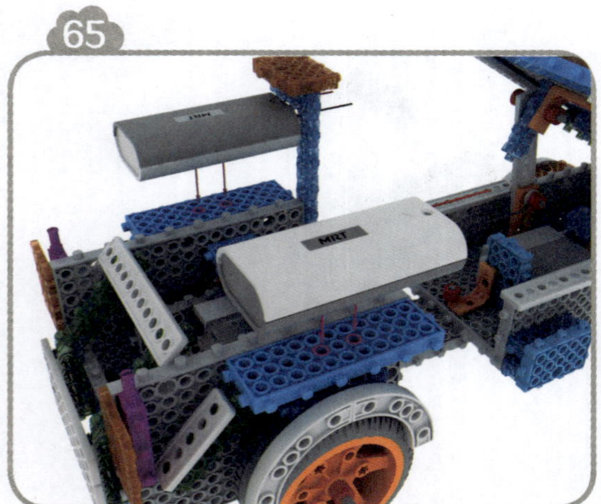

图 13-4　拼装步骤

按照图 13-5 所示，连一连。

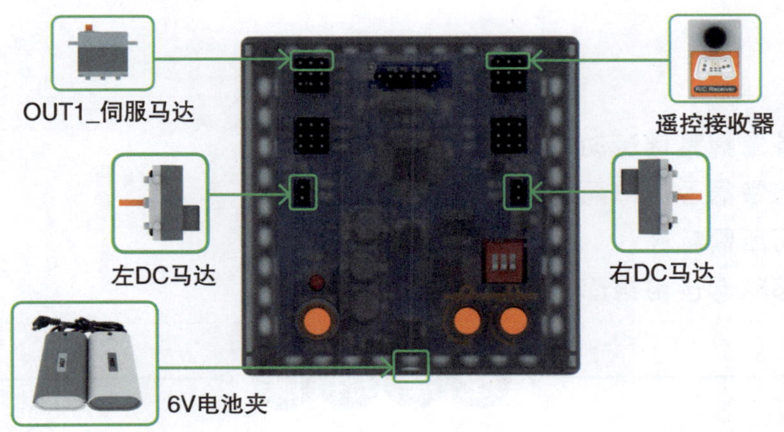

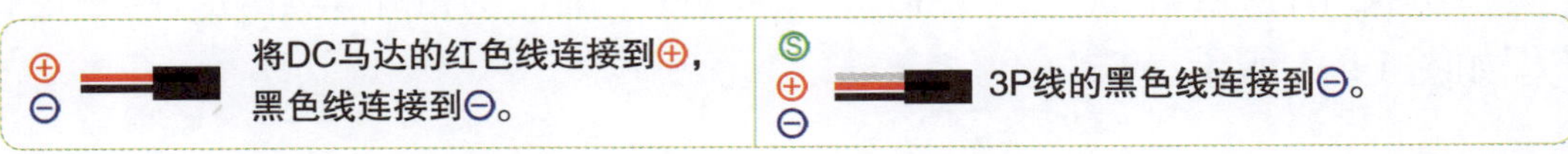

图 13-5　连接主板和元件

（1）请将作品拍照、保存。

（2）请将 6V 电池夹关闭并拆下。

（3）请将电子元器件拆下。

（4）请将模型拆除。

（5）请将所有配件放回原位。

（6）对照表 13-1 所示配件清单清点配件。

第 14 单元

◎ 熟练掌握基础运动逻辑。
◎ 熟练掌握自卸车厢的控制。
◎ 编写所需程序。
◎ 能够综合运用前面所学知识。

（1）使用遥控器的“上”“下”“左”“右”键控制自卸车运动。程序逻辑流程如图 14-1 所示。

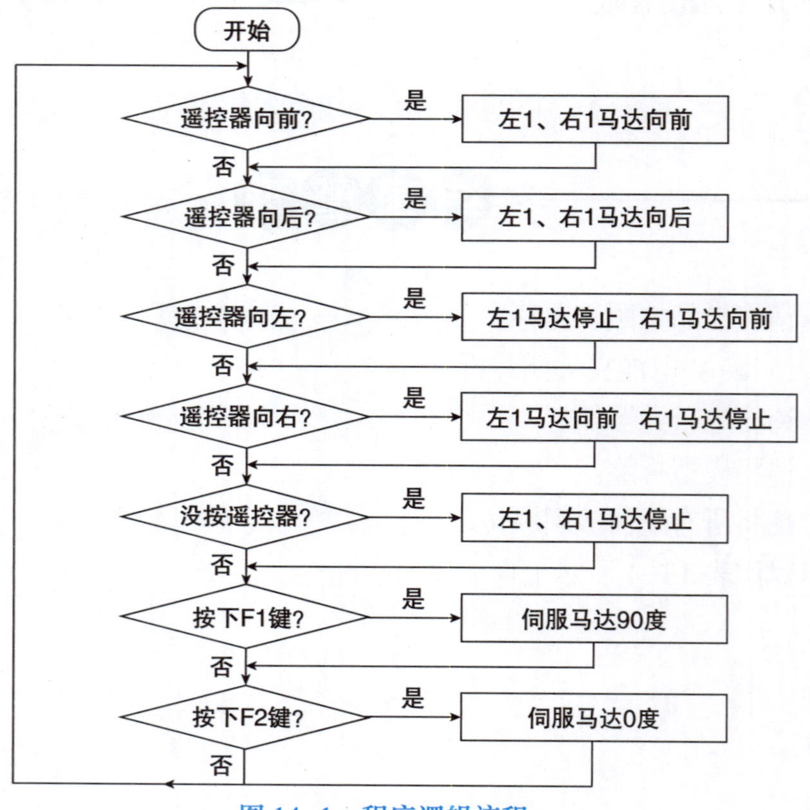

图 14-1　程序逻辑流程

（2）按下“F1”和“F2”键控制伺服马达转动，带动车厢翻转。

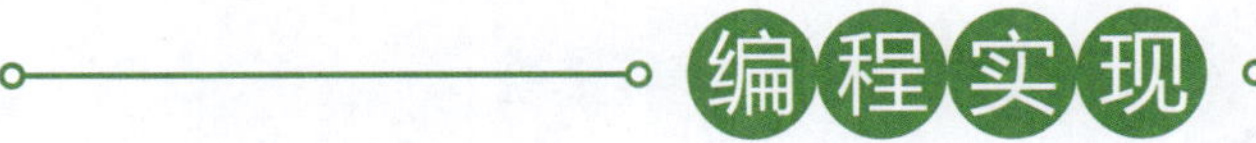

（1）基础运动逻辑的实现（图 14–2）。

图 14–2　程序实现：自卸车的基础运动

（2）控制伺服马达（图 14–3）。

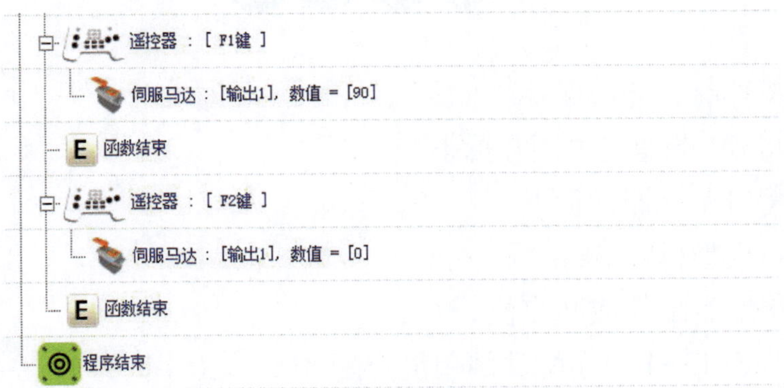

图 14–3　程序实现：控制伺服马达

（3）将编好的程序下载到机器人中，打开主板电源，指挥自卸车运动和装卸货物（图 14-4）。

图 14-4　自卸车装卸操作

（1）在现实生活中，自卸车的液压装置应该装在哪里？

（2）你还能想出身边哪里有液压装置的身影吗？

请组队，配备好自卸车、夹子机器人、大吊车等机器人，和其他队伍进行一次运货比赛，看看哪一队先把娃娃（或盒子）运到目的地吧。

（1）请将作品拍照、保存。

（2）请将 6V 电池夹关闭并拆下。

（3）请将电子元器件拆下。

（4）请将模型拆除。

（5）请将所有配件放回原位。

（6）对照表 13-1 所示配件清单清点配件。

AI机器人时代

机器人创新实验教程

上册

丛 书 主 编　钟艳如

丛书副主编　陈　洁

本 册 主 编　陈　洁　陈　丽

机械工业出版社
CHINA MACHINE PRESS

本书为《机器人创新实验教程　3级上册》，使用了MRT图形化编程模式的电脑编程主板。本书主要是通过搭建和编程学习，让学生深入了解滑轮、伺服马达、传感器等相关知识，学会理解和绘制流程图，学会如何通过编程实现模型的功能。本书可以有效锻炼学生的编程逻辑和计算思维，培养学生思考和解决问题的能力。

图书在版编目（CIP）数据

AI机器人时代：机器人创新实验教程．3级．上册 / 钟艳如主编；陈洁，陈丽本册主编．—北京：机械工业出版社，2020.2 (2020.8重印)
ISBN 978-7-111-64556-6

Ⅰ．① A… Ⅱ．①钟… ②陈… ③陈… Ⅲ．①智能机器人 – 教材
Ⅳ．① TP242.6

中国版本图书馆CIP数据核字(2019)第300448号

机械工业出版社（北京市百万庄大街22号　邮政编码100037）
策划编辑：熊　铭　　责任编辑：熊　铭　石晓芬　何卫峰
责任校对：刘雅娜　　封面设计：滕沛芳　黄　辉
责任印制：孙　炜
北京联兴盛业印刷股份有限公司印刷
2020年8月第1版第2次印刷
184mm × 260mm · 17.75印张 · 435千字
标准书号：ISBN 978-7-111-64556-6
定价：115.00元（共2册）

电话服务　　网络服务
客服电话：010-88361066　机　工　官　网：www.cmpbook.com
010-88379833　机　工　官　博：weibo.com/cmp1952
010-68326294　金　书　网：www.golden-book.com
封底无防伪标均为盗版　机工教育服务网：www.cmpedu.com

编写人员

顾　　问　朱光喜　李旭涛

丛书主编　钟艳如

丛书副主编　陈　洁

本册主编　陈　洁　陈　丽

本册副主编　翁杰军

本册参编　陈　坤　邓彩梅　董朝旭　房济城　胡　杰　黄　辉
贾　楠　李振庭　伍大智　肖海明　周　靓　周小江
周宇雄　邹玉婷

序

以饱满的热情、创新的姿态，昂首迈进人工智能时代

世界已从制造经济时代进入了资讯经济时代，生活亦将从“互联网 +”时代开始向“人工智能 +”时代迈进

近几十年来，我们周围的世界乃至全球的经济与生活无时无刻不在发生着巨大变革。推动经济和社会大步向前发展的已不仅仅是直白可视的工业制造和机器，更有人类的思维与资讯。我们的世界已从制造经济时代进入了资讯经济时代，生产方式正从“机械自动化”逐渐向“人工智能化”过渡，我们的生活亦将很快从当前的“互联网 +”时代开始向“人工智能 +”时代迈进，新知识和新技能显得尤为重要。

编程和人工智能在新经济和新生活时代的作用与地位

人工智能（Artificial Intelligence），英文缩写为AI。它是研究、开发用于模拟、延伸和扩展人的智能的理论、方法、技术及应用系统的一门新的技术科学。该领域的研究包括机器人、语言识别、图像识别、自然语言处理和专家系统等。百度无人驾驶汽车、谷歌机器人（Alpha Go）大战李世石等都是人工智能技术的体现。

近年来，我国已经针对人工智能制定了各类规划和行动方案，全力支持人工智能产业的发展。

显然，人工智能时代已经到来！

三 人工智能时代的 STEAM 教育

人工智能时代的STEAM教育，其核心之一是培养学生的计算思维，所谓计算思维就是“利用计算机科学中的基本概念来解决问题、设计系统以及了解人类行为。”计算思维是解决问题的新方法，能够改变学生的学习方式，帮助学生创建克服困难的思路。虽然计算思维的基础是计算机科学中的编程等，但它已被普遍地应用于所有学科，包括文学、经济学、数学、化学等。

通过学习编程与人工智能培养出来的计算思维，至少在以下3个方面能给学生带来极大益处。

（1）解决问题的能力。掌握了计算思维的学生能更好地知道如何克服突发困难，并且尽可能快速地给出解决方案。

（2）创造性思考的能力。掌握了计算思维的学生更善于研究、收集和了解最新的信息，然后运用新的信息来解决各种问题和实施各项方案。

（3）独立自信的精神。掌握了计算思维的学生能更好地适应团队工作，在独立面对挑战时表现得更为自信和淡定。

鉴于编程和人工智能在中小学STEAM教育中的重要性，全球很多国家和地区都有立法要求学校开设相关课程。2017年，我国国务院、教育部也先后公布《新一代人工智能发展规划》《中小学综合实践活动课程指导纲要》等文件，明确提出要在中小学阶段设置编程和人工智能相关课程，这将对我国教育体制改革具有深远影响。

四 机器人在开展编程与人工智能教育时的独特地位

机器人之所以会逐步成为STEAM教育和技术巧妙融合的最好载体并广受欢迎，是因为机器人相比其他教学载体，如无人机、3D打印机、激光切割机等，有着其自身的鲜明特点。

（1）以教育机器人作为STEAM教育的物理载体，能很好地兼顾教育的趣味性、多样性、延展性、创意性、安全性和政策性。

（2）机器人教育能够弥补学校教育中缺乏的对学生动手能力和操作能力的实训。

（3）机器人教育是跨多学科知识的综合教育，机器人具有明显的跨界、融合、协同等特征，融合了电子、计算机软硬件、传感器、自动控制、人工智能、机械设计、人机交互、网络通信、仿生学和材料学等多学科技术，有助于培养学生综合素质。

（4）机器人教育适合各年龄段的学生参与学习，幼儿园阶段、中小学阶段甚至大学阶段，都能在机器人教育阶梯中找到自己的位置。

五 《AI机器人时代 机器人创新实验教程》的重要性和稀缺性

《AI机器人时代 机器人创新实验教程》是依据STEAM教育“四位一体”教学理论和模式编写的，本系列课程共分1~4级，每级分上、下两册。

每级课程分别是基于不同年龄段的学生特点进行开发设计的。课程各单元开篇采用故事、游戏、问答以及图片或视频的形式引出主题，并提供主题背景知识，加深学生印象；课程按1~4级，从结构搭建、原理讲解到简单编程、复杂编程，从具体思维到抽象思维，从简单到复杂，从低级到高级，进行讲解；所涉及的学科内容涵盖了计算机、电子、结构、力学、数学、设计、社会学、人文学甚至历史等。通过本系列课程的学习，可以激发学生对科学探究的兴趣，通过机器人拼装、运行等帮助学生更好地学习到物理、编程和人工智能等相关知识与技能，提升对学生计算思维、创新能力和空间想象力的培养，并更好地理解人与自然、人与人、人与时间的联系等。

此外，本系列课程的编写顾问和编写成员阵容强大，除了韩端国际教育科技（深圳）有限公司（后简称：韩端国际）具有丰富经验、颇深专业素养的课程开发团队外，还诚邀中国教育技术协会副会长、中国教育技术协会技术标准委员会秘书长钟晓流教授，清华大学电子工程系博士生导师、国家自然科学基金资助项目会议评审专家杨健教授，汕头大学电子工程系李旭涛教授，以及多位曾任或现任教育主管部门负责人、教育考试院专家、知名中小学校校长、STEAM教育科研组资深老师等加入，保证了本系列课程的专业性、广泛性、实用性以及权威性。

我是在工作中了解到韩端国际的。这是一家十多年来专注于教育机器人领域的国家级高新技术企业，它长期致力于向广大学校、教培机构、学生和家长，提供“机器人+编程+人工智能+课程”的产品和服务，用户已经覆盖包括中国在内的全球近50个国家和地区，可以称得上是全球领先的科技教育品牌；它的教育机器人品牌是MRT（全称：MY ROBOT TIME）。从认识开始，我就对一个企业能十年如一日地专注于一个领域深耕，尤其是在投入长、要求高、回报慢的教育行业，是颇有好感，也是很钦佩的！2017年，韩端国际人又适时提出了“矢志打造人工智能时代行业基石”的口号，我个人对此是非常认同的。他们是真正在践行“编程和人工智能教育，从娃娃抓起”的理念，这是时代的呼唤，也是用户的诉求，既有对未来行业发展方向正确的认知，也有对行业发展责任勇敢的承担。

最后，我想说，不管你是否准备好，人工智能时代确实已经到来，那就让我们和我们的下一代，以饱满的热情、创新的姿态，昂首迈进人工智能时代吧！

此序。

朱光喜

2019年3月31日

写于华中科技大学

创意拼装模型

开始闯关

第 1，2 单元　跷跷板

第 3，4 单元　光控风扇

第 5，6 单元　聪明钟摆

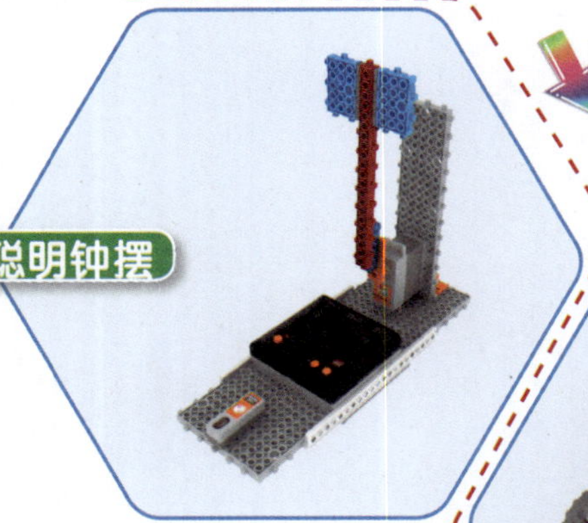

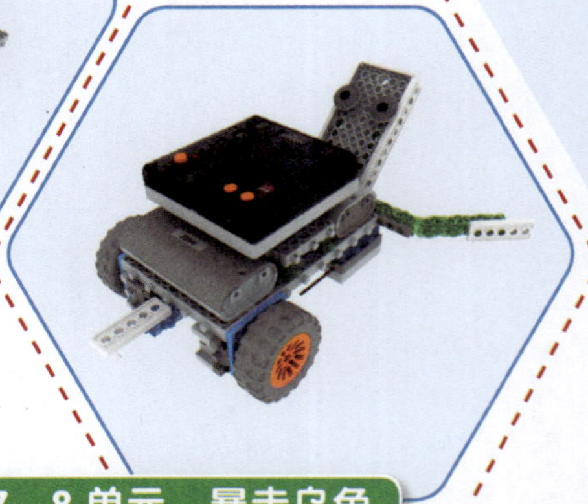

第 7，8 单元　暴走乌龟

本册闯关地图

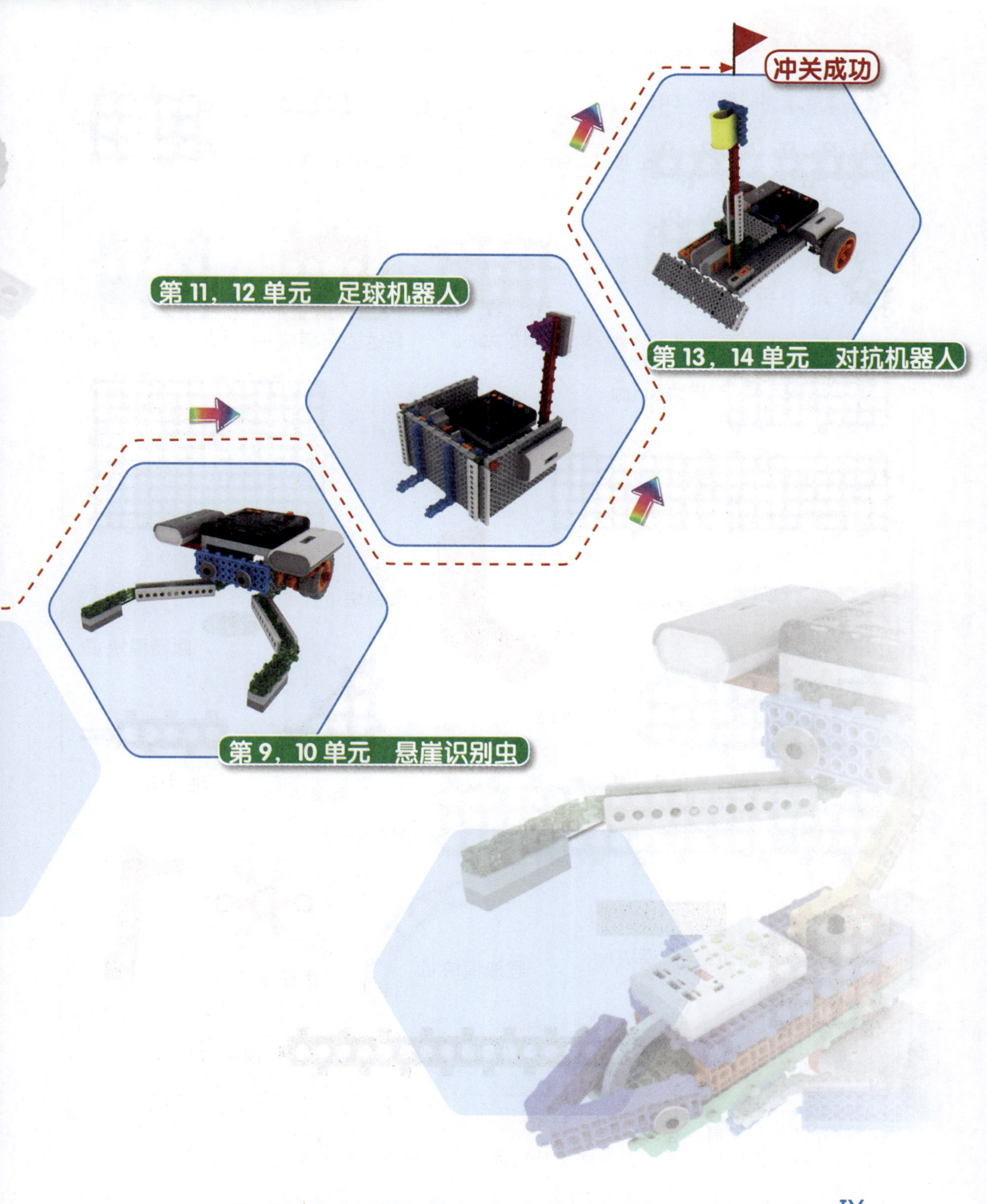

教学“工具包”配件清单

模块

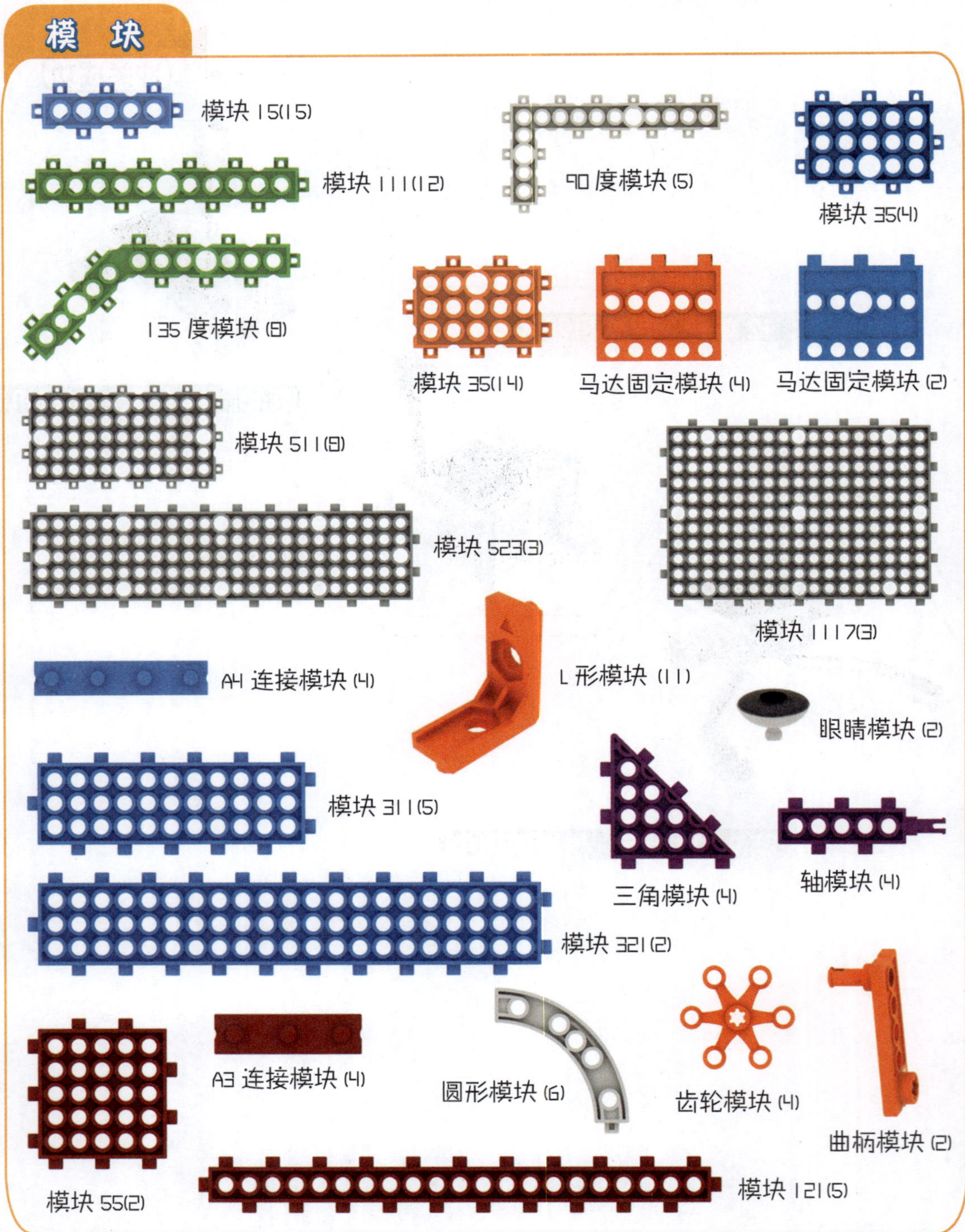

注： 1.清单中“模块15（15）”指的是竖直方向有1个圆孔、水平方向有5个圆孔的模块，数量为15个，下同。

2.在产品质量改进过程中，一些部件的外观和颜色有可能与实物有所不同。

框架/连接框架

5 孔框架 (10)

11 孔框架 (15)

21 孔框架 (5)

橡皮框架 (2)

5 孔连接框架 (5)

11 孔连接框架 (10)

轮/齿轮/轮子

链条轮 (2)

引导轮 (2)

大齿轮 (2)

小齿轮 (2)

中齿轮 (2)

大轮子 (2)

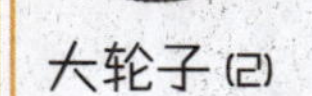

中轮子 (2)

小轮子 (2)

轴/护帽/螺钉/其他

连接轴 (4)

短轴 (4)

中轴 (4)

长轴 (4)

小护帽 (10)

大护帽 (10)

连接护帽 (4)

12mm
短螺钉 (20)

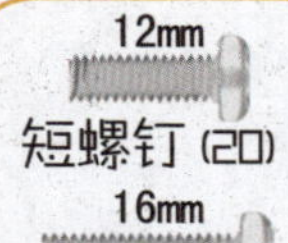
16mm
中螺钉 (10)

20mm
长螺钉 (10)

履带 (40)

小红帽 (15)

螺母 (40)

电子组件

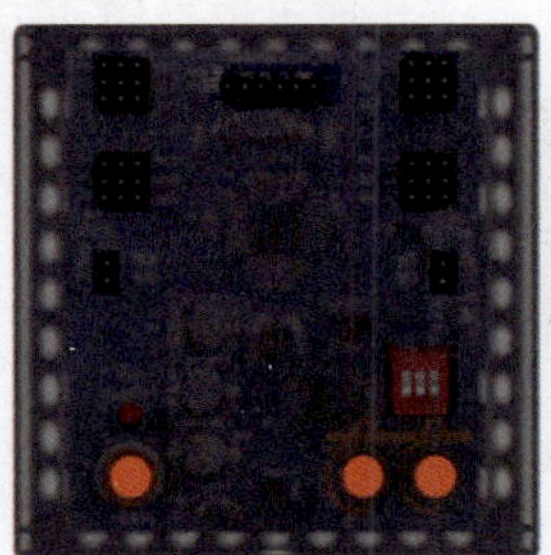
主板 (1)

螺丝刀 (1)

扳手 (1)

DC 马达 (2)

触碰传感器 (2)

喇叭传感器 (1)

遥控接收器 (1)

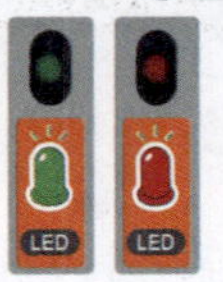

LED 灯 (2)

光敏传感器 (1)

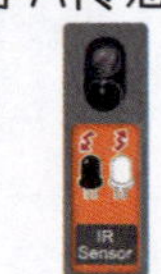

红外线传感器 (3)

伺服马达专用小螺钉 (2)

伺服架 (2)

伺服 horn(1)

伺服马达 (1)

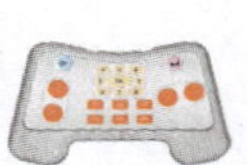
遥控器 (1)

6V 电池夹 (1)

主板各部分功能说明

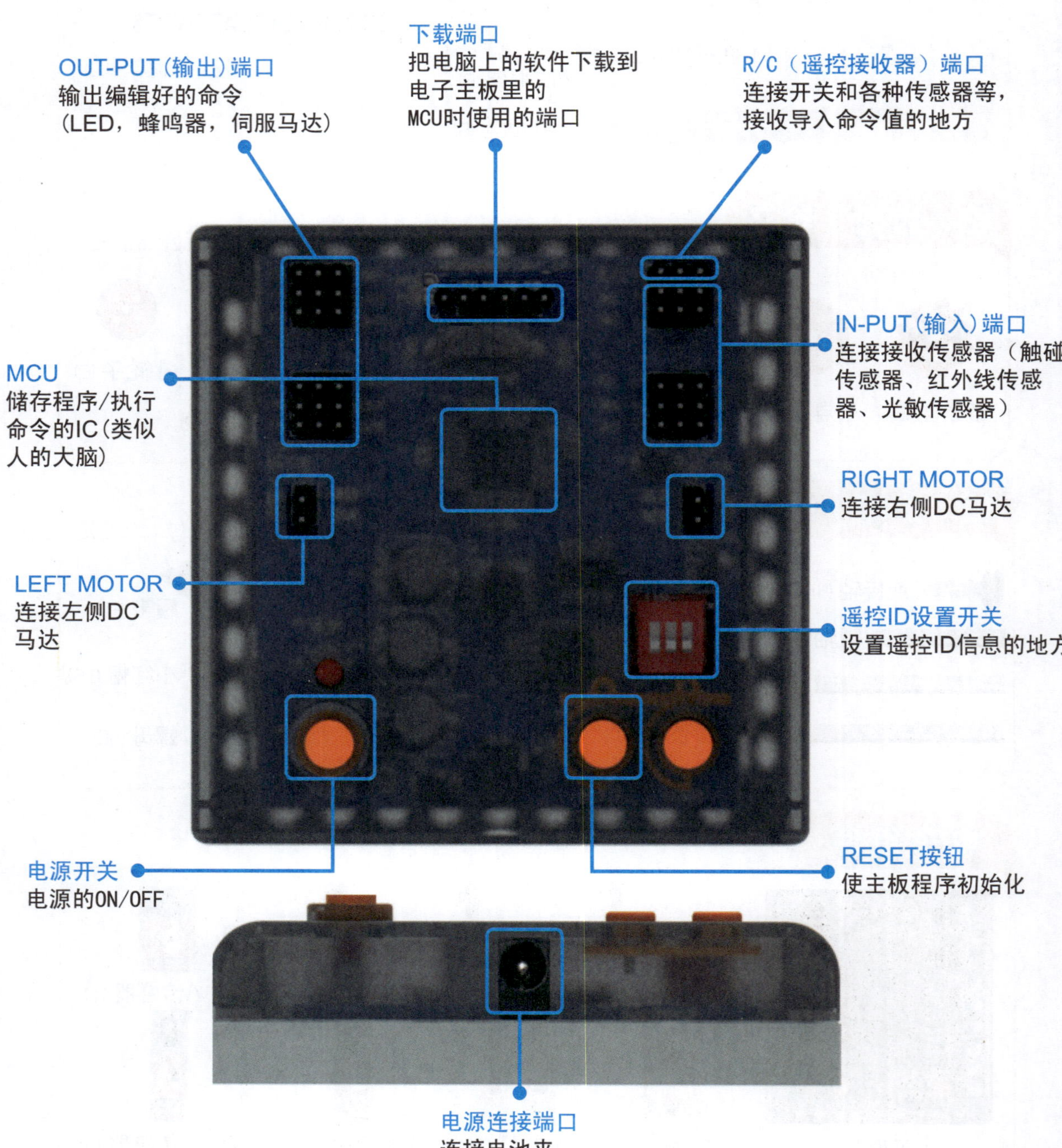

注：该主板没有内置程序，需使用电脑编写程序后，将程序下载到本主板中。

LED灯

发光部（LED）
把从主板处接收到的信号用光的方式表现出来的部分

光敏传感器

光敏传感器
识别光以后，可以产生动作的传感器部分

遥控器ID设置方法

① 打开机器人的电源开关。

② 把遥控接收端连接到主板上。

③ 按 ↵ 按钮时，在A区会显示当前的ID。

④ 在按住 ↵ 按钮的同时，再按 CH 按钮，可以选择任意ID（1~8种）这时A区的LED会亮起。

⑤ 选中ID后放开 ↵ 按钮，用 CH 按钮最终设置。

⑥ OK 按钮闪烁三次，则说明已完成遥控器ID设置。

⑦ 按 ↵ 按钮，可确认当前设置的ID状态。

※ 若ID设置失败，请重复①~⑦步骤。

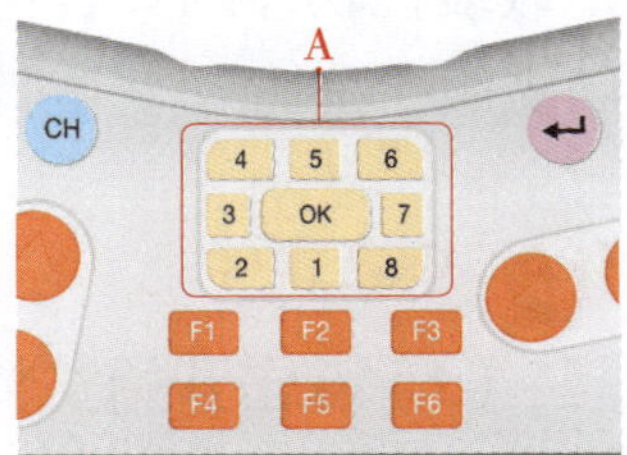

通信ID设置方法

使用主板和遥控器，最多可以设置出8种互不受干扰的模式。8种ID模式如下图所示。

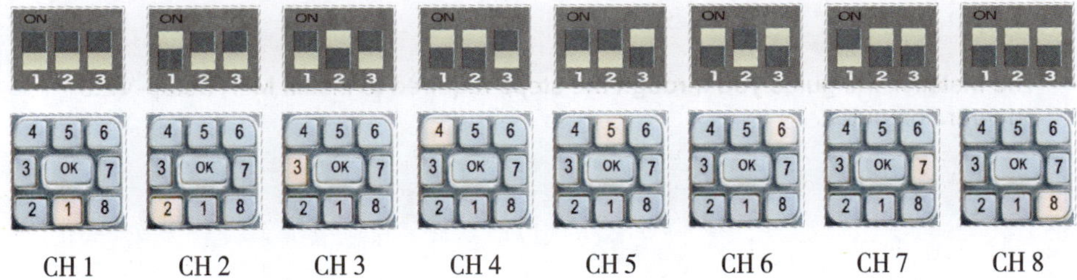

CH 1　CH 2　CH 3　CH 4　CH 5　CH 6　CH 7　CH 8

如何使用螺丝刀和扳手

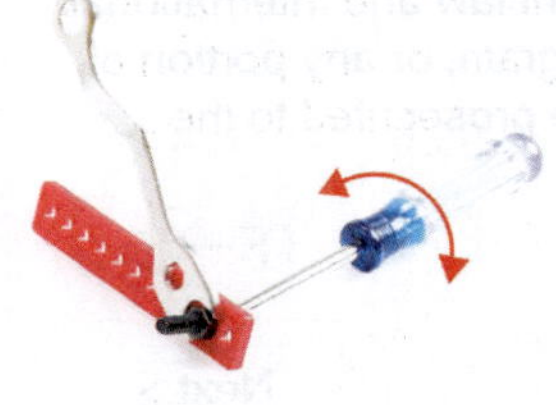

① 握住螺丝刀的把手，往右旋转会拧紧，往左旋转会拧松。

② 扳手的作用是在松紧螺钉的时候，能够起到固定螺母的作用。

编程软件安装

一、编程软件的安装

① 下载编程软件的安装包

扫描右面二维码，关注后选择“教育服务—软件安装”下载编程软件的安装包：韩端K12软件资料—MRTSetup（带中文版）.msi。

② 安装软件

（1）双击开始安装（图0–1）。

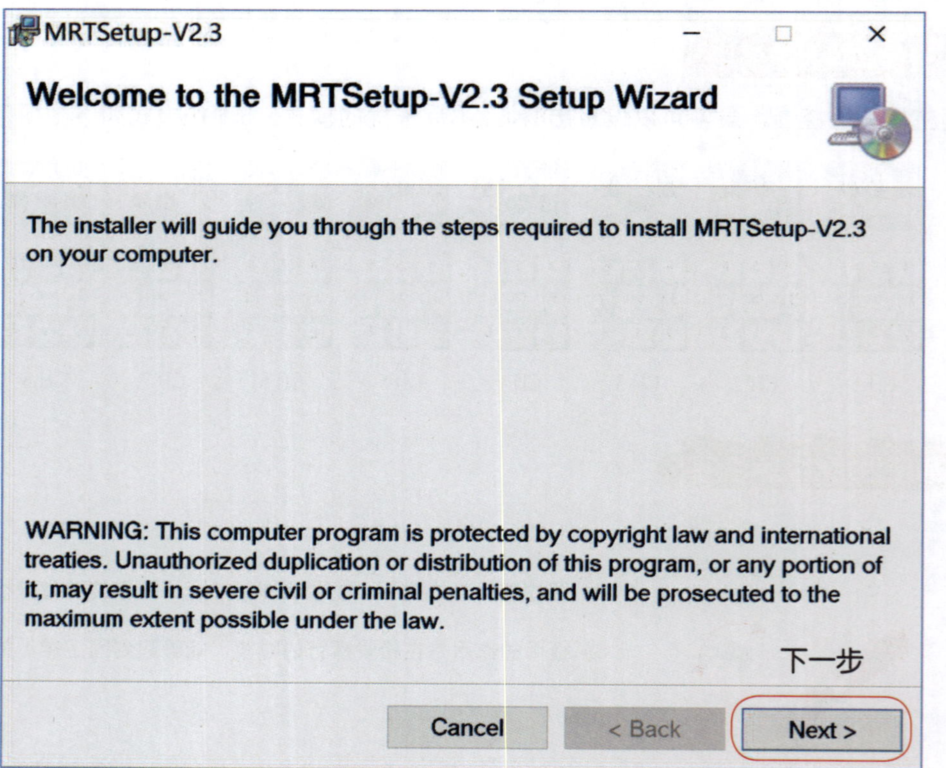

图 0–1 开始安装

（2）选择安装位置等选项（图0–2）。

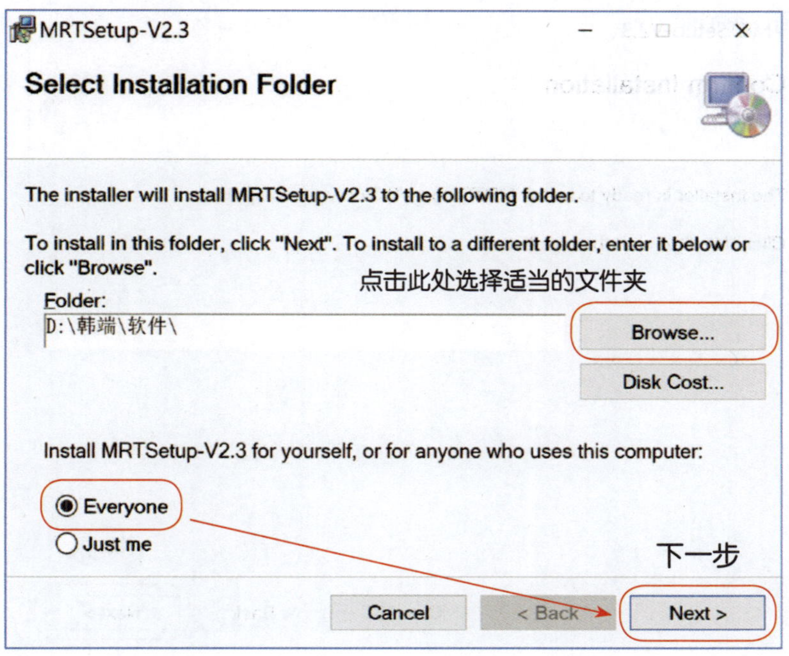

图 0–2　选择安装位置等选项

（3）安装“USB转串口”接口（图0–3）。

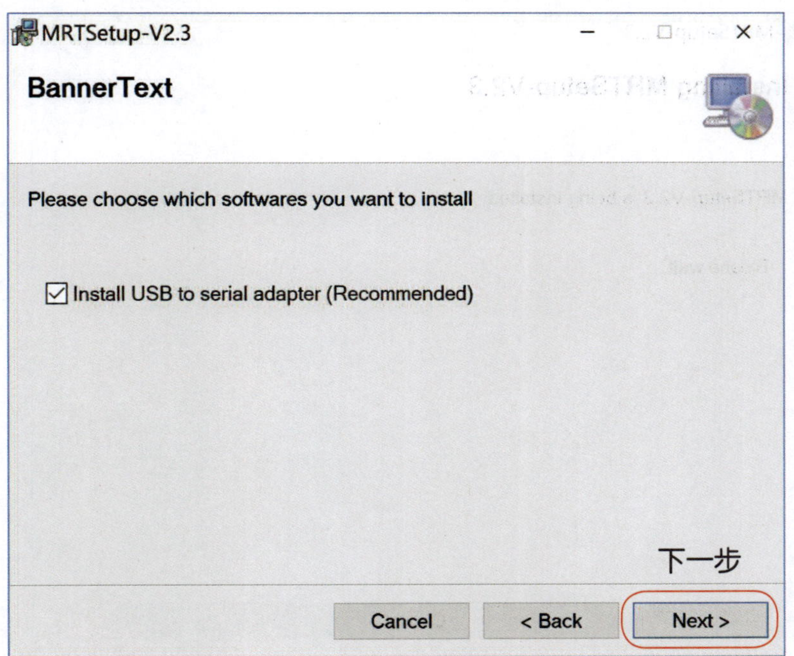

图 0–3　安装“USB 转串口”接口

（4）确认安装（图0-4）。

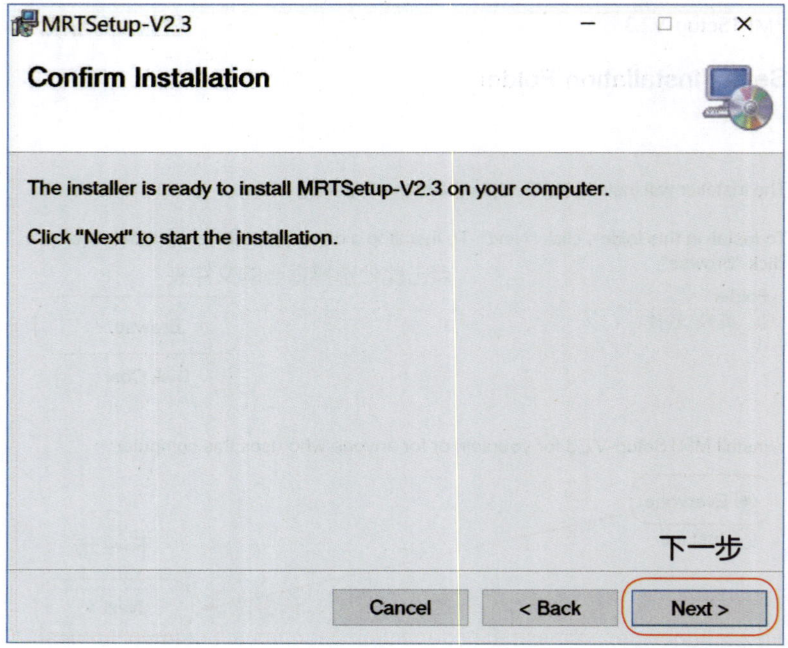

图 0-4 确认安装

（5）等待安装及安装过程（图0-5~图0-12）。

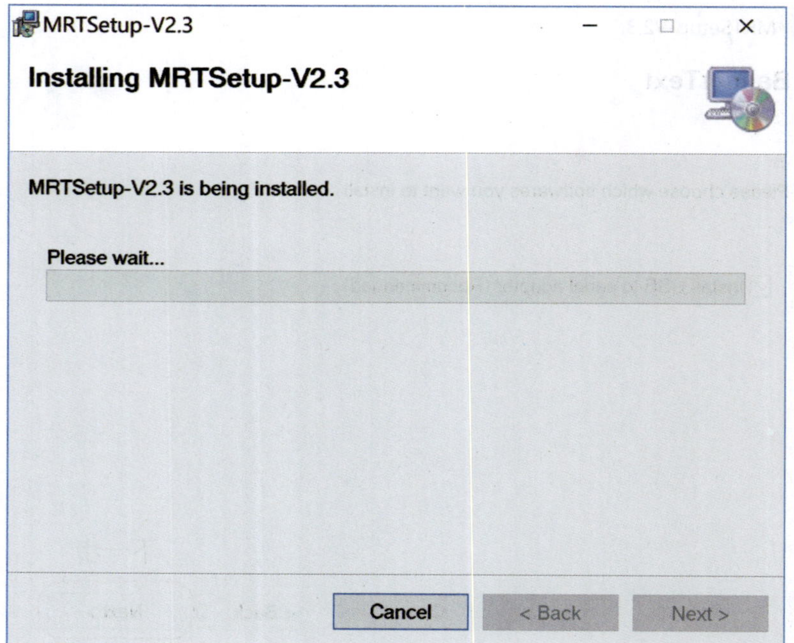

图 0-5 等待安装

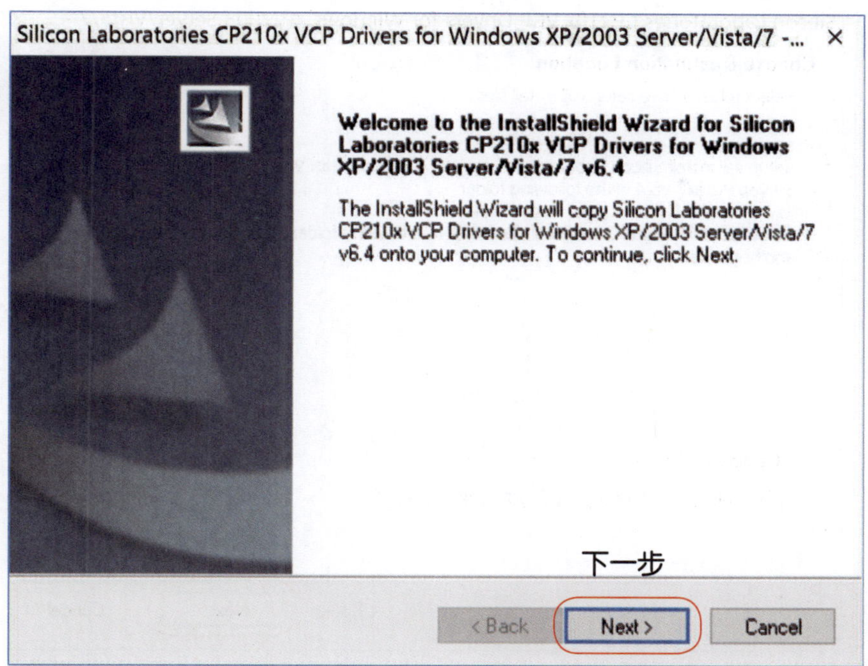

图 0–6　安装驱动

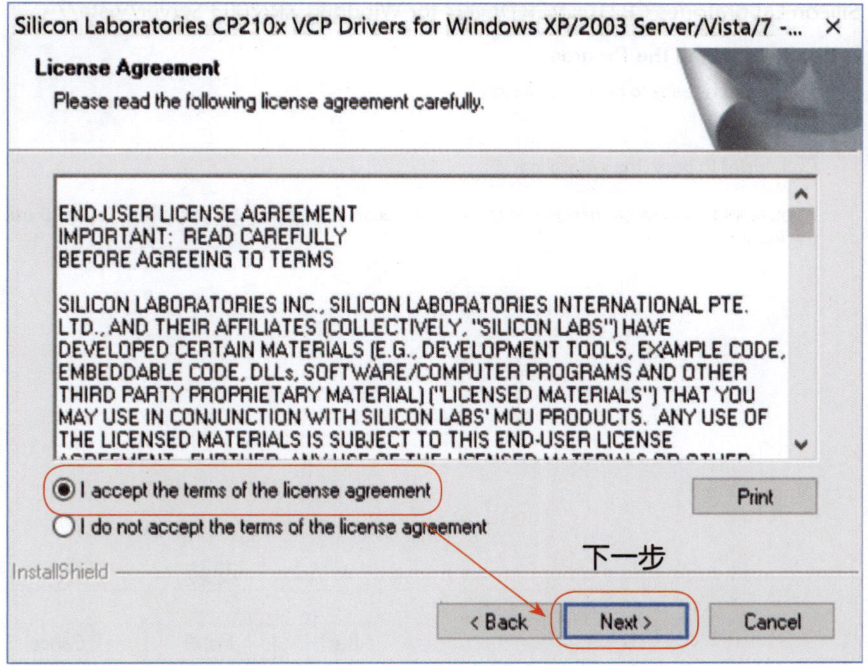

图 0–7　协议说明

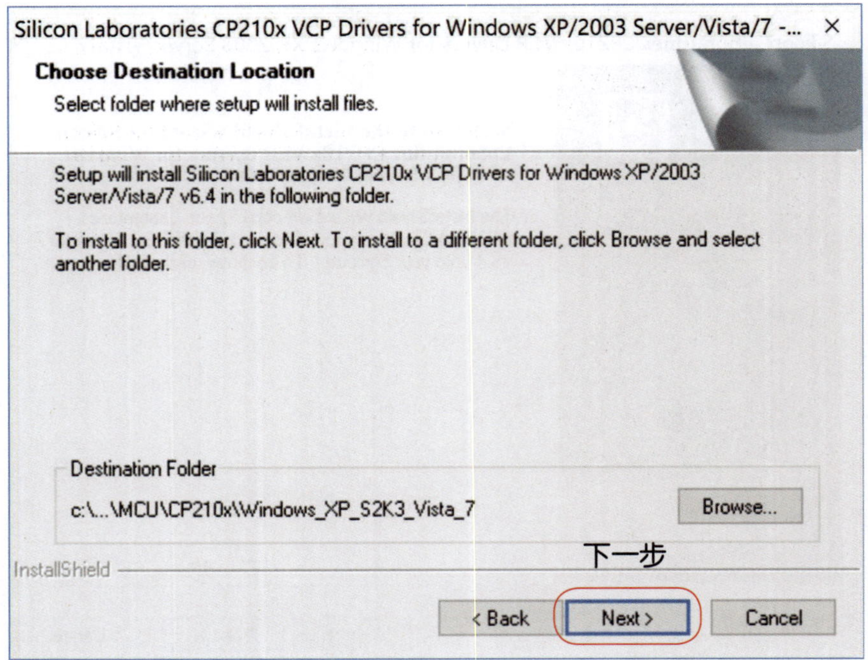

图 0−8　选择驱动安装位置

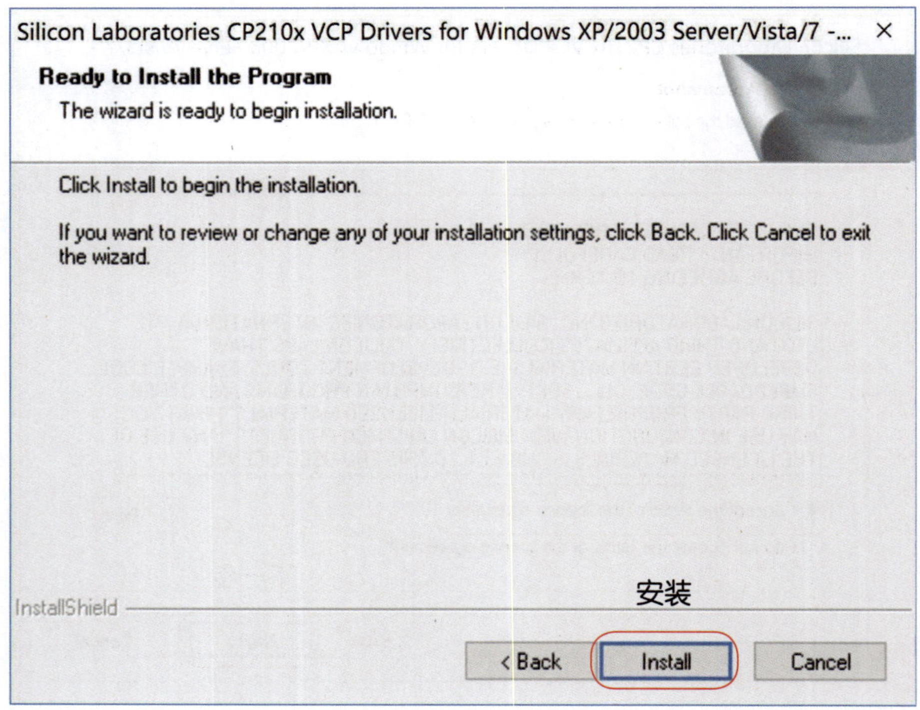

图 0−9　确定安装

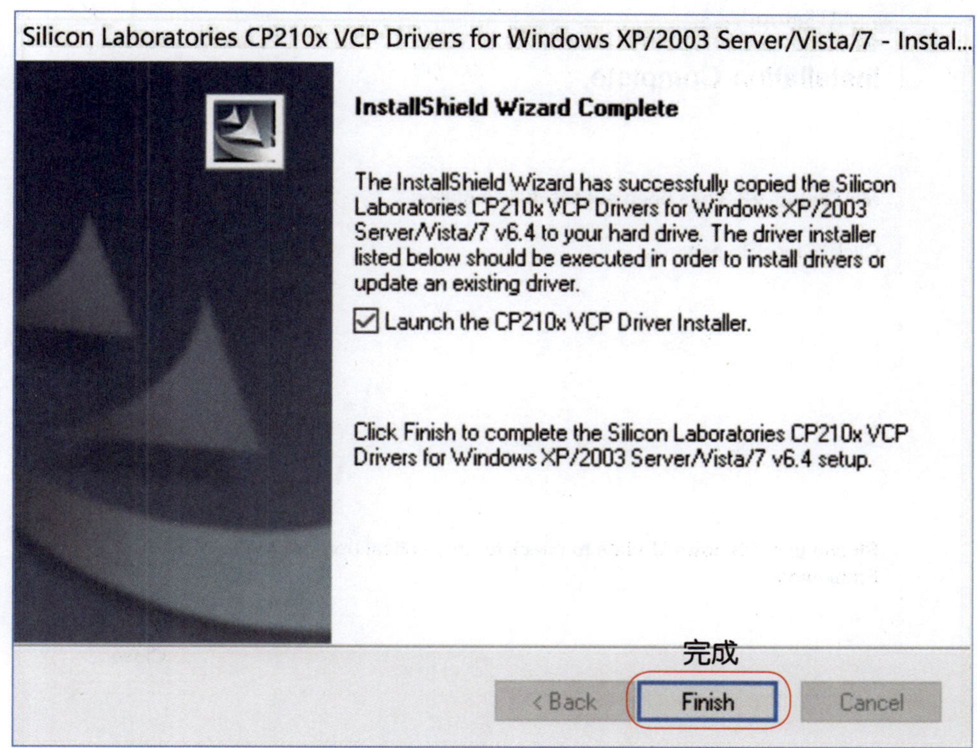

图 0–10　安装完成

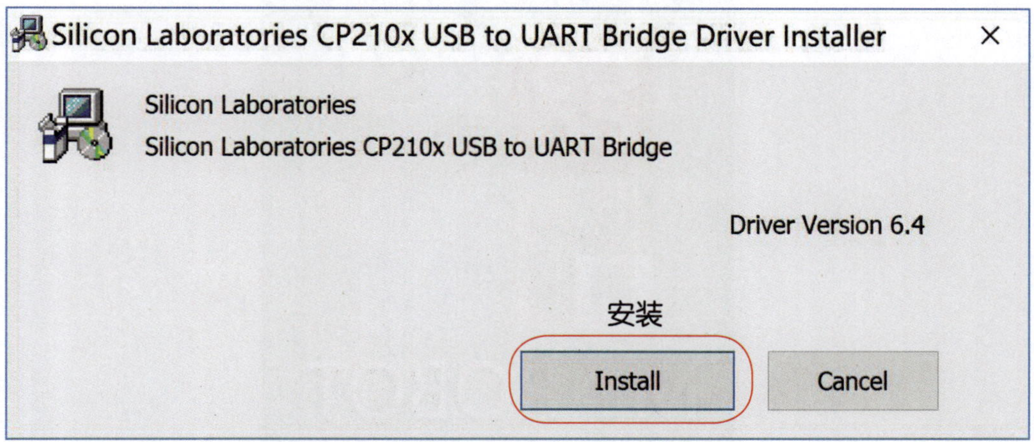

图 0–11　USB 串口安装

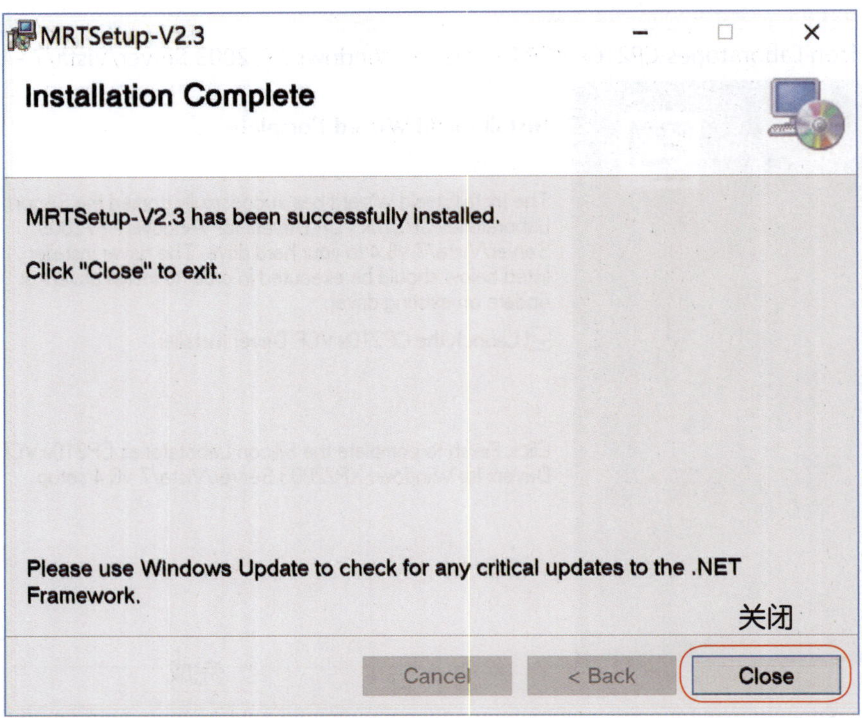

图 0-12　安装完成并退出

（6）安装后，在桌面上出现如图0-13所示的图标，双击图标。

图 0-13　桌面图标

（7）选择“mrT3”（下图圈选“mrT3”）（图0–14）。

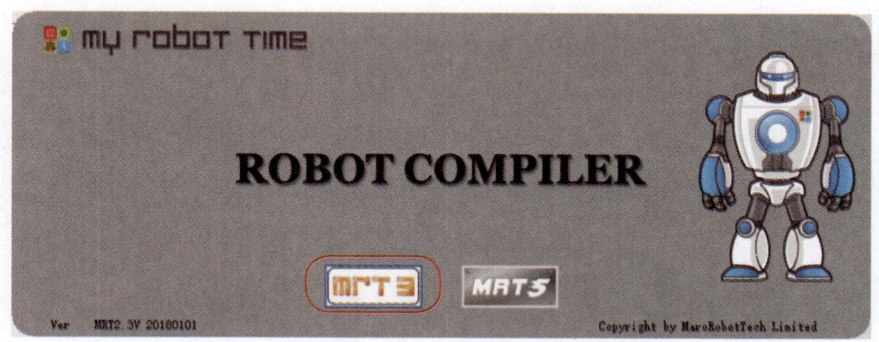

图 0–14　选择版本

（8）在打开的界面中，选择“Options”→“Language”→“中文”，将软件界面语言转换成中文（图0–15）。

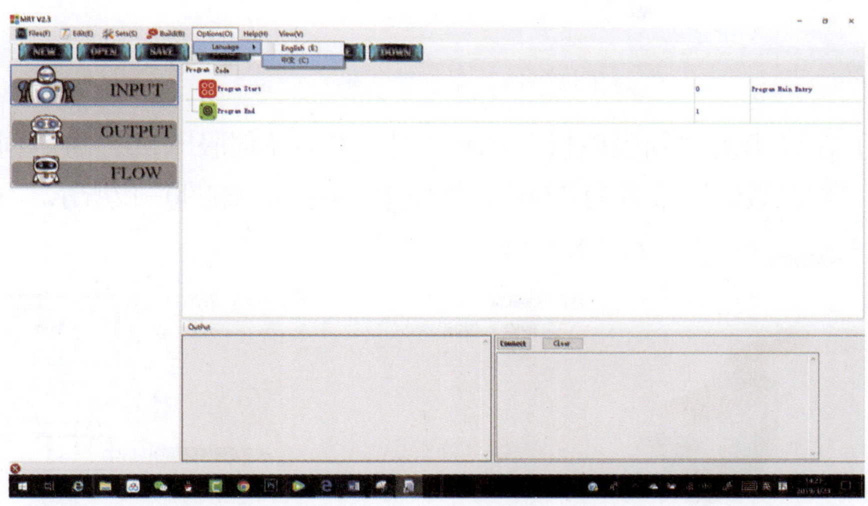

图 0–15　切换语言

二、编写/执行程序

（1）电脑的编程软件MY ROBOT TIME中，左侧选择“输出”，在输出选项中，选择“伺服马达”，拖动到右侧“Program Start”上，如图0-16所示。

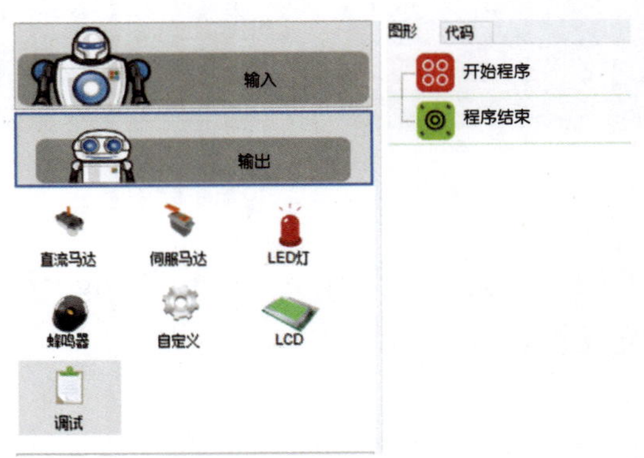

图 0-16　添加输入输出设备

（2）在弹出的“伺服舵机”的窗口中，“选择伺服电机”为“伺服1（输出1）”，“伺服数值”设置为“90”，然后单击确定，如图0-17所示。·

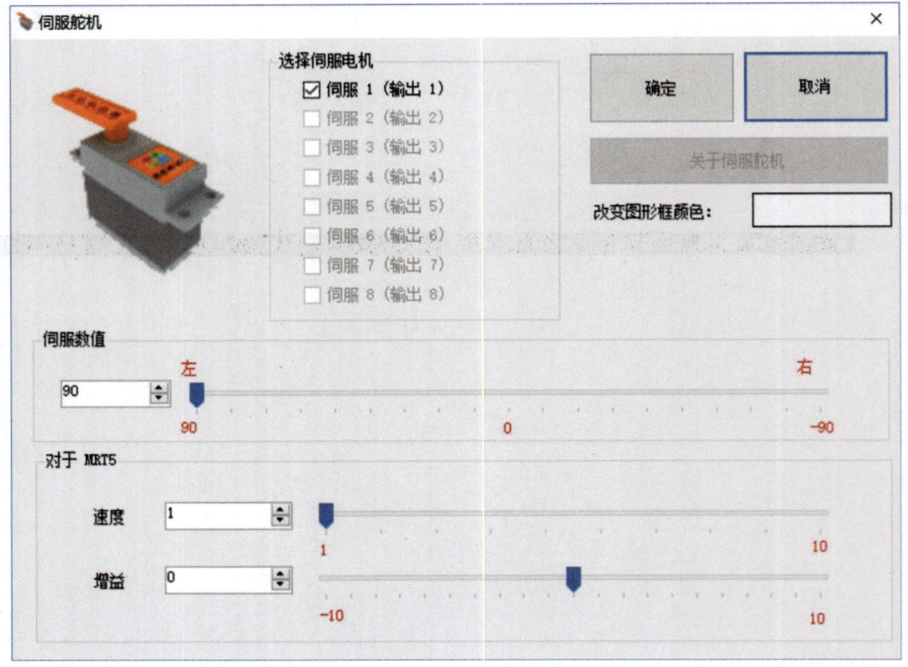

图 0-17　设置属性

② 连接元器件（图 0–18）

（1）用伺服马达专用小螺钉将伺服horn安装到伺服马达上。

（2）将伺服马达连接到主板上输出口的1号口（与上面“编写程序”的第（2）步中设置的输出口一致）。

（3）电池夹接上主板。

图 0–18　连接元器件

（4）将USB–串口转换线的USB口接上电脑（图0–19）。

图 0–19　连接 USB 到电脑

（5）将USB-串口转换线的另一端接上主板（注意接口方向，不要硬插）。此时，主板电源是关闭状态，但是电源灯会亮起，如图0-20所示。

图 0-20　连接 USB 到主板

3 将程序下载到主板中

（1）选择“编译”菜单中的“编译”（图0-21），或者按键盘上的F4，将编好的程序编译。

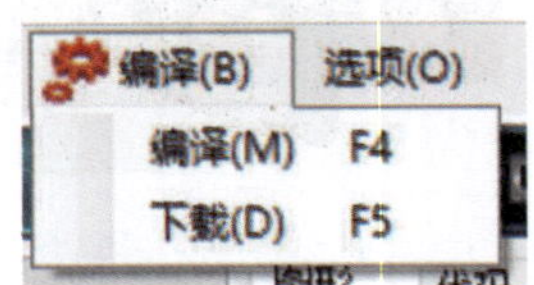

图 0-21　连接元器件

（2）选择“编译”菜单中的“下载”，或者按键盘上的F5，将编好的程序下载到主板。

（3）出现“下载”窗口后，打开主板电源，再按一下“Reset”模式重置按钮（图0-22），程序就开始下载到主板中了。

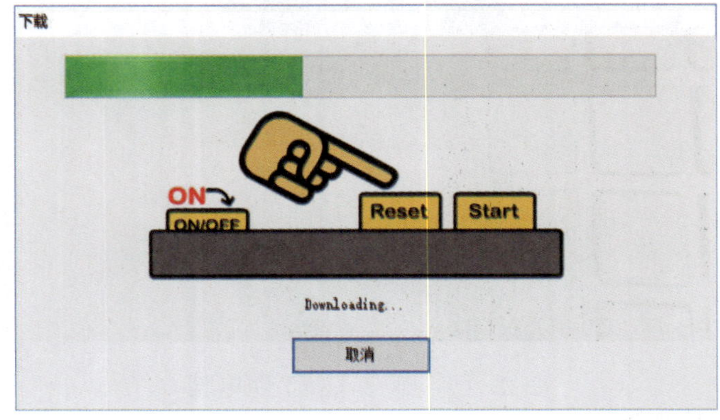

图 0-22　下载过程

④ 执行程序，让机器人动起来

（1）关闭主板电源。

（2）将USB−串口转换线从主板上拔下。

（3）打开主板电源，伺服马达就向左转动了90度，如图0−23所示，编程成功。

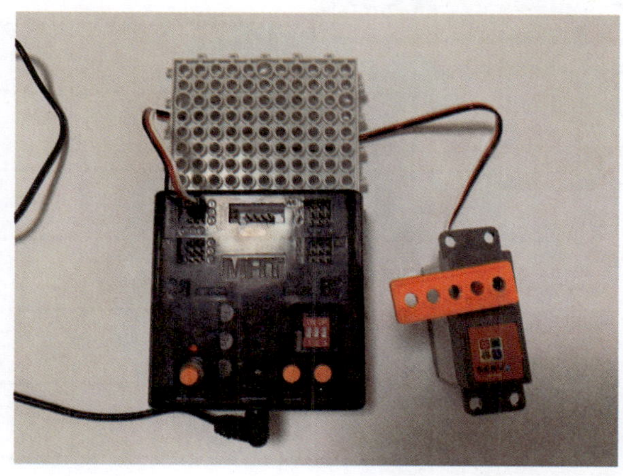

图 0−23　最终效果

目录

第1单元 跷跷板搭建

学习目标

◎ 了解杠杆原理，总结归纳三种不同杠杆的特点。

◎ 能够搭建跷跷板模型。

大开眼界

在生活中，同学们都见过或玩过跷跷板（图 1-1），跷跷板的玩法是两个人坐在跷跷板的两端，一端上升的同时另一端就下降。在生活中，类似跷跷板的结构非常多，比如称量物品的天平秤（图 1-2），吃饭用到的筷子，理发师用到的剪刀等，它们含有的相同结构就是我们在本单元所要了解的杠杆，下面让我们一起破解杠杆原理的秘密吧。

图 1-1　跷跷板

图 1-2　天平秤

杠杆“家族”有三个“兄弟”，它们分别是省力杠杆、费力杠杆和等臂杠杆，如图 1–3 所示。你能够总结一下它们三个“兄弟”的特点吗？

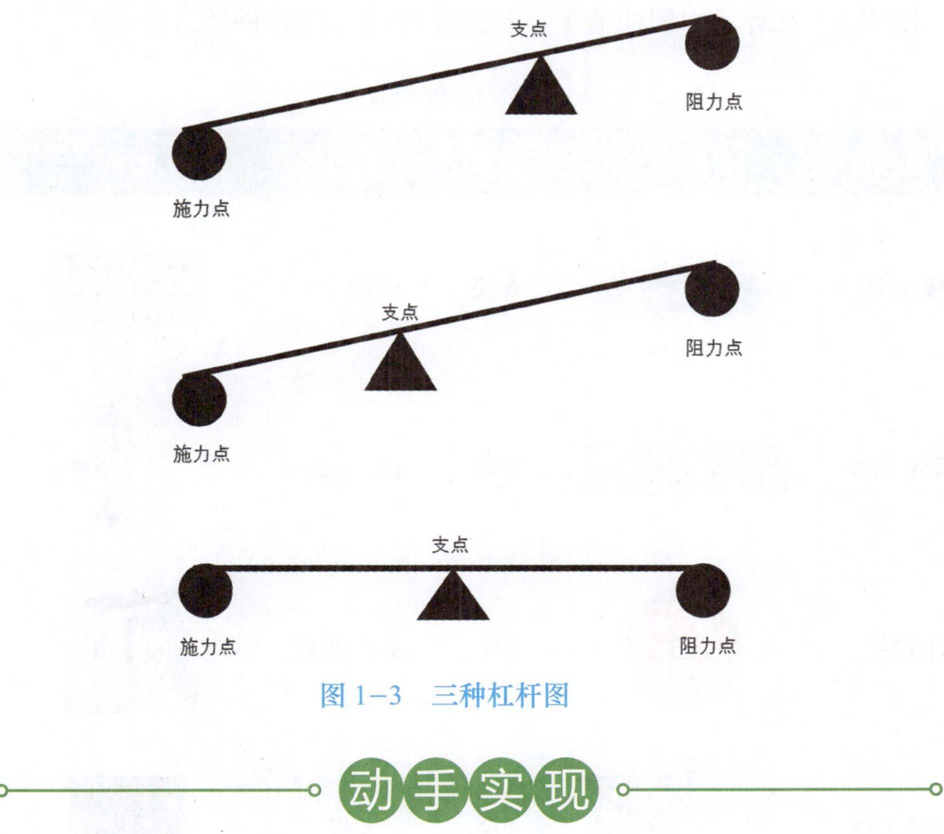

图 1–3　三种杠杆图

动手实现

① 本单元创意拼装目标：跷跷板（图 1–4）。

图 1–4　跷跷板模型

2 准备材料

按照表1-1所示的配件清单准备拼装材料，做好搭建准备。

表 1-1 配件清单

品名	图示	数量	品名	图示	数量
模块 15		6 块	模块 511		1 块
模块 523		1 块	DC 马达		1 个
小轮子		1 个	6V 电池夹		1 块
模块 1117		1 块	主板		1 个

3 动手搭一搭（图 1-5）

1

2

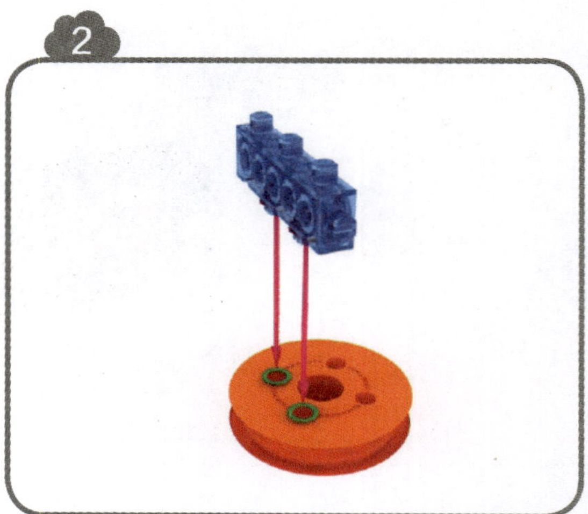

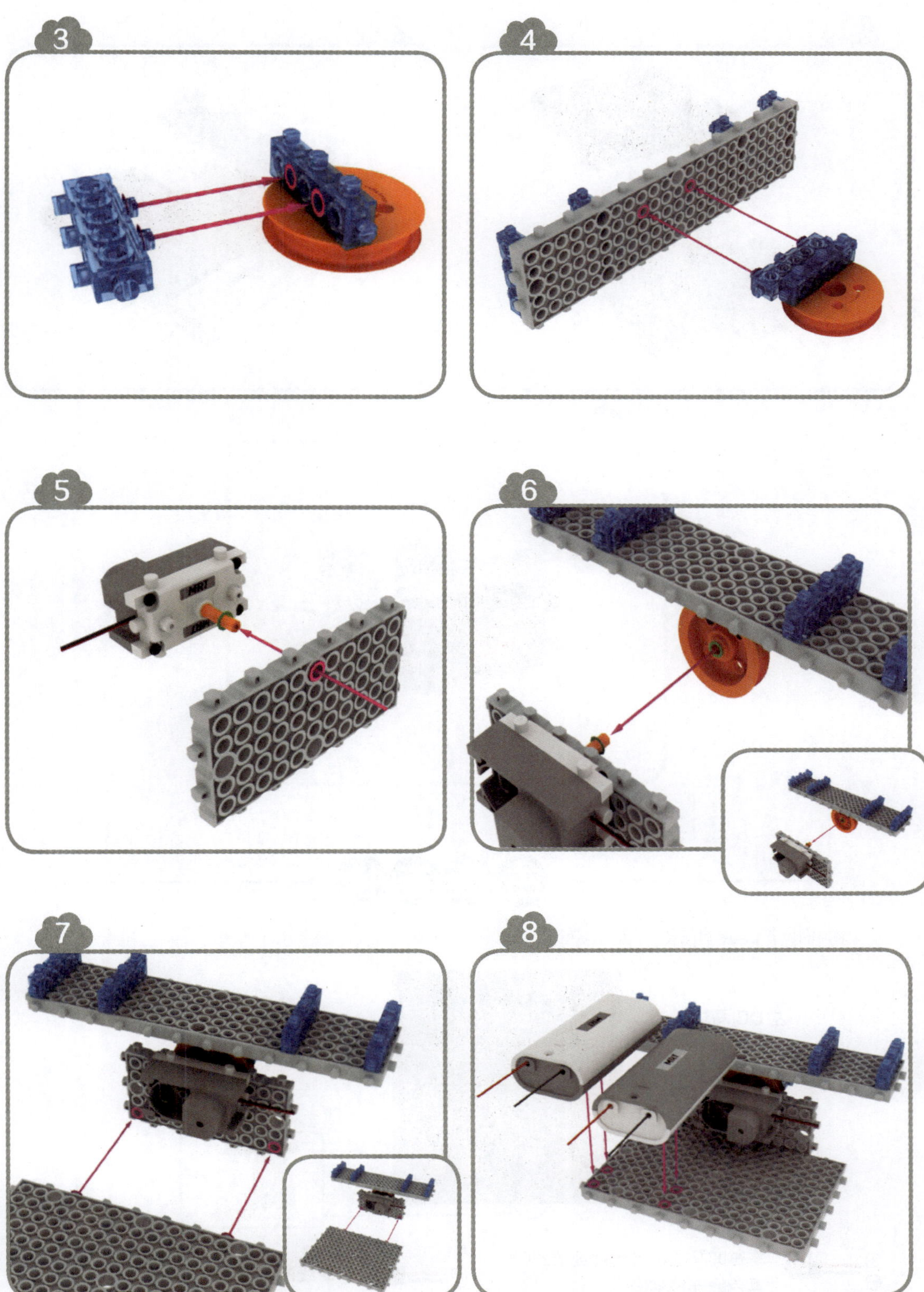
3
4
5
6
7
8

9

10

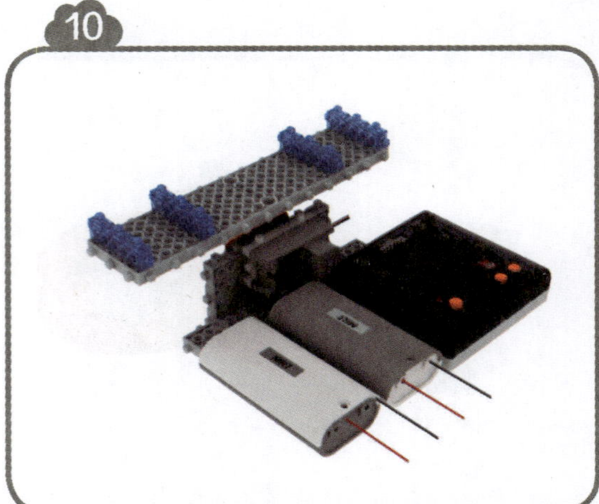

完成

图 1-5　拼装步骤

按照图 1-6 所示，连一连。

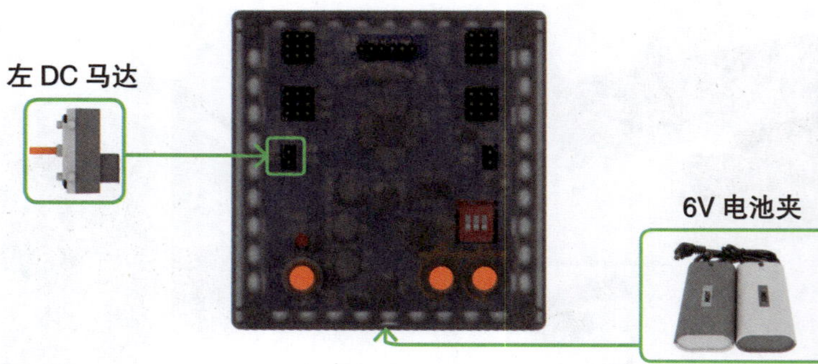

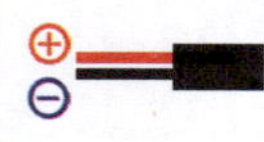 将左DC马达的红色线连接到⊕，黑色线连接到⊖。	 3P线的黑色线连接到⊖。

图 1-6　连接主板和组件

结束整理

（1）请将作品拍照、保存。

（2）请将6V电池夹关闭并拆下。

（3）请将电子元器件拆下。

（4）请将模型拆除。

（5）请将所有配件放回原位。

（6）对照表1-1所示配件清单清点配件。

第2单元

◎ 认识直流马达，能够对直流马达进行简单的编程。

◎ 理解并能够绘制简单的程序流程图。

◎ 通过改造模型，深入认识杠杆原理。

通过第1单元学习我们认识了杠杆三“兄弟”，并搭建了跷跷板模型。接下来，我们为这个躯壳（模型）赋予灵魂（程序）。

我们想要完成的效果是：通过DC 马达的转动，完成跷跷板的左右摆动。程序逻辑流程如图2–1所示。

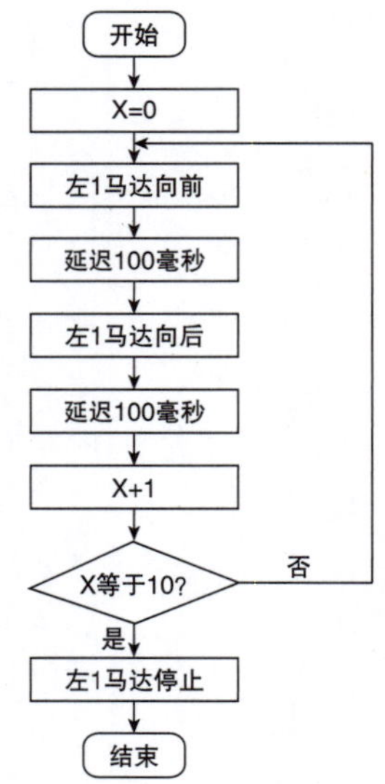

图 2–1　程序逻辑流程

① 程序解读

DC马达设置说明如图2−2所示。

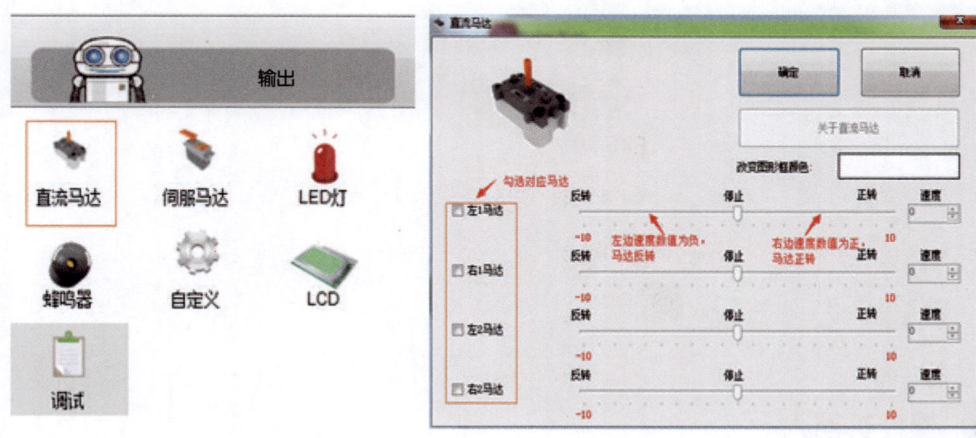

图 2−2　DC 马达设置说明

（1）DC马达以5 的速度正转。程序解读如图2−3所示。

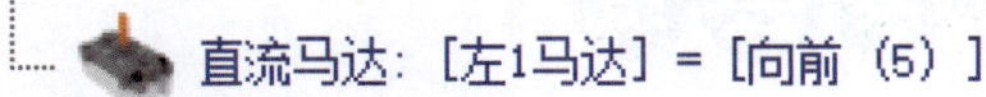

图 2−3　程序解读：DC 马达以 5 的速度正转

（2）DC 马达以 − 5的速度反转。程序解读如图2−4所示。

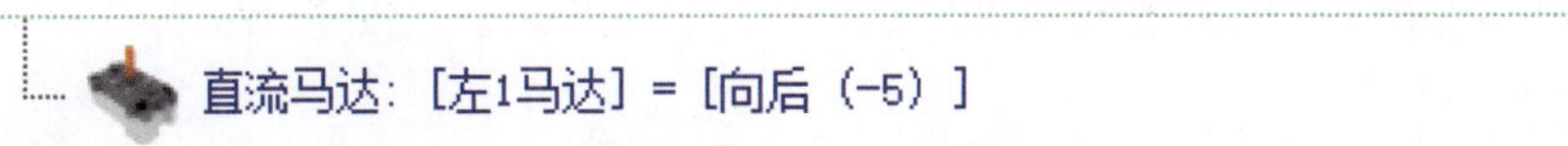

图 2−4　程序解读：DC 马达以 -5 的速度反转

（3）持续0.1秒。程序解读如图2−5所示。

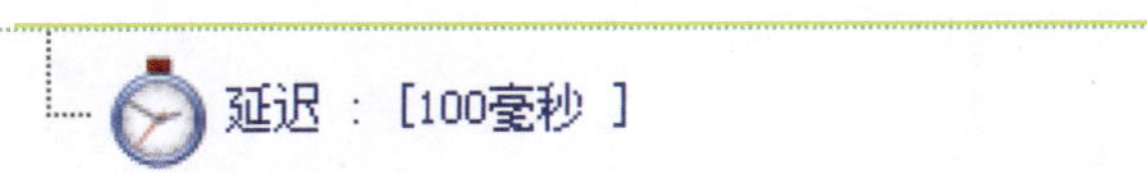

图 2−5　程序解读：持续 0.1 秒

② 程序编写（图 2-6）

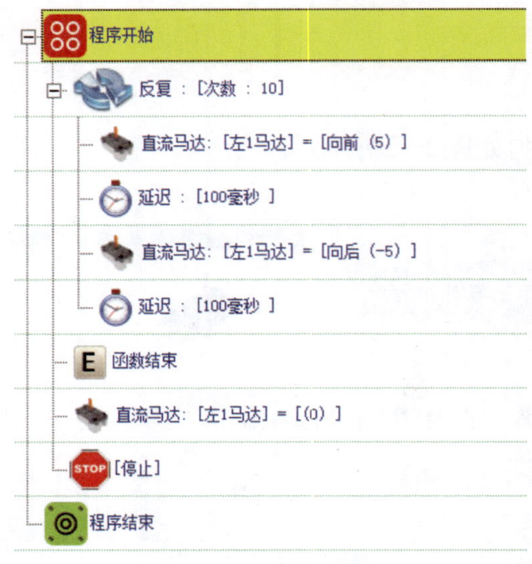

图 2-6　程序编写

③ 操控机器人

（1）将编写好的程序下载到主板中。

（2）打开电源，跷跷板便开始左右摆动了。

（1）我们做的跷跷板是杠杆三“兄弟”中的哪一个呢？

（2）试一试将我们的跷跷板改成其他两种不同的杠杆模型，跷跷板的运动会改变吗？如何改变的？为什么会改变呢？

（3）你能将跷跷板改装成其他东西吗？例如钟摆、便签架等。

（1）请将作品拍照、保存。

（2）请将6V电池夹关闭并拆下。

（3）请将电子元器件拆下。

（4）请将模型拆除。

（5）请将所有配件放回原位。

（6）对照表1-1所示配件清单清点配件。

第3单元 光控风扇搭建

学习目标

◎ 认识光敏传感器。

◎ 能够搭建简单的风扇模型。

大开眼界

在炎热天气里，同学们是如何消暑的呢？如图3-1~图3-3所示的三种消暑方式你会选择哪个呢？按你选择的意愿为它们排序。

图 3-1　电风扇

图 3-2　空调

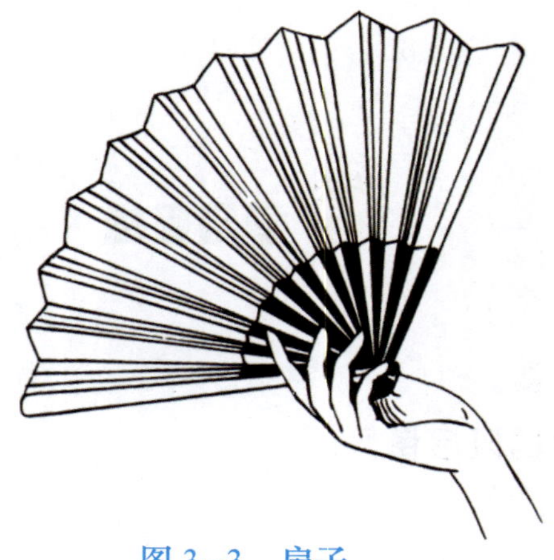

图 3-3　扇子

即使非常炎热的夏天，夜间还是要注意保暖，谨防感冒。在夜间，我们如何才能科学设置风扇或空调呢？我们设想让风扇或空调在天黑时自动关闭，而不需要手动操作，这样就避免了我们睡着忘记关风扇或空调导致感冒的情况。下面，我们就一起来了解能实现这种自动功能的元器件——光敏传感器（图3-4）。

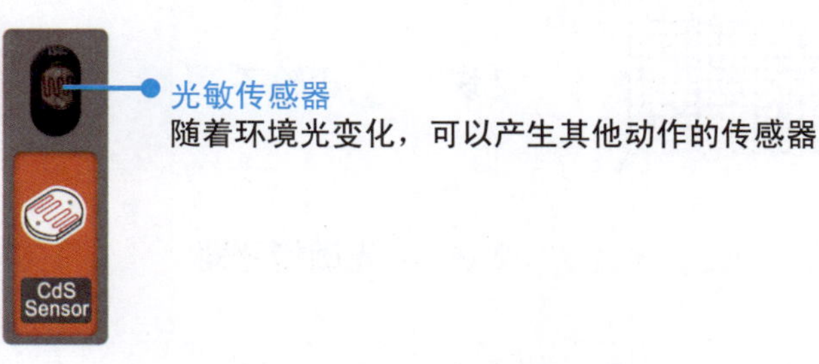

图 3-4　光敏传感器及说明

它能感受到环境光度值的变化，当环境光比较充裕时，光敏传感器测量的数值会变大；当环境光强度较弱时，光敏传感器测量的数值会变小。

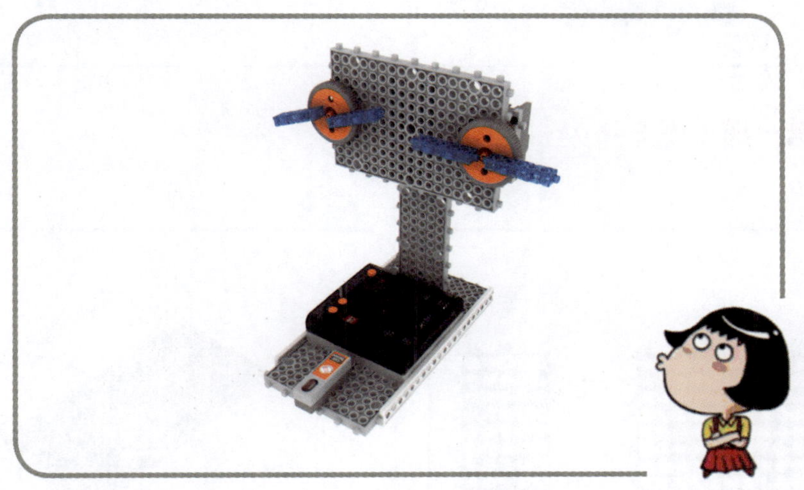

图 3-5　光控风扇模型

② 准备材料

按照表3-1所示的配件清单准备拼装材料，做好搭建准备。

表 3-1 配件清单

品名	图示	数量	品名	图示	数量
模块 1117		2 块	小轮子		2 个
21 孔框架		2 块	光敏传感器		1 个
模块 511		1 块	DC 马达		1 个
模块 523		1 块	6V 电池夹		1 块
L 形模块		1 块	主板		1 个
模块 15		6 块			

③ 动手搭一搭（图 3-6）

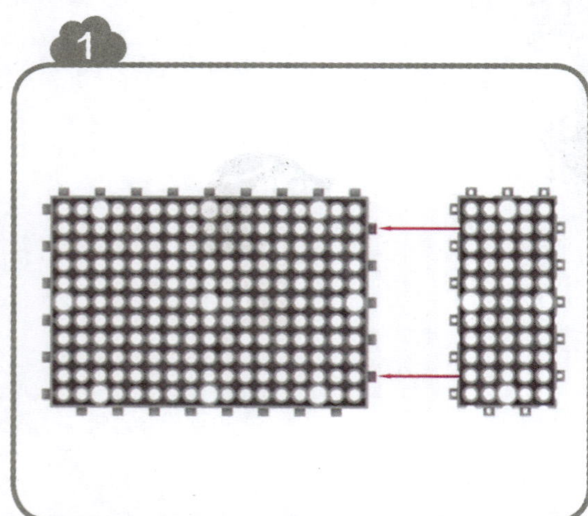

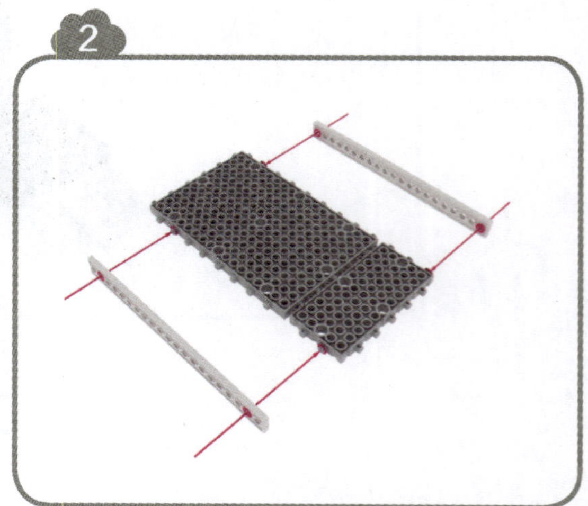

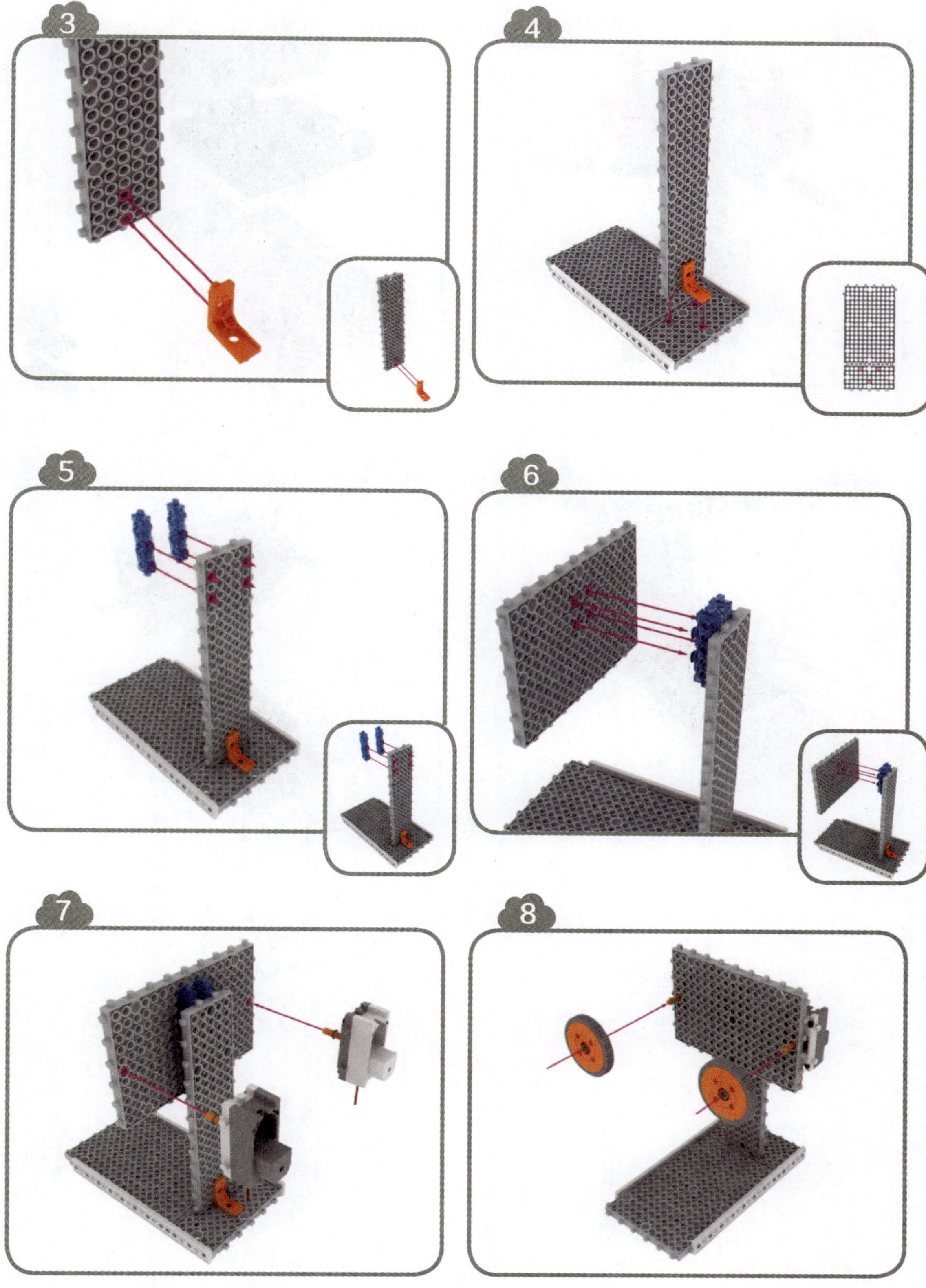
3
4
5
6
7
8

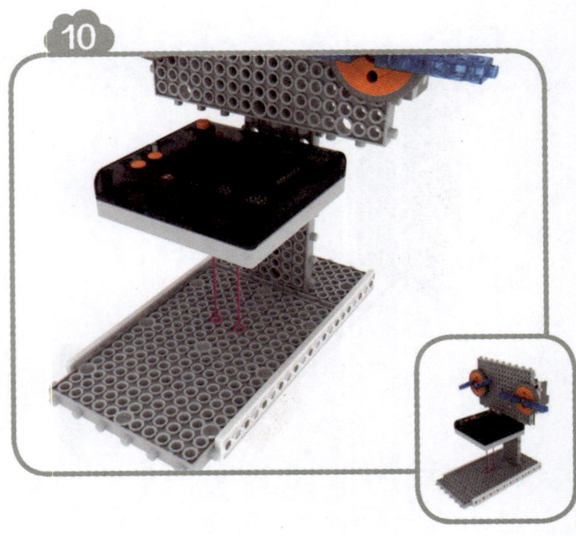

图 3-6　拼装步骤

按照图 3-7 所示，连一连。

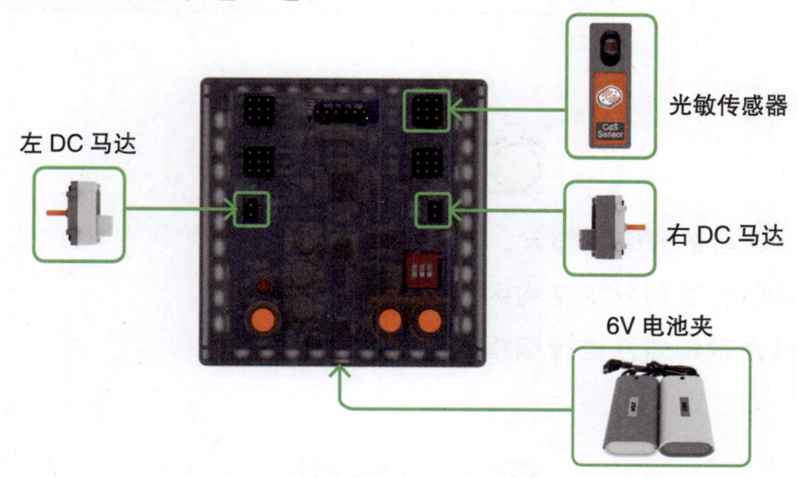

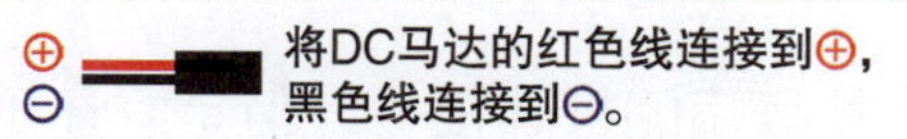

图 3-7　连接主板和组件

（1）请将作品拍照、保存。

（2）请将6V电池夹关闭并拆下。

（3）请将电子元器件拆下。

（4）请将模型拆除。

（5）请将所有配件放回原位。

（6）对照表3-1所示配件清单清点配件。

第 4 单元

◎ 回顾 DC 马达的编程部分。

◎ 理解并能够绘制分支结构的流程图。

◎ 能够对光敏传感器进行编程。

通过第 3 单元的学习，同学们完成了光控风扇的搭建任务，但是它还不能转动。本单元我们通过编程来实现以下效果：当环境光强度较强时，即光敏传感器被触发时，DC 马达正转，使风扇转动；当环境光强度较弱时，即光敏传感器未被触发时，DC 马达停止转动。程序逻辑流程如图 4-1 所示。

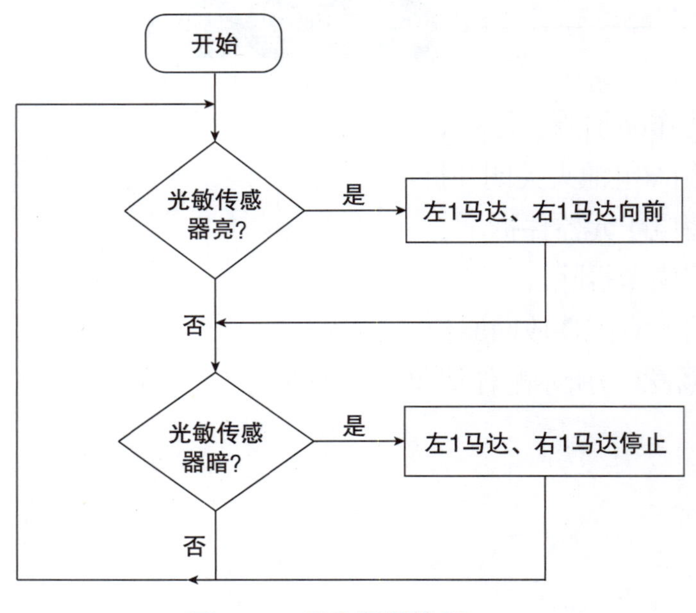

图 4-1　程序逻辑流程

① 程序解读

光敏传感器设置说明如图 4–2 所示。

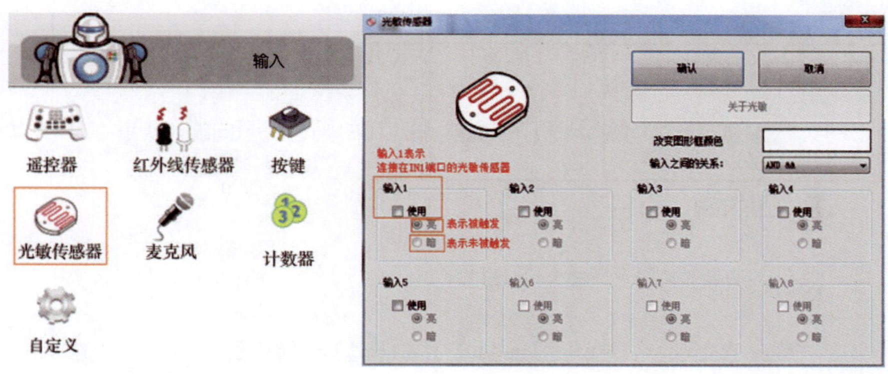

图 4–2　光敏传感器设置说明

（1）当光敏传感器被触发时，DC 马达正转。程序解读如图 4–3 所示。

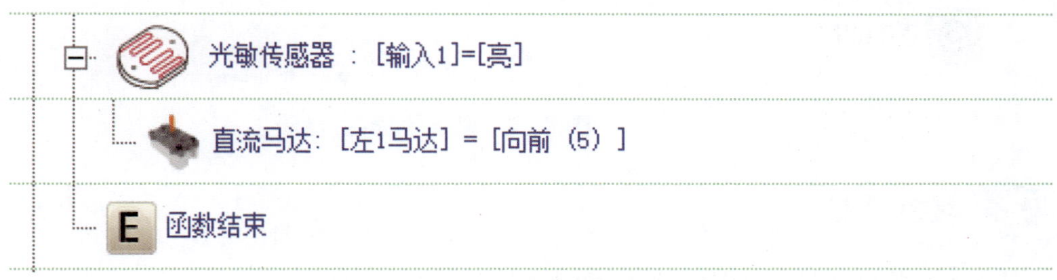

图 4–3　程序解读：DC 马达正转

（2）当光敏传感器未被触发时，DC 马达静止。程序解读如图 4–4 所示。

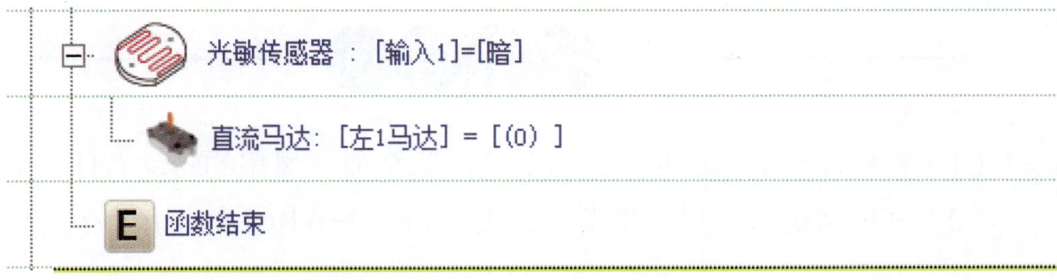

图 4–4　程序解读：DC 马达静止

2 程序编写（图 4-5）

图 4-5 程序编写

3 操控机器人

（1）将编写好的程序下载到主板中。

（2）打开电源，如果光线充足，风扇便会转动起来；如果光线较弱，风扇便不会转动。

（1）将程序中的 DC 马达速度数值改为负值，风扇的转动有什么变化吗？

（2）你能将拼装的风扇模型改为类似如图 4-6 所示的吊扇吗？

图 4–6　吊扇

结束整理

（1）请将作品拍照、保存。

（2）请将 6V 电池夹关闭并拆下。

（3）请将电子元器件拆下。

（4）请将模型拆除。

（5）请将所有配件放回原位。

（6）对照表 3–1 所示配件清单清点配件。

第5单元 聪明钟摆搭建

 学习目标

◎ 认识伺服马达的作用以及它在生活中的应用。

◎ 能够进行钟摆模型的创建。

大开眼界

经过第1，2单元的学习，同学们已经掌握了DC马达的使用方法。本单元我们认识一个新的元器件，它和DC马达（图5-1）长得有几分相似，我们称为伺服马达（图5-2）。

图 5-1　DC 马达　　图 5-2　伺服马达

伺服马达是一种特殊的马达，它可以在180度内改变角度，可以应用于机器人的关节部位。伺服马达在控制速度和位置上非常准确。同学们想一想，生活中有哪些设备是在180度内做往复运动的。如图5-3所示钟摆的摆锤便是在180度内做往复摆动。

图 5-3　钟摆

动手实现

① 本单元创意拼装目标：聪明钟摆（图 5-4）。

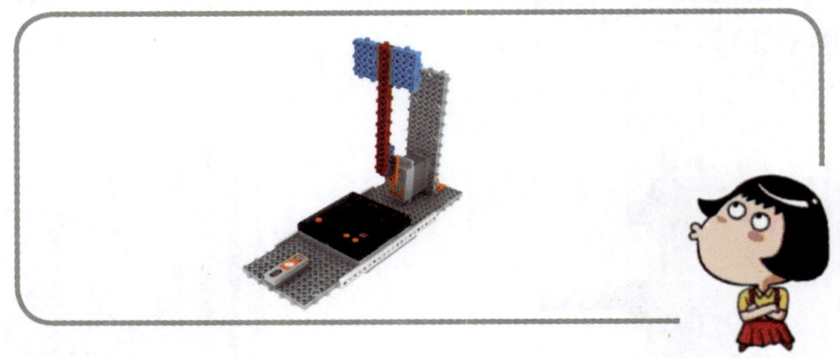

图 5-4　聪明钟摆模型

② 准备材料

按照表5-1所示的配件清单准备拼装材料，做好搭建准备。

表 5-1　配件清单

品名	图示	数量	品名	图示	数量
模块 15		1 块	模块 35		2 块
模块 1117		2 块	光敏传感器		1 个
21 孔框架		2 个	伺服马达		1 个
模块 121		1 块	6V 电池夹		1 块
模块 523		1 块	主板		1 个
L 形模块		2 块	5 孔连接框架		2 个

③ 动手搭一搭（图 5-5）

1

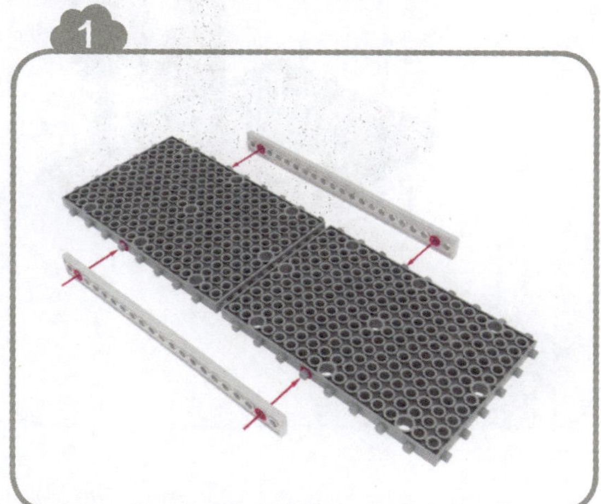

2

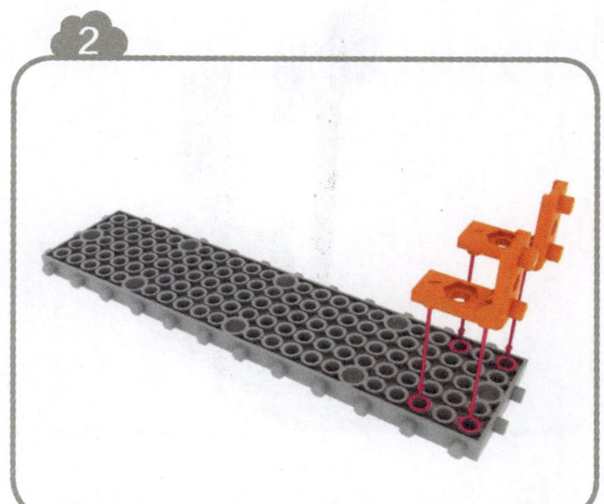

3

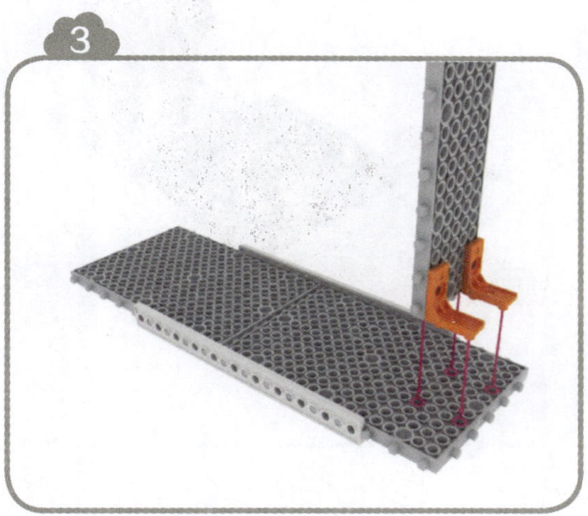

4

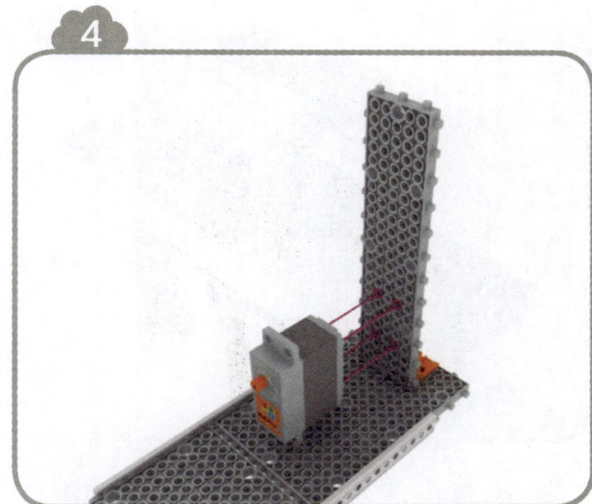

5

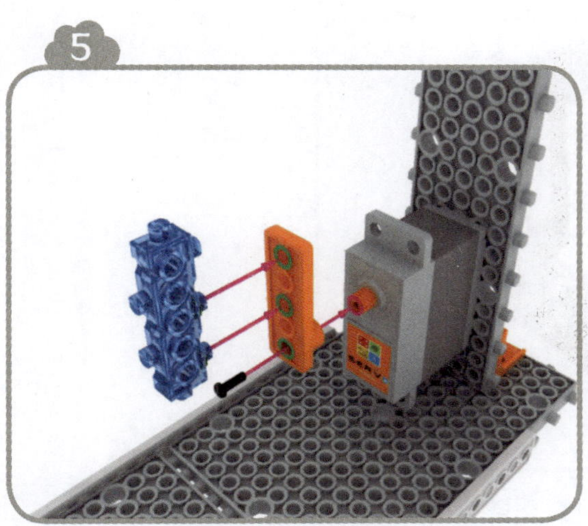

6

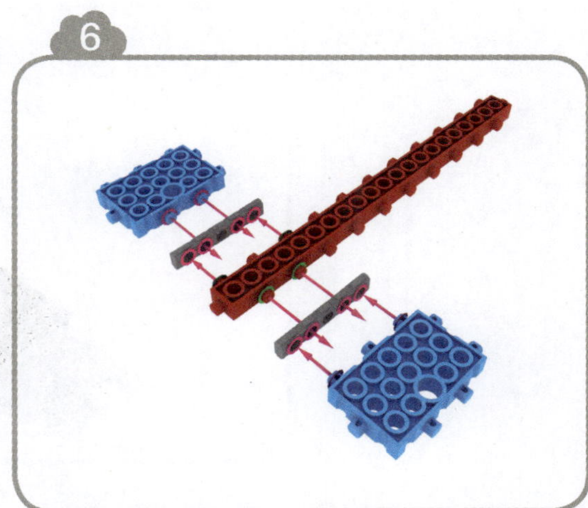

7

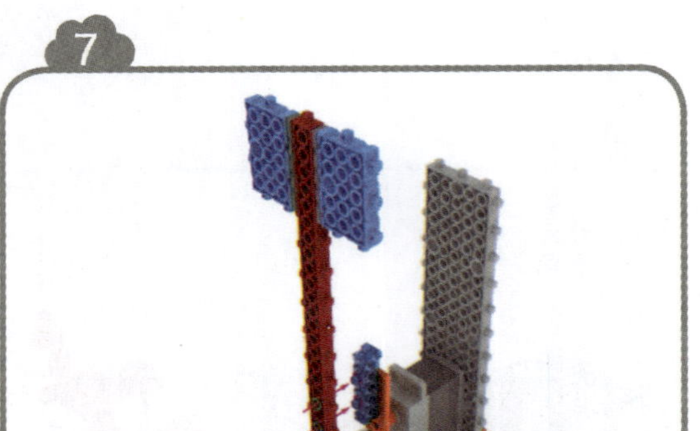

8

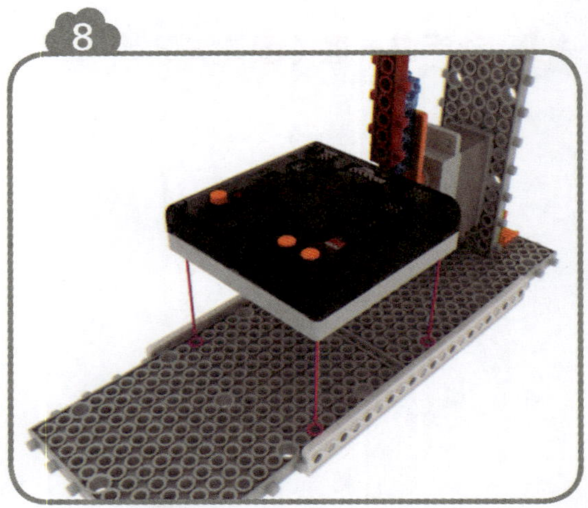

9

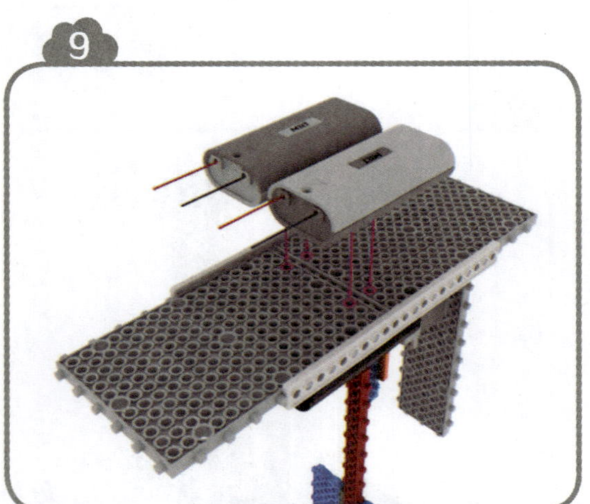

10

完成

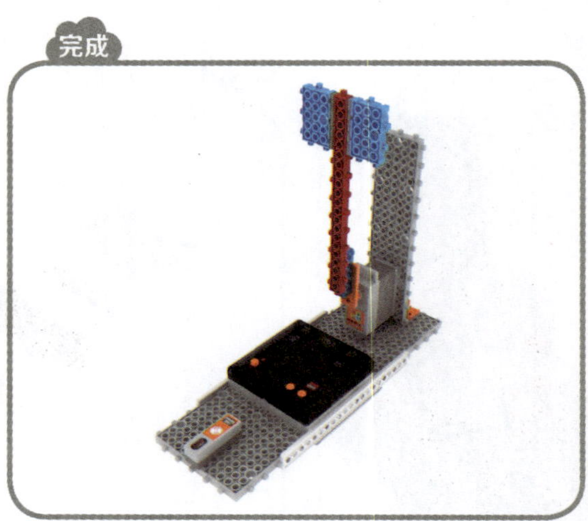

图 5–5 拼装步骤

主板连接

按照图5-6所示，连一连。

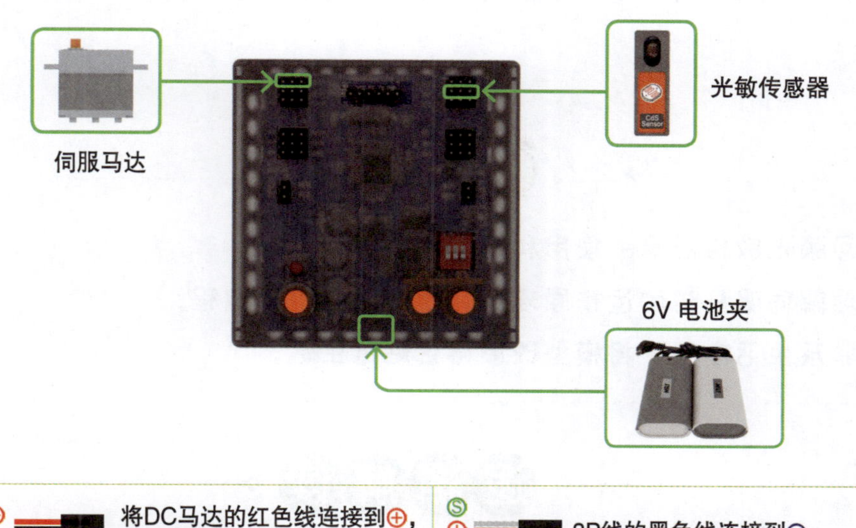

图 5-6　连接主板和组件

结束整理

（1）请将作品拍照、保存。

（2）请将6V电池夹关闭并拆下。

（3）请将电子元器件拆下。

（4）请将模型拆除。

（5）请将所有配件放回原位。

（6）对照表5-1所示配件清单清点配件。

第6单元

聪明钟摆编程

◎ 回顾光敏传感器的使用和编程。

◎ 理解伺服马达的运作原理，并能够对其进行编程。

◎ 联系生活实际，将模型改造得更贴近生活。

在第5单元中，同学们完成了钟摆的搭建任务，那如何让它摆动起来呢？本单元我们通过编程来实现以下效果：当环境光强度较强时，伺服马达正转到90度后回到0度，再反向转动90度，让钟摆往复摆动；当环境光强度较弱时，伺服马达转到0度。程序逻辑流程如图6-1所示。

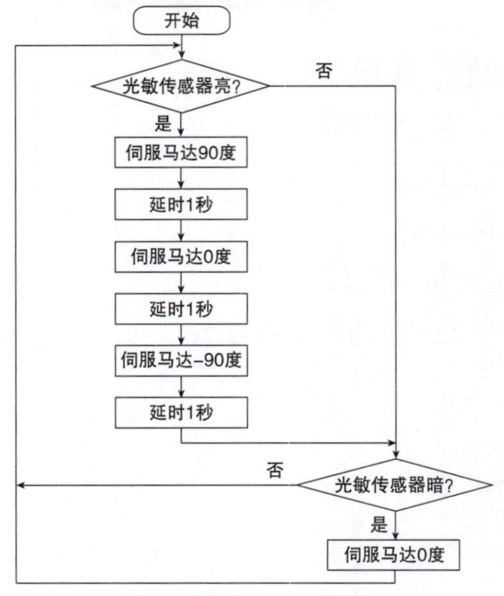

图 6-1　程序逻辑流程

编程实现

① 程序解读

伺服马达设置说明如图6-2所示。

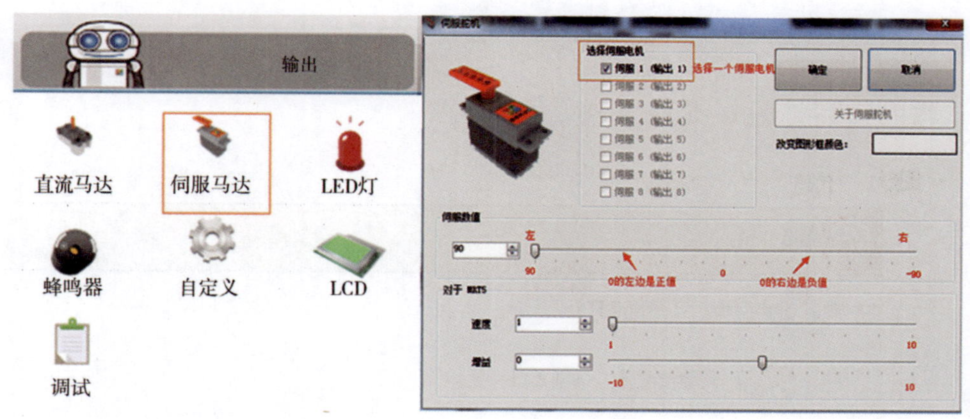

图 6-2　伺服马达设置说明

（1）当光敏传感器被触发时，钟摆开始左右摆动。程序解读如6-3所示。

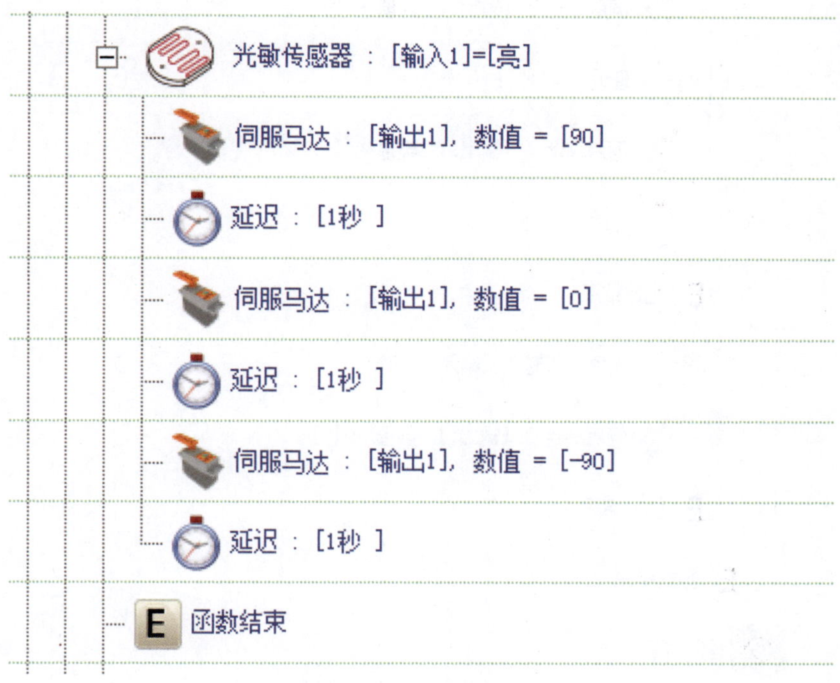

图 6-3　程序解读：钟摆左右摆动

（2）当光敏传感器未被触发时，钟摆停止。程序解读如6−4所示。

光敏传感器 ： [输入1]=[暗]
伺服马达 ： [输出1]，数值 = [0]
E
函数结束

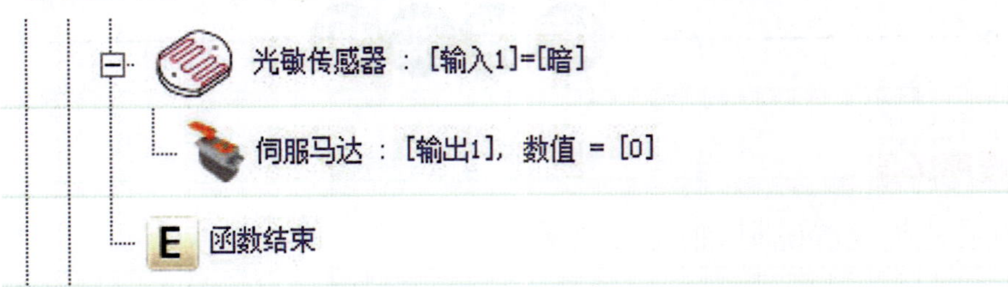

图 6−4　程序解读：钟摆停止

2 程序编写（图 6−5）

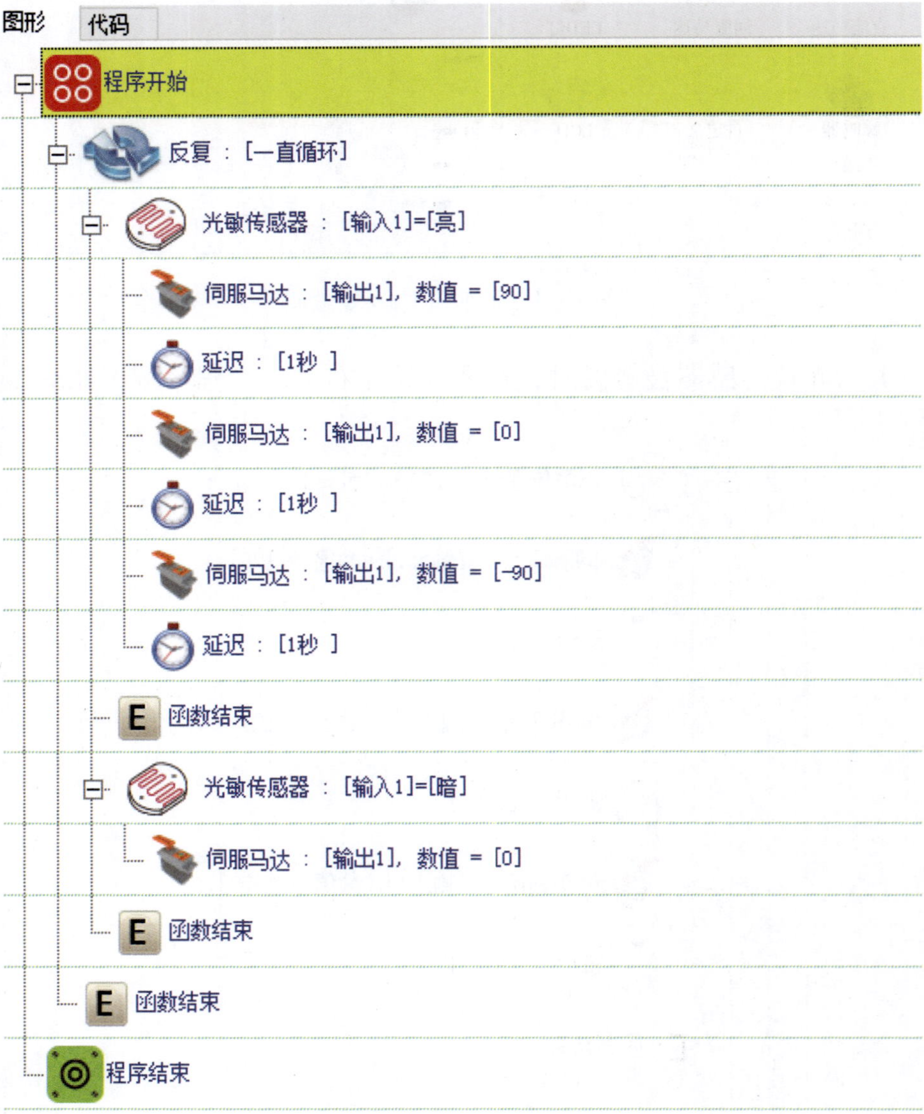

图形
代码
程序开始
反复 ： [一直循环]
光敏传感器 ： [输入1]=[亮]
伺服马达 ： [输出1]，数值 = [90]
延迟 ： [1秒]
伺服马达 ： [输出1]，数值 = [0]
延迟 ： [1秒]
伺服马达 ： [输出1]，数值 = [-90]
延迟 ： [1秒]
E
函数结束
光敏传感器 ： [输入1]=[暗]
伺服马达 ： [输出1]，数值 = [0]
E
函数结束
E
函数结束
程序结束

图 6−5　程序编写

③ 操控机器人

（1）将编写好的程序下载到主板中。

（2）打开电源，如果光线充足，钟摆会左右摆动；如果光线较弱，钟摆便停止在垂直地面的位置。

（1）如果想要钟摆在光线充足的时候，只摆动10次，如何修改程序呢?

（2）观察一下汽车的雨刮器（图6–6），将我们的模型改造成雨刮器，并修改程序，让雨刮器更符合实际生活的使用。

图 6–6　雨刮器

（1）请将作品拍照、保存。

（2）请将 6V 电池夹关闭并拆下。

（3）请将电子元器件拆下。

（4）请将模型拆除。

（5）请将所有配件放回原位。

（6）对照表 5–1 所示配件清单清点配件。

第7单元 暴走乌龟搭建

学习目标

◎ 认识红外传线感器的应用和作用。

◎ 能够进行乌龟模型的搭建。

大开眼界

如图 7–1 所示公交车是深圳市无人驾驶公交车。同学们了解无人驾驶吗？无人驾驶过程中要确保哪些方面才能让车顺利行驶呢？简单来看的话，车若能按照规定的路线行驶并且能明确障碍物方位进行有规则的躲避，就能够实现简单的无人驾驶功能。本单元我们就利用乌龟的模型模拟无人驾驶中按照规定路线行驶的功能。

图 7–1　深圳市无人驾驶公交车

我们可以用什么传感器来模拟无人驾驶功能呢？如图 7–2 所示，红外线传感器有两个灯管，发光体用来发射红外线，而接收体用来接收反射回来的红外线，当接收到反射回的红外线较多时，红外线传感器处于被触发状态；当接收到反射回的红外线较少时，红外线传感器处于未被触发状态。

发光体

发出红外线信号到物体，将被物体反射回来的红外线信号输入到接收体的作用

接收体

检测发光体发出的红外线信号，将该信号转换为输入信号的作用

图 7–2　红外线传感器及说明

动手实现

① 本单元创意拼装目标：暴走乌龟（图7-3）。

图 7-3 暴走乌龟模型

② 准备材料

按照表7-1所示的配件清单准备拼装材料，做好搭建准备。

表 7-1 配件清单

品名	图示	数量	品名	图示	数量
模块 1117		1 块	5 孔连接框架		2 个
模块 15		7 块	模块 511		2 块
5 孔框架		6 个	11 孔框架		2 个
135 度模块		4 块	眼睛模块		2 块
马达固定模块		2 块	模块 111		2 块

（续）

品名	图示	数量	品名	图示	数量
中轮子		2 个	DC 马达		2 个
小护帽		4 个	6V 电池夹		1 块
红外线传感器		2 个	主板		1 个

3 动手搭一搭（图 7-4）

1

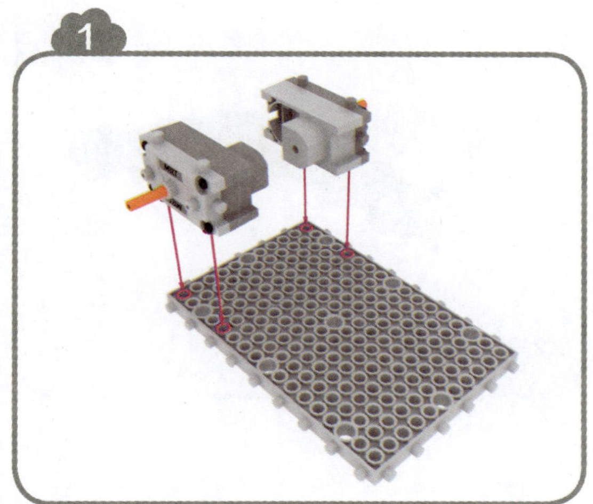

2

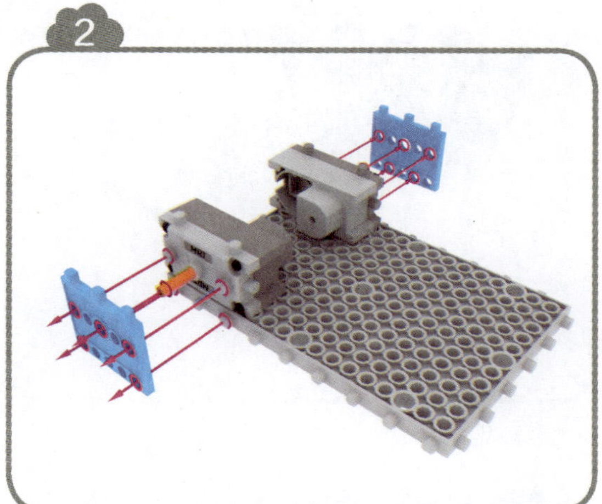

3

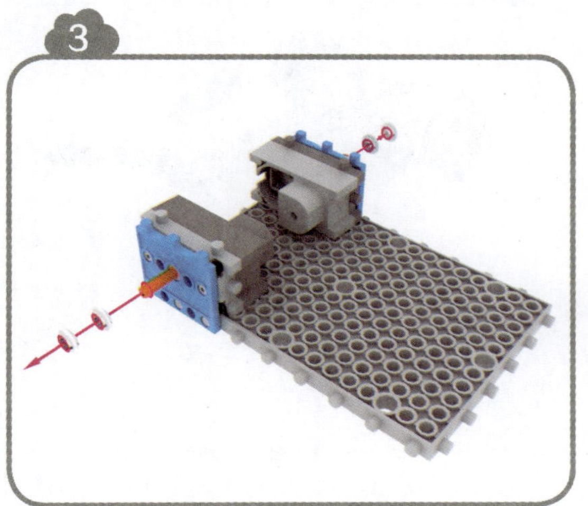

4

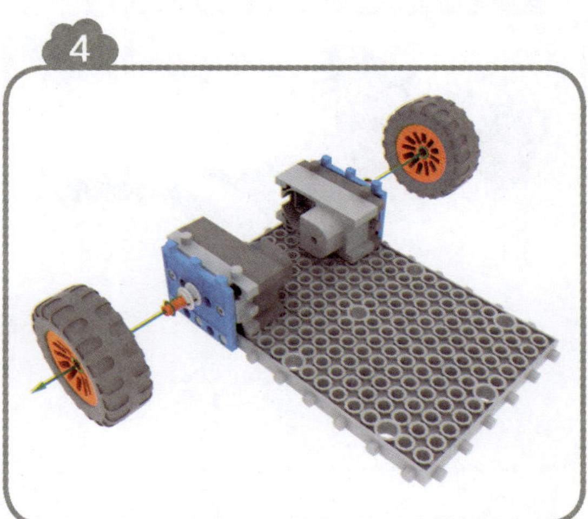

5

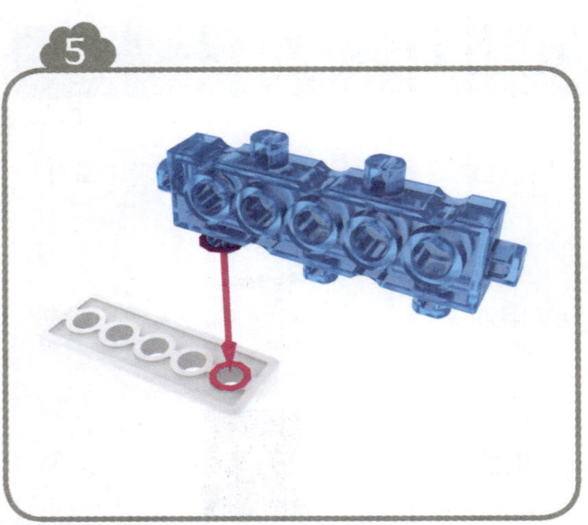

6

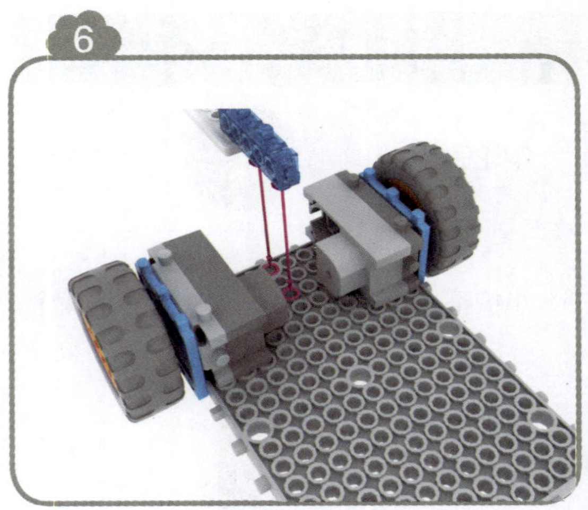

7

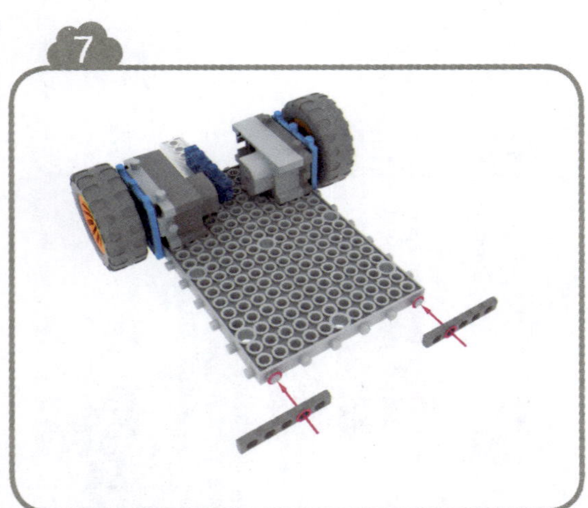

8

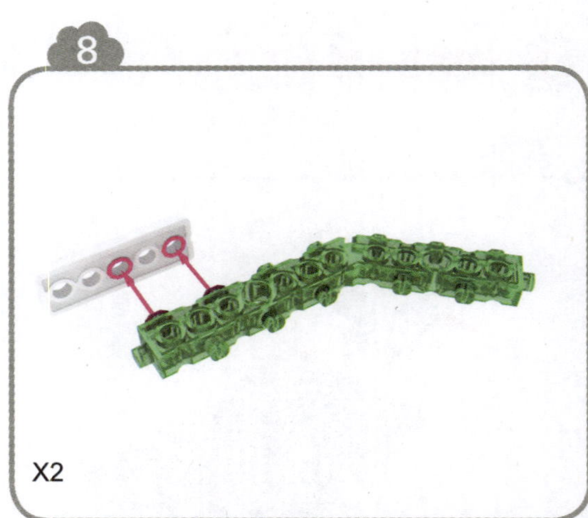

9

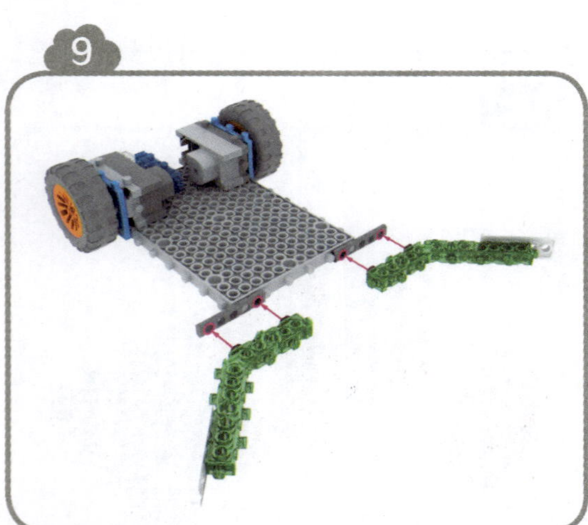

10

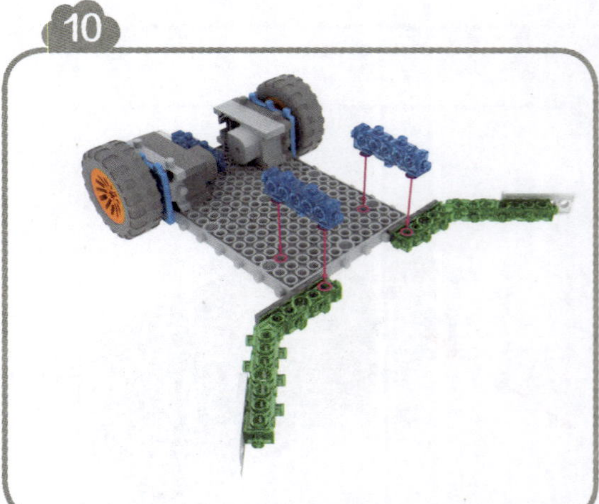

11

12

13

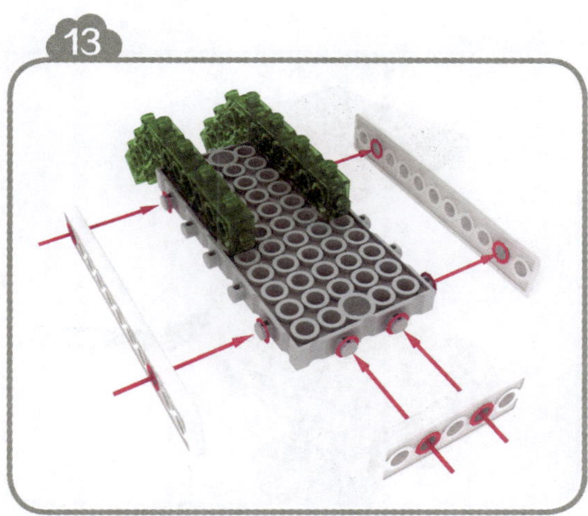

14

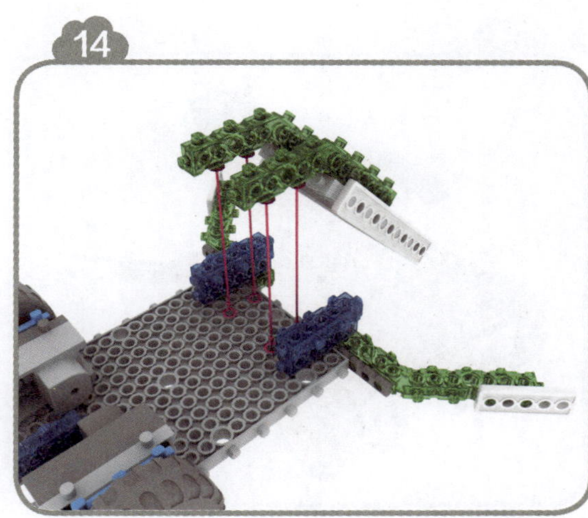

15

16

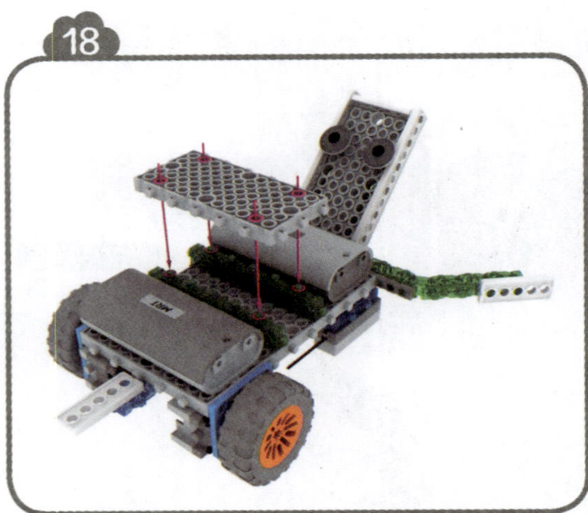

图 7–4　拼装步骤

按照图 7-5 所示，连一连。电源打开后，机器人将沿着放置的黑线一直移动。

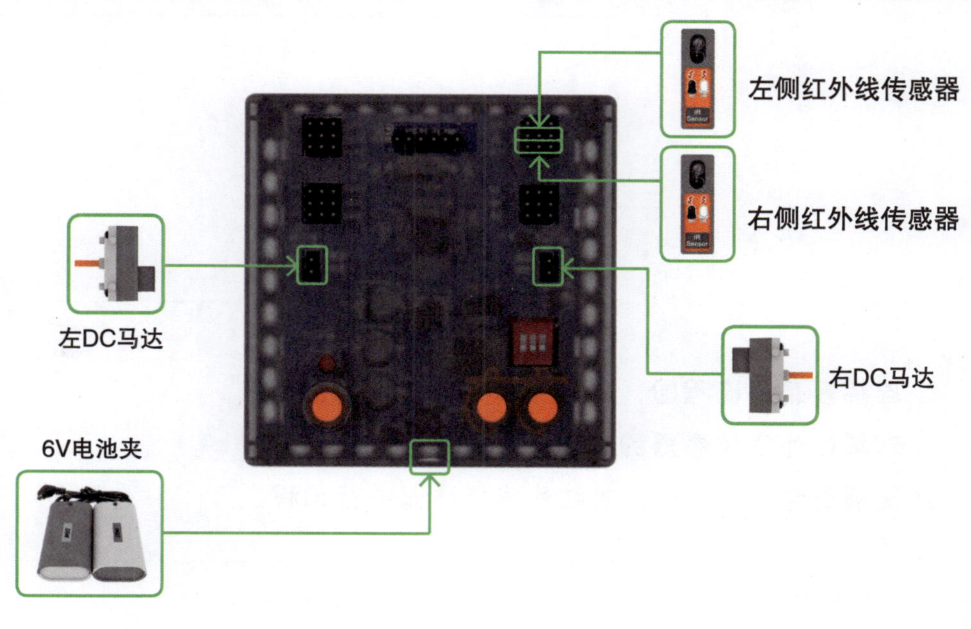

图 7-5　连接主板和组件

（1）请将作品拍照、保存。

（2）请将 6V 电池夹关闭并拆下。

（3）请将电子元器件拆下。

（4）请将模型拆除。

（5）请将所有配件放回原位。

（6）对照表 7-1 所示配件清单清点配件。

第 8 单元

◎ 理解多条件流程图，并掌握多条件流程图的画法。

◎ 理解红外线传感器的实现原理。

◎ 能够结合 DC 马达，对红外线传感器进行编程。

逻辑解读

本单元我们来实现无人驾驶功能，让乌龟沿着一条黑线走。设计开始前，我们需先了解红外线传感器的工作原理，红外线传感器是利用红外线来进行数据处理的一种传感器，其识别光面、阴面及测距离的区别如图 8–1 所示。红外线传感器是如何帮助乌龟认路的呢？

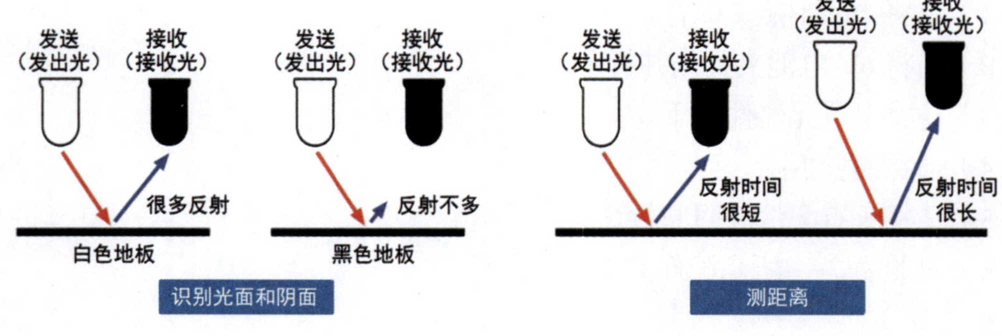

图 8–1 红外线传感器识别光面、阴面及测距离

下面我们通过编程来实现以下效果：乌龟沿着黑线走，当向左偏离黑线，即左边红外线传感器触发的时候，左马达转动，右马达停止转动，实现右转；当向右偏离黑线，即右边红外线传感器触发的时候，右马达转动，左马达停止转动，实现左转。程序逻辑流程如图 8-2 所示。

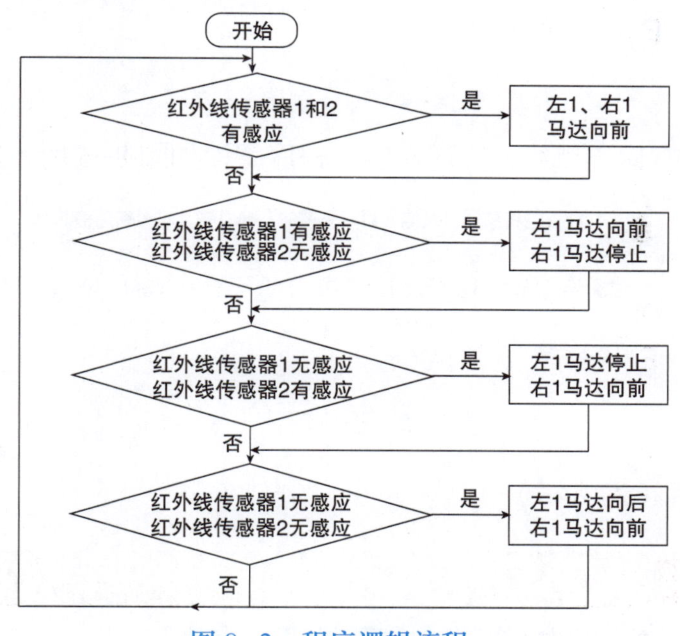

图 8-2　程序逻辑流程

① 程序解读

红外线传感器设置说明如图 8-3 所示。

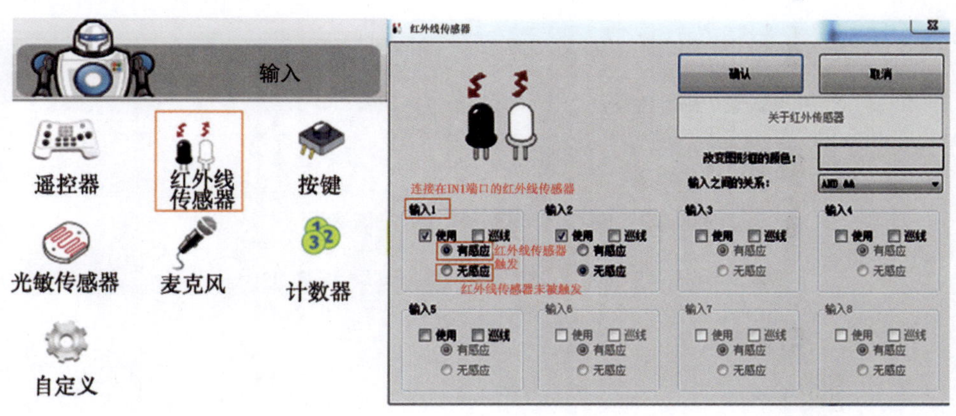

图 8-3　红外线传感器设置说明

（1）当向左偏离黑线，实现右转。程序解读如图 8–4 所示。

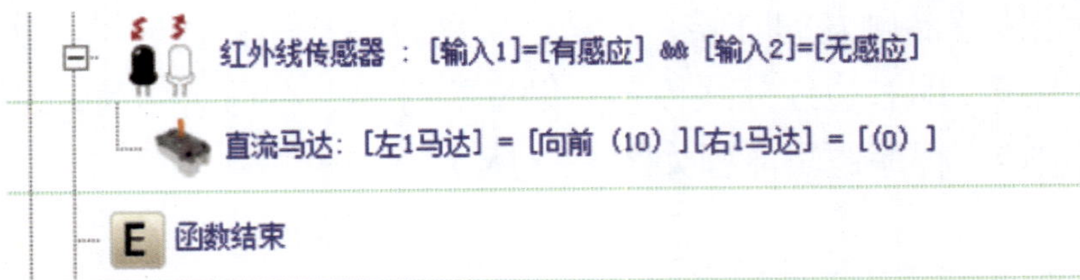

图 8–4　程序解读：右转

（2）当向右偏离黑线，实现左转。程序解读如图 8–5 所示。

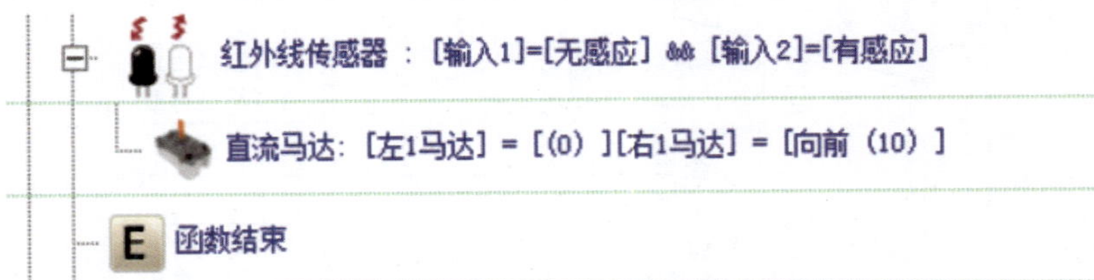

图 8–5　程序解读：左转

② 程序编写（图 8–6）

图 8–6　程序编写

③ 操控机器人

（1）将编写好的程序下载到主板中。

（2）给乌龟设计一个黑色直线、黑色方框或黑色圆形的运动路线。

（3）打开电源，乌龟便开始沿着黑线运动。

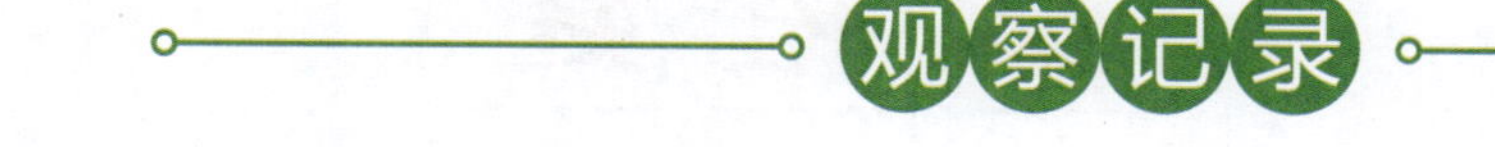

观察记录

（1）对于黑线的宽度，有没有要求呢？如果过宽或者过窄，对乌龟的运动有没有影响呢？

（2）想一想，如图 8–7 所示的程序甲实现的功能是什么呢？

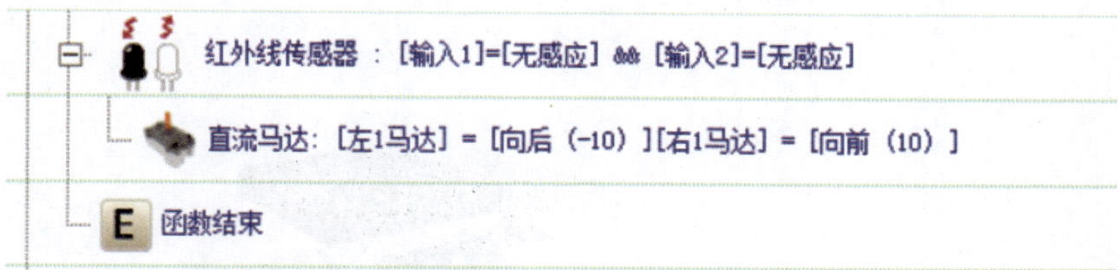

图 8–7　程序甲

探索尝试

试一试，将图 8–8 中所示的程序乙中的数值改为负数，对乌龟的运动有没有影响呢？

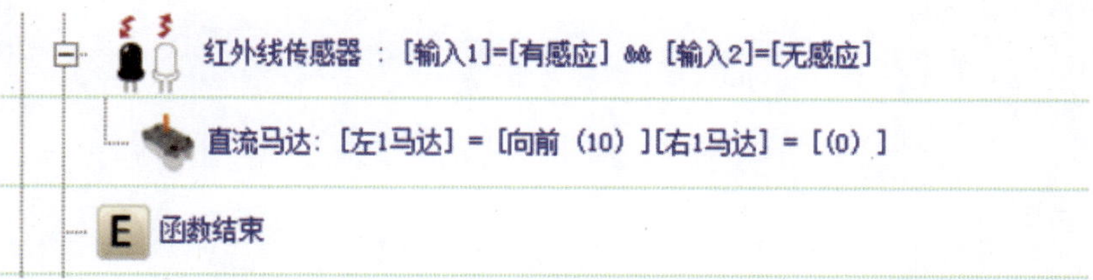

图 8–8　程序乙

结束整理

（1）请将作品拍照、保存。

（2）请将 6V 电池夹关闭并拆下。

（3）请将电子元器件拆下。

（4）请将模型拆除。

（5）请将所有配件放回原位。

（6）对照表 7–1 所示配件清单清点配件。

第9单元

悬崖识别虫搭建

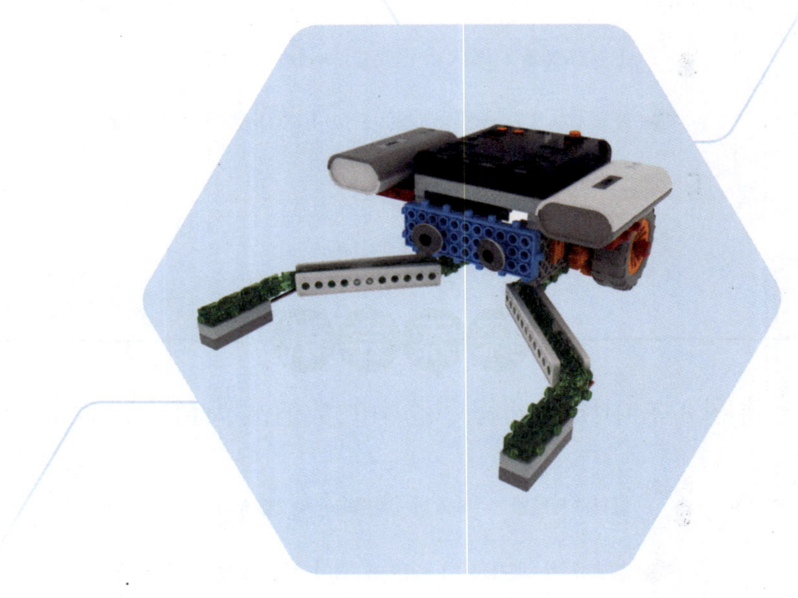

◎ 理解红外线传感器识别边缘的原理。

◎ 理解 MCU 协同传感器和马达工作的流程。

◎ 能够搭建悬崖识别虫模型。

◎ 能够提出假设，并通过实验证明假设。

① 传感器工作原理

在第8单元学习了红外线传感器的知识，我们再来回顾一下红外线传感器识别边缘的工作原理（图9-1）：当红外线信号反射回来时，意味着红外线传感器感知地面，因此可以继续前进；当红外线信号没有反射回来时，意味着红外线传感器已经离开了桌面，要考虑后退了。接收管有没有接收到信号，会通过连接线告诉MCU中央处理器。中央处理器根据接收到的信号和程序的设定，发出指令指挥马达做出相应的动作。

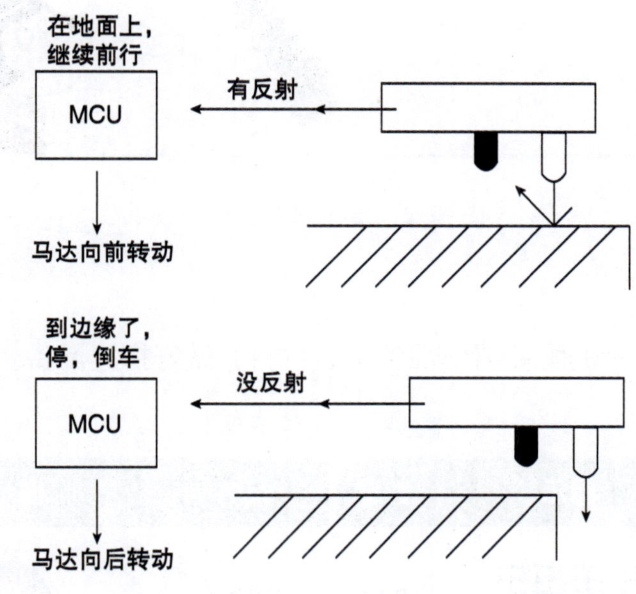

图 9-1　红外线传感器识别边缘的工作原理

② 光的反射

对于不透明的物体，例如纸、盒子、桌面等，黑色会吸收光里面的所有颜色，白色会反射所有颜色，所有颜色的光混起来就变成了白色。其他颜色的物体只反射与它颜色相同的光，例如：红色的物体反射红色的光，吸收其他颜色的光。在黑暗的房间里，如果用红色的光照蓝色的裙子，由于蓝色的裙子只会反射蓝色的光，红光被吸收了，没有光进入我们的眼睛，我们就会感觉蓝色的裙子呈现为黑色。

动手实现

① 本单元创意拼装目标 悬崖识别虫(图9–2)。

图 9–2　悬崖识别虫模型

② 准备材料

按照表9–1所示的配件清单准备拼装材料，做好搭建准备。

表 9–1　配件清单

品名	图示	数量	品名	图示	数量
模块 511		2 块	中轮子		2 个
DC 马达		2 个	135 度模块		4 块
模块 311		1 块	眼睛模块		2 块
11 孔框架		5 个	L 形模块		2 块

（续）

品名	图示	数量	品名	图示	数量
小齿轮		2 个	模块 55		2 块
大齿轮		2 个	红外线传感器		2 个
中轴		2 根	6V 电池夹		1 块
小红帽		4 个	主板		1 个

③ 动手搭一搭（图 9–3）

1

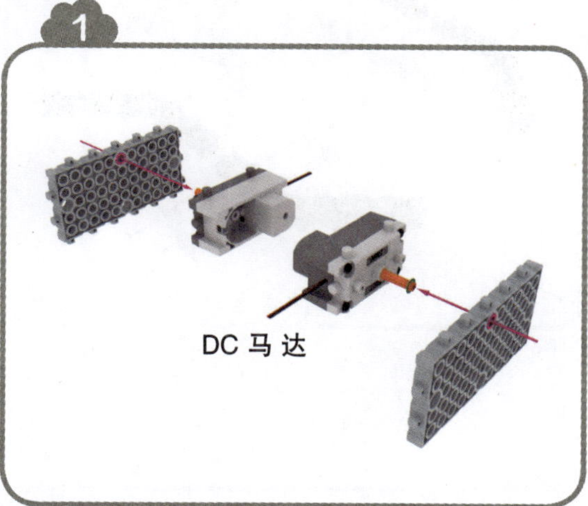

2

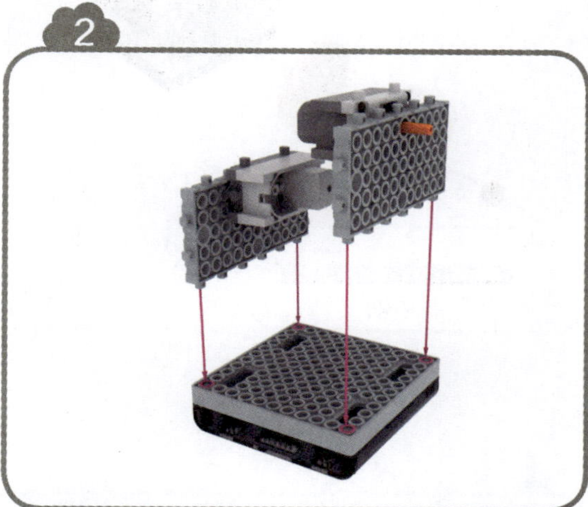

3

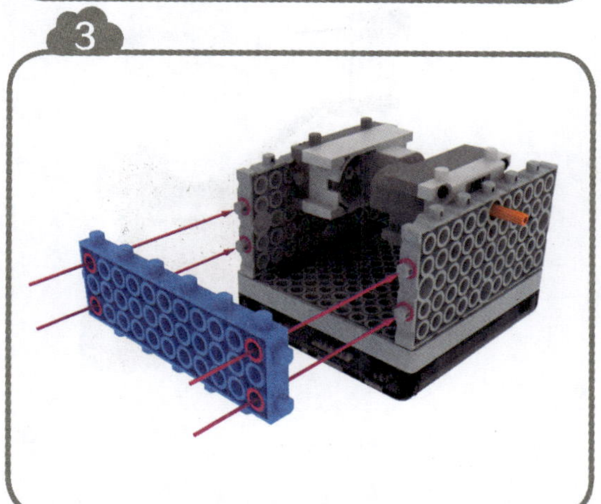

4

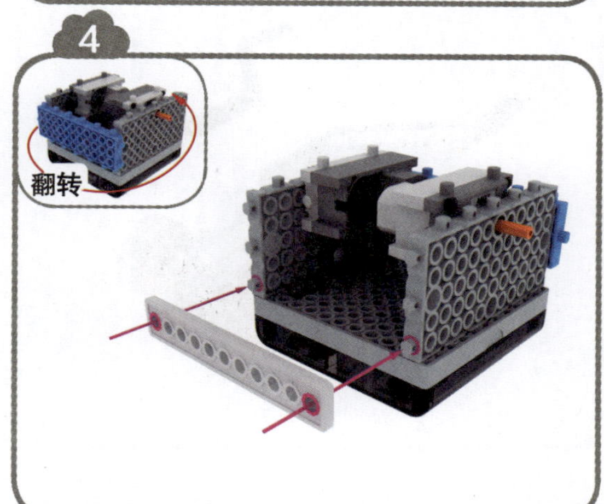

5

6

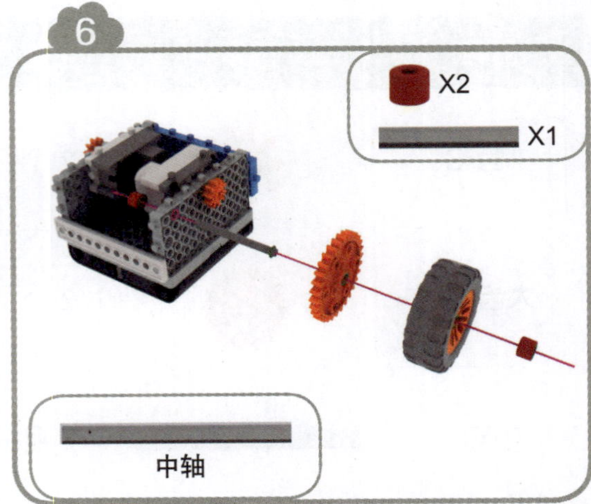

7

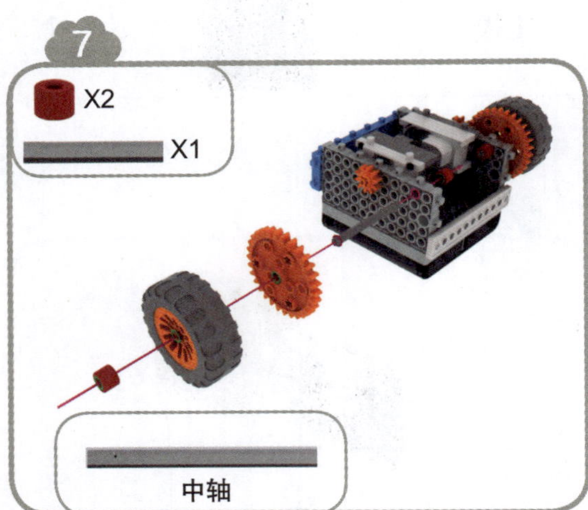

8

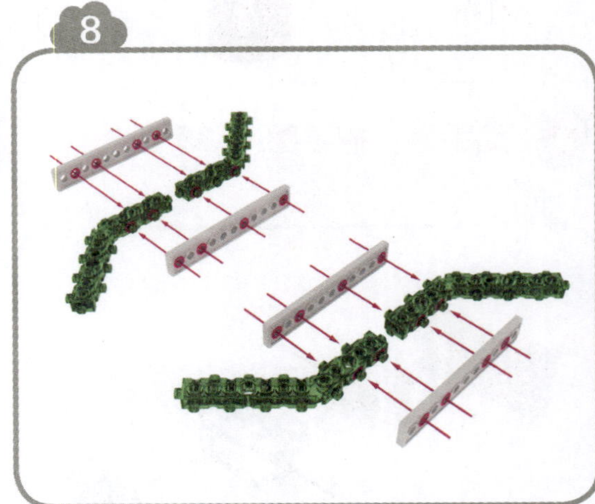

9

10

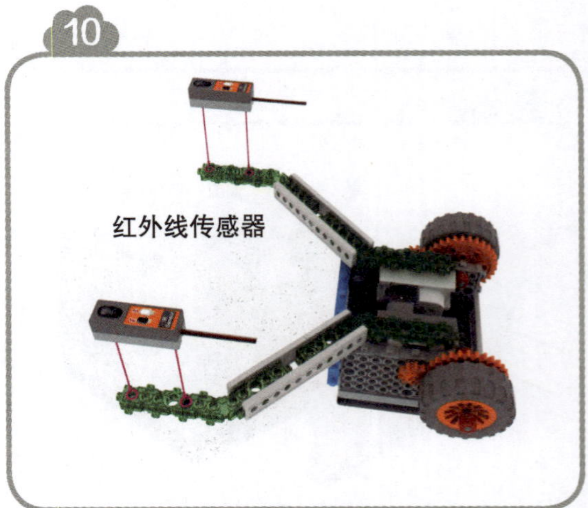

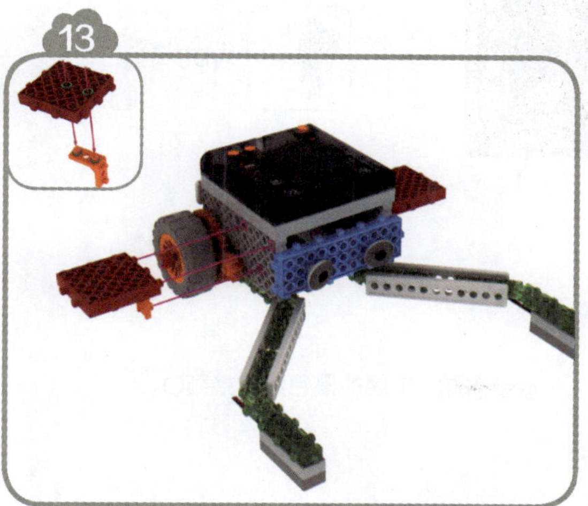

图 9–3　拼装步骤

主板连接

按照图 9-4 所示，连一连。电源打开后，机器人将沿着放置的黑线一直移动。

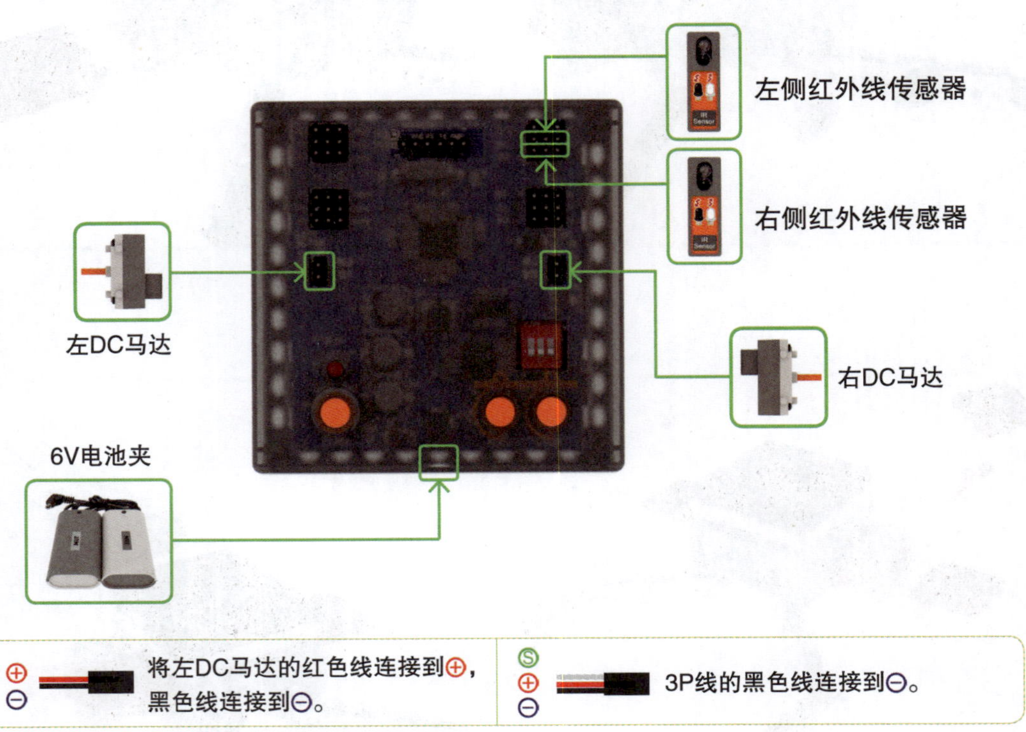

图 9-4　连接主板和组件

结束整理

（1）请将作品拍照、保存。

（2）请将 6V 电池夹关闭并拆下。

（3）请将电子元器件拆下。

（4）请将模型拆除。

（5）请将所有配件放回原位。

（6）对照表 9-1 所示配件清单清点配件。

◎ 深入理解红外线传感器的工作原理。

◎ 尝试进行流程图的绘制。

◎ 熟练掌握对红外线传感器进行的编程。

如何让悬崖识别虫顺利识别到“悬崖”并及时后退呢？在本单元，我们通过编程来实现以下过程：悬崖识别虫在桌面上向前行驶的过程中，一旦其左边或者右边遇到桌边“悬崖”，便开始后退并原地转向。

程序逻辑流程如图 10–1 所示。

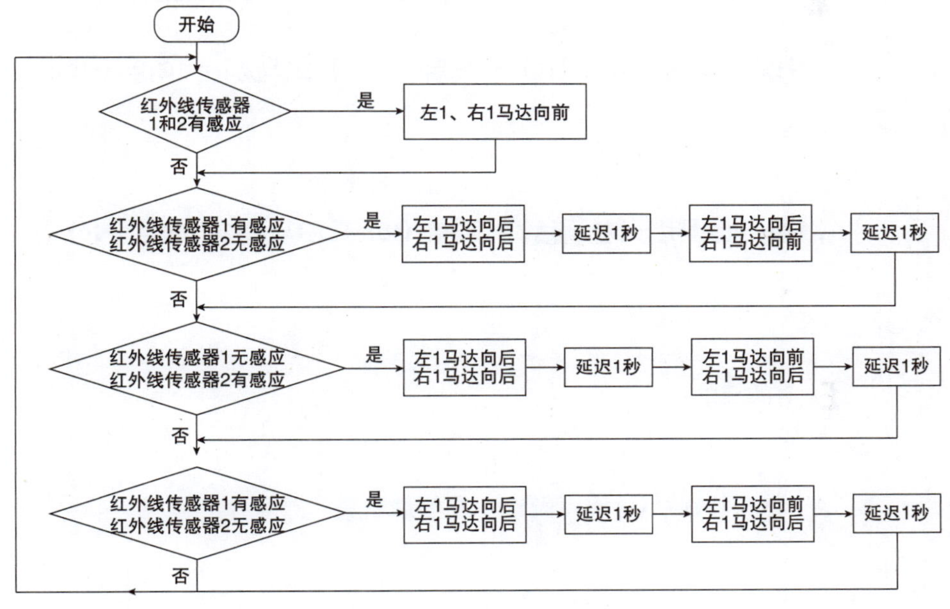

图 10–1　程序逻辑流程

① 程序解读

（1）当在桌面上行驶时，悬崖识别虫保持前进状态。程序解读如图10–2所示。

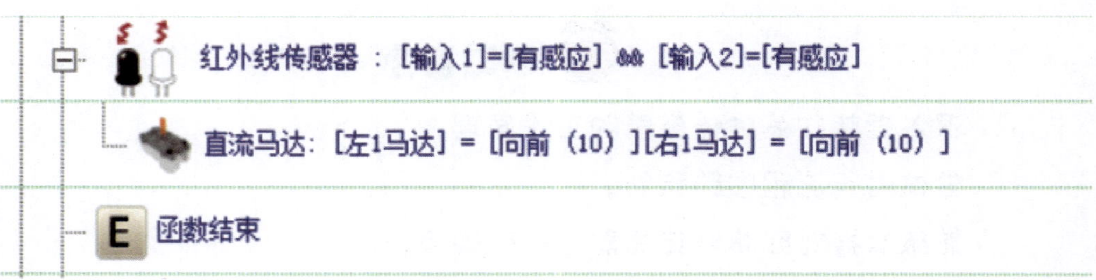

图 10–2 程序解读：前进

（2）当悬崖识别虫在左侧遇到桌边“悬崖”时，它先后退然后右转（右侧同理）。程序解读如图10–3所示。

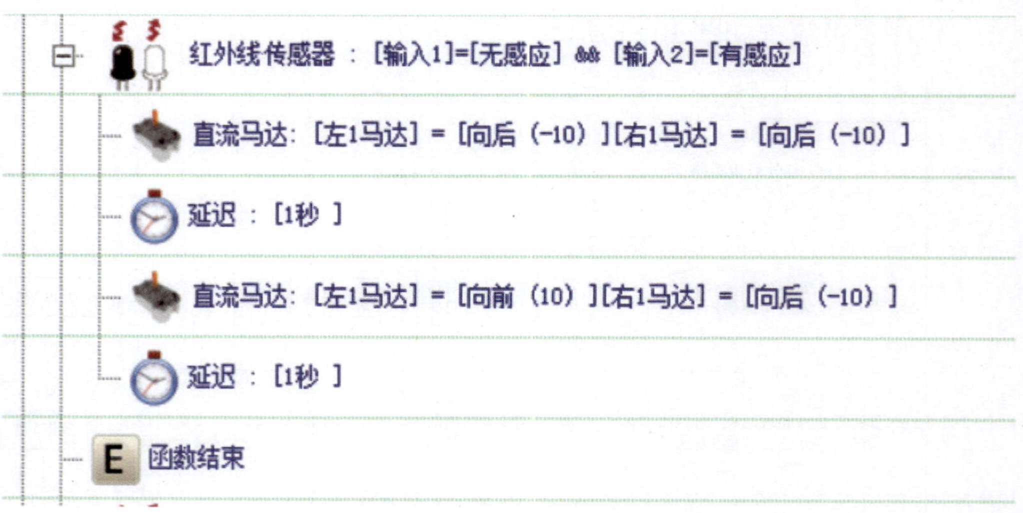

图 10–3 程序解读：左侧遇到桌边“悬崖”

（3）当悬崖识别虫前半部分都遇到桌边“悬崖”了，它会先后退然后右转。程序解读如图10–4所示。

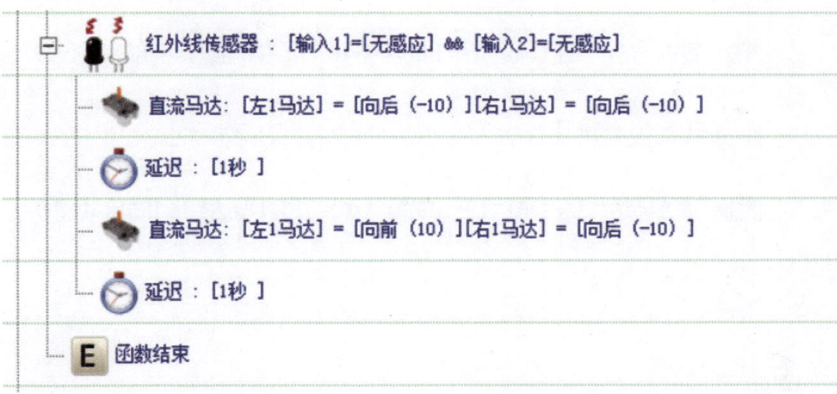

图 10–4　程序解读：前半部分都遇到桌边“悬崖”

② 程序编写（图 10–5）

a）

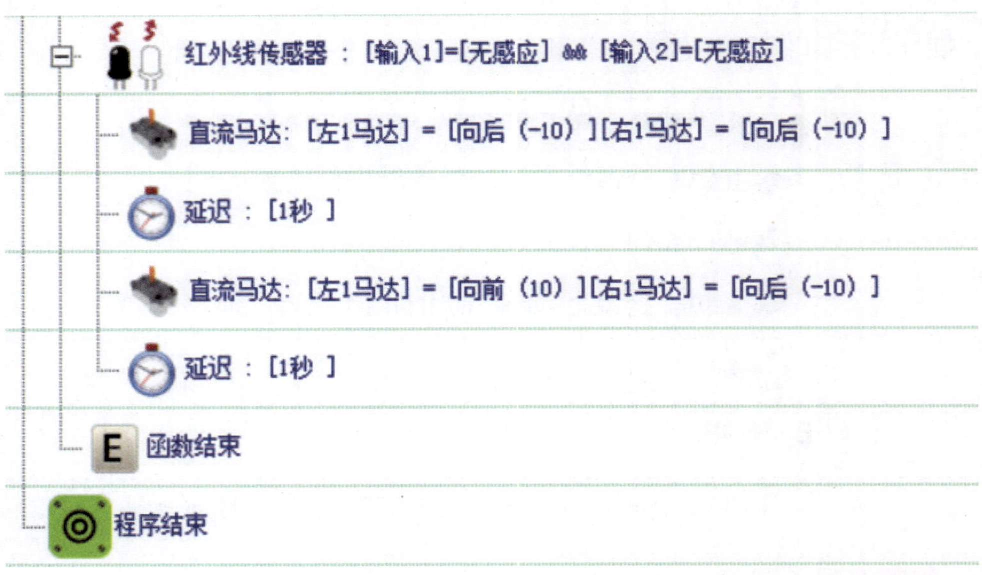

b)

图 10-5　程序编写

3 操控机器人

（1）将编写好的程序下载到主板中。

（2）将机器人放在亮色的桌面上。

（3）左侧的红外线传感器识别到悬崖时，先后退，再右转并前进。

（4）右侧的红外线传感器识别到悬崖时，先后退，再左转并前进。

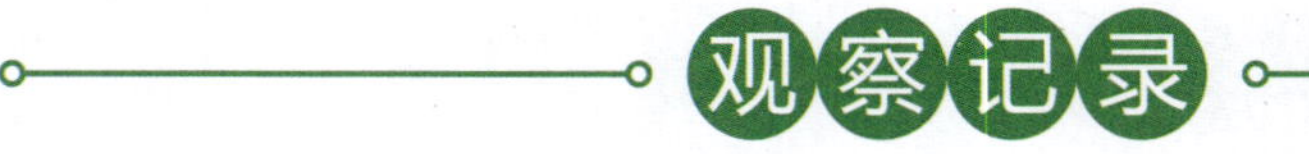

观察记录

（1）为什么要将机器人放在亮色的桌面上？

（2）请使用表面颜色不同的桌子，分别操作机器人，观察其识别效果，并填写表10-1。结果是否和你在第（1）题中思考的结果一致呢？

表 10–1　机器人识别效果

桌面颜色	机器人反应情况
	行动良好 / 完全不能前进 / 有反应但不灵敏
黑色	
白色	
淡黄色	
…	

（1）请将作品拍照、保存。

（2）请将6V电池夹关闭并拆下。

（3）请将电子元器件拆下。

（4）请将模型拆除。

（5）请将所有配件放回原位。

（6）对照表9–1所示配件清单清点配件。

第11单元 足球机器人搭建

学习目标

◎ 了解机器人足球赛。

◎ 能够搭建足球机器人模型。

大开眼界

① 机器人足球赛

在机器人足球赛中，开场哨一响，双方队员都不能再碰触计算机或场上的机器人。机器人通过电池获得动力，依靠事先设计好的硬件和编写好的程序，自动识别球和球场状况以及对手“球员”分布情况，进行相应的判断，做出相应的动作，进行控球并将球射入对方球门。

② 机器人足球赛的成果

举办机器人足球赛，出发点是为了促进人工智能技术的发展。机器人足球赛是为了技术的提升而开展的，只不过借鉴使用了大众喜爱的体育平台。机器人足球赛中的机器人所使用的部分关键技术可以逐步应用于现实生活。例如，对于导航路径的规划和轨迹的规划，可以应用于轮式服务机器人（图11−1）和搬运机器人（图11−2）中。

图 11−1　轮式服务机器人

图 11-2　搬运机器人

① 本单元创意拼装目标：足球机器人（图 11-3）。

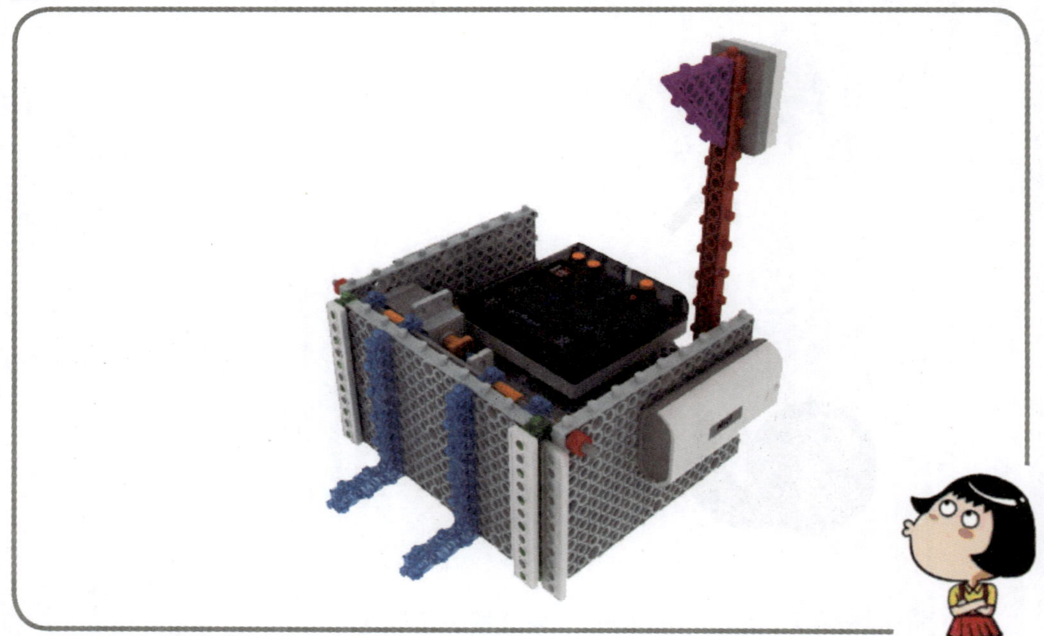

图 11-3　足球机器人模型

2 准备材料

按照表11-1所示的配件清单准备拼装材料，做好搭建准备。

表 11-1 配件清单

品名	图示	数量	品名	图示	数量
模块 511	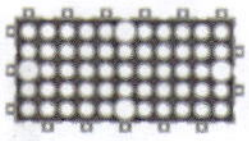	4 块	11 孔框架		6 个
DC 马达		2 个	模块 1117		3 块
11 孔连接框架		1 个	模块 15		7 块
L 形模块	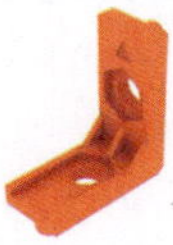	8 块	5 孔框架		1 个
小护帽		2 个	伺服 horn	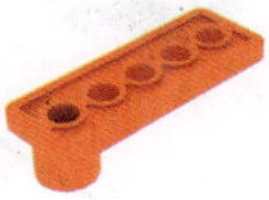	1 块
中轮子		2 个	伺服马达		1 个
模块 35	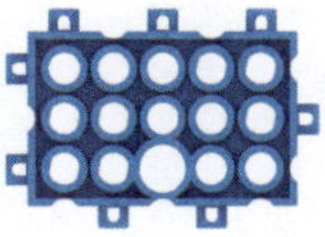	2 块	模块 111		2 块
长轴		1 根	90 度模块		2 块
连接护帽		2 个	三角模块		1 块
中轴		2 根	遥控接收器		1 个

（续）

品名	图示	数量	品名	图示	数量
短轴		2 根	主板		1 个
小红帽		2 个	伺服架		2 个
模块 121		1 块	伺服马达专用小螺钉		2 个
6V电池夹		1 块	模块 35		2 个

③ 动手搭一搭（图 11-4）

1

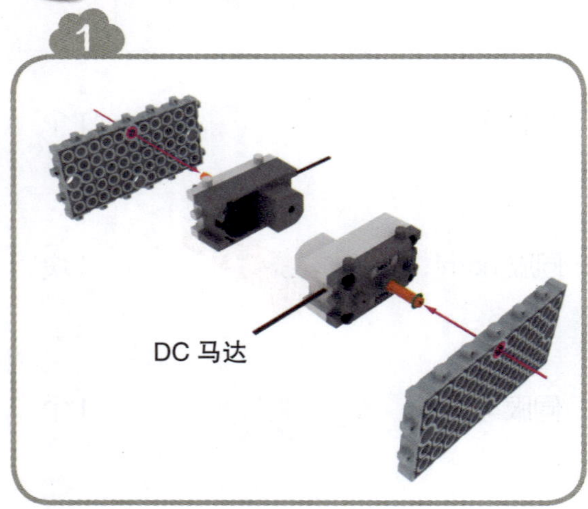

2

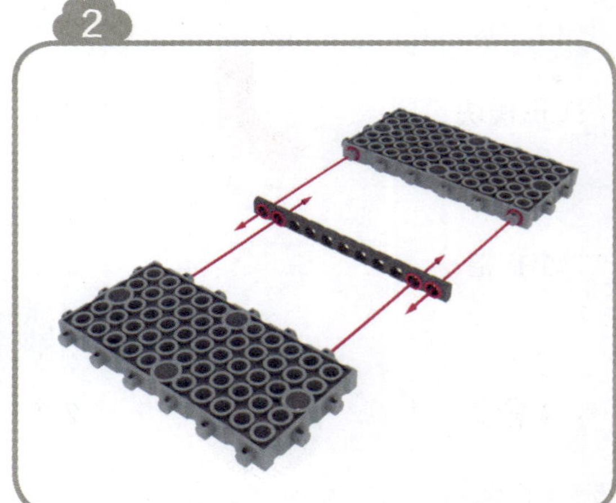

3

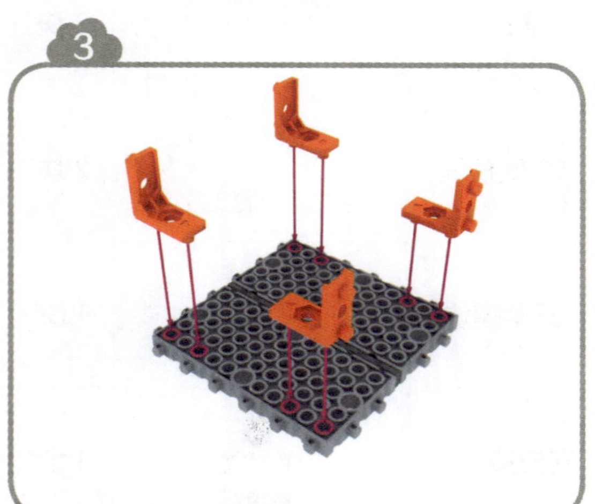

4

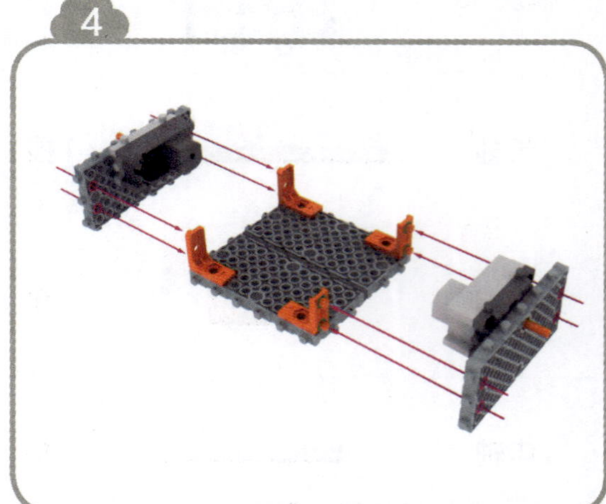

5

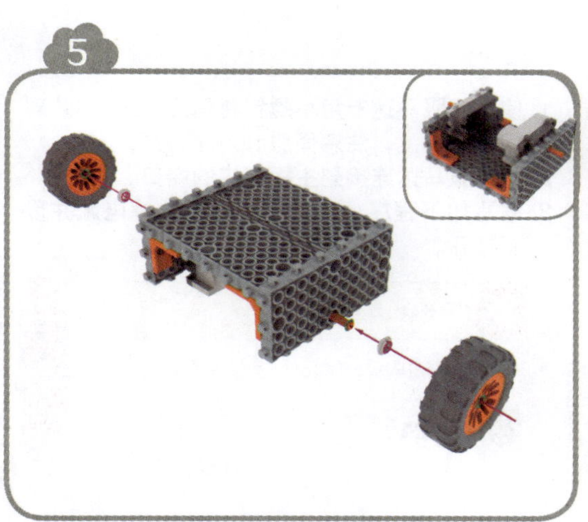

6

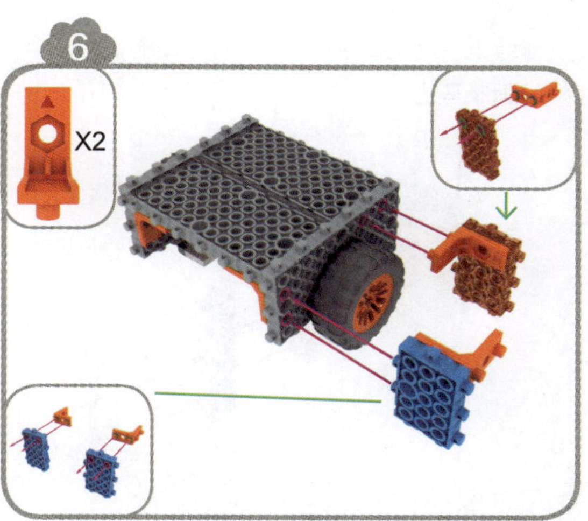

7

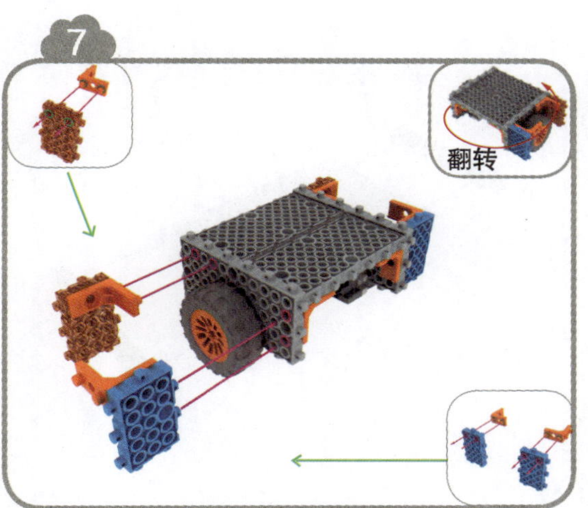

8

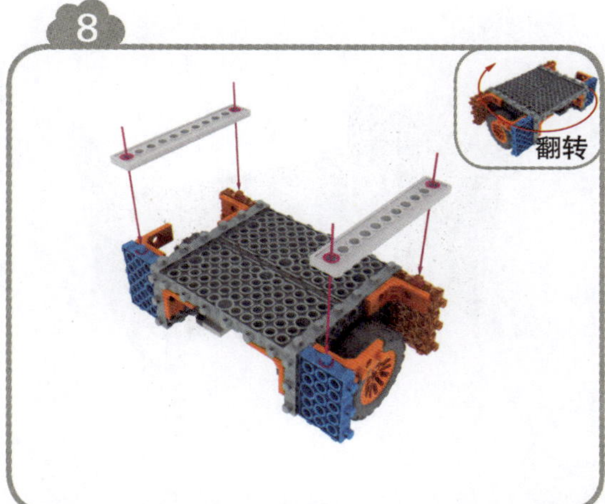

9

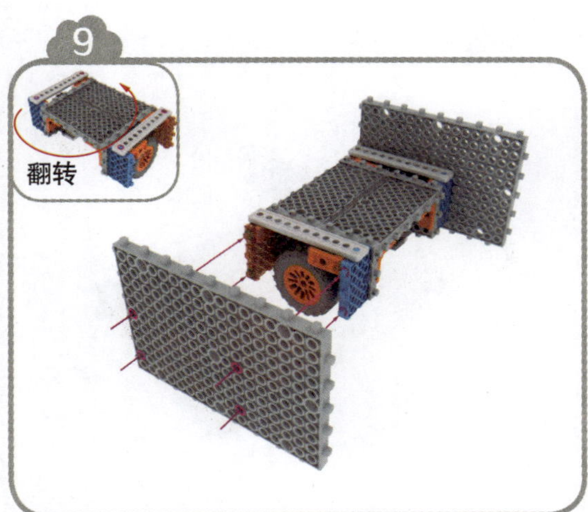

10

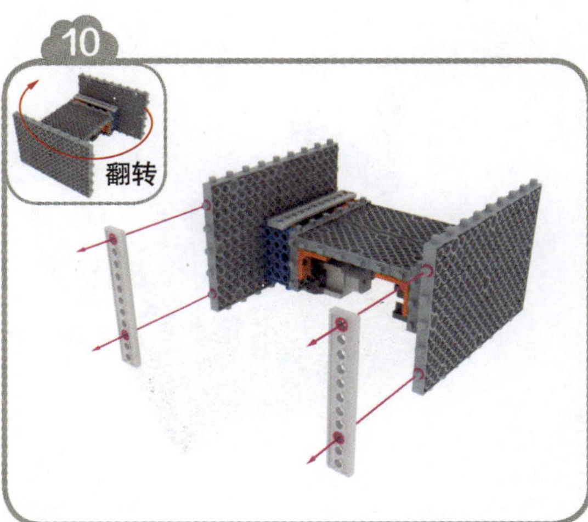

11

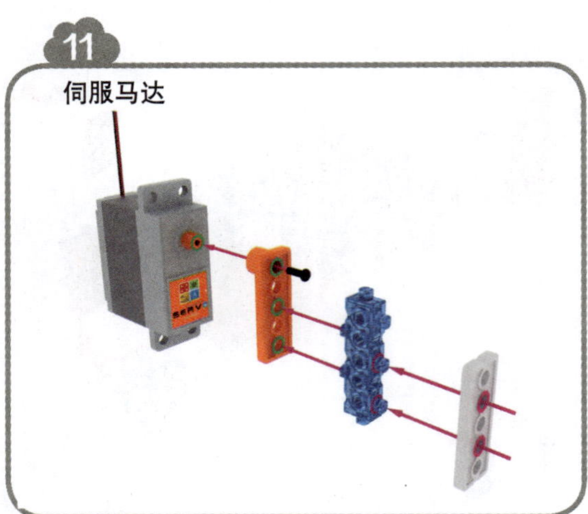

12

1. 使用伺服马达专用小螺钉将伺服 horn 安装到伺服马达上，注意伺服 horn 的方向。
2. 将伺服马达连接到主板相应的端口。
3. 编写如下程序上传到主板后，关掉电源并重新打开。

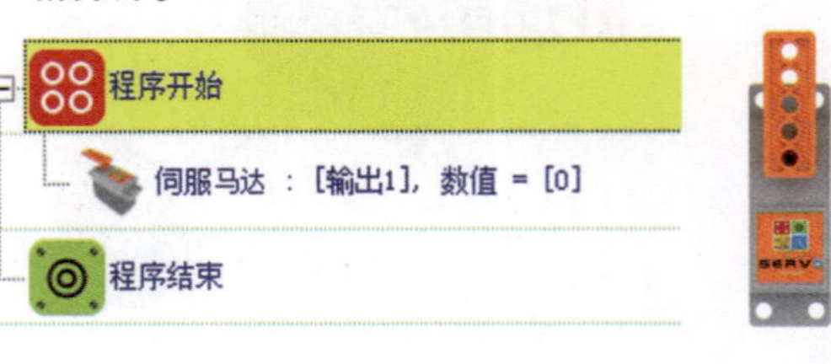

13

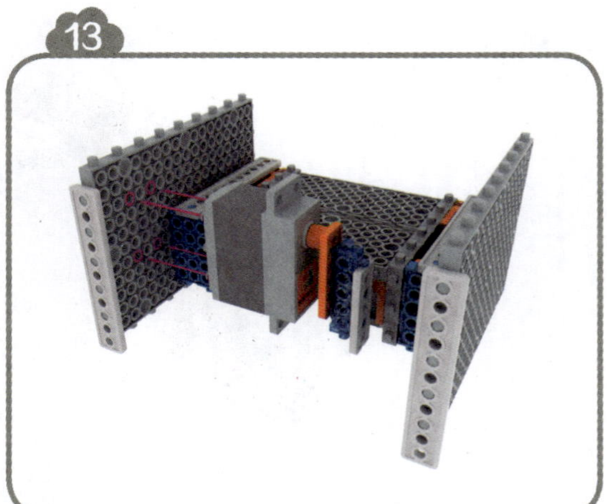

14

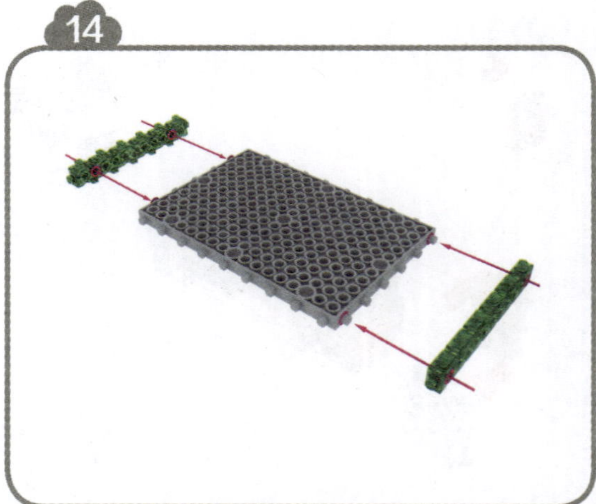

15

16

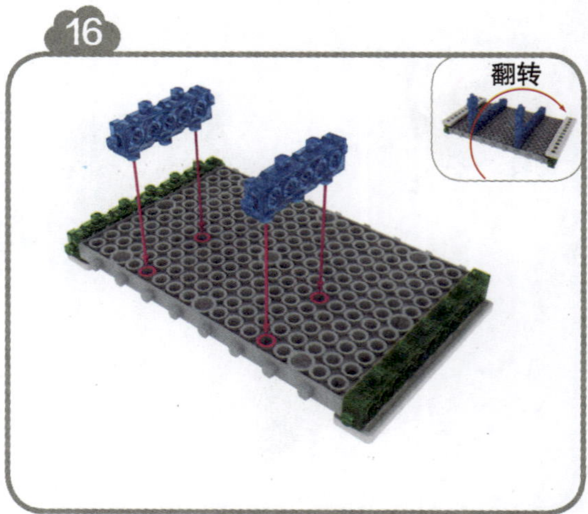

17

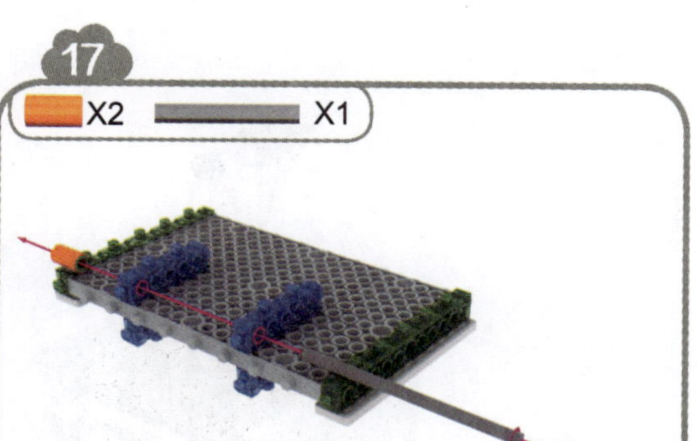

18

19

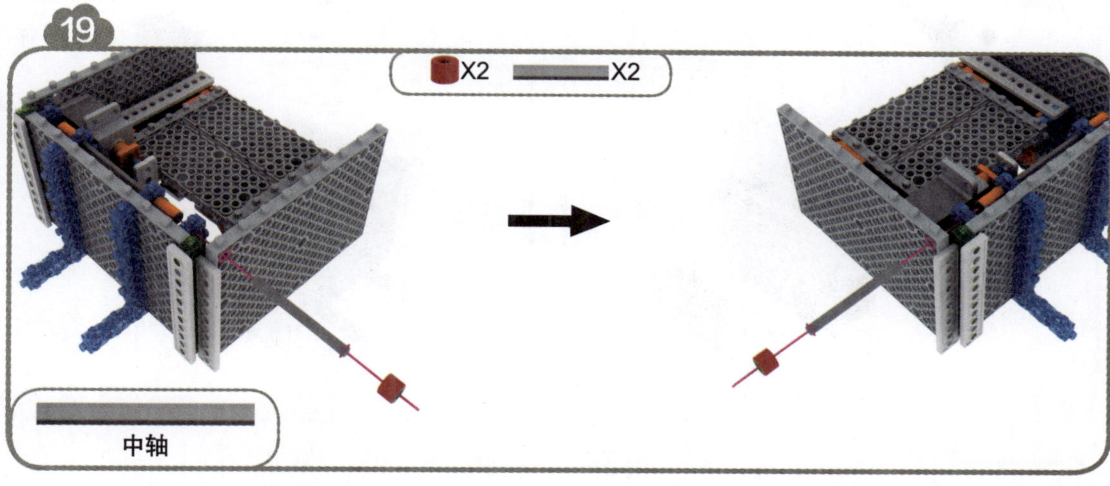

20

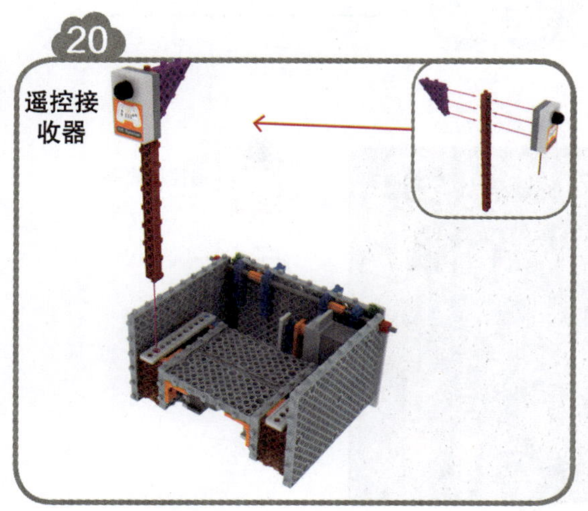

21

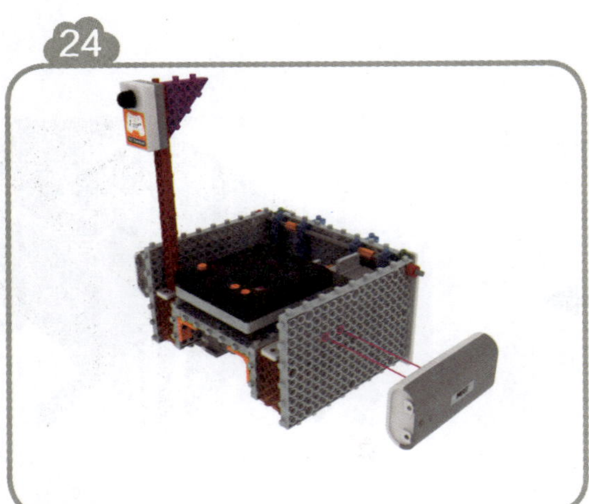

图 11-4 拼装步骤

按照图 11-5 所示，连一连。

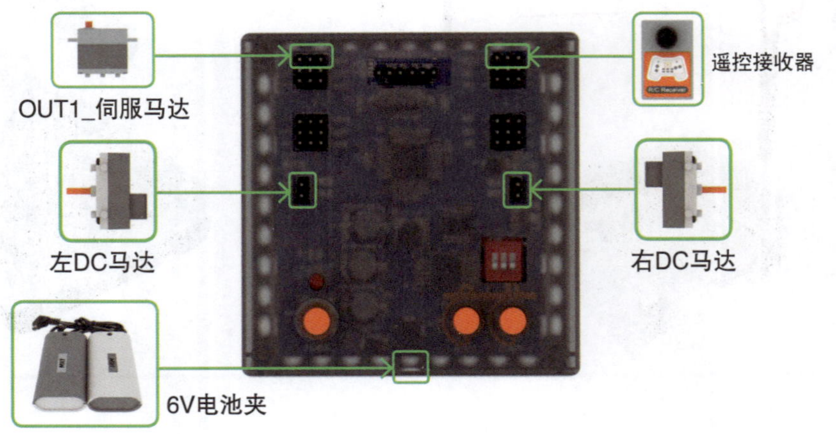

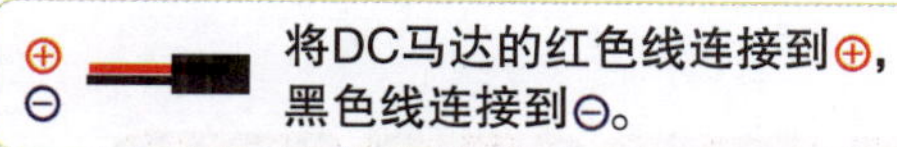

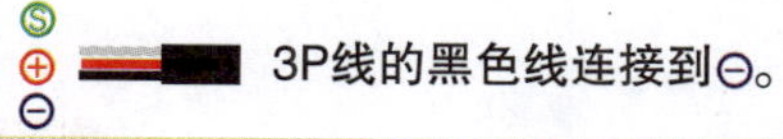

图 11–5　连接主板和组件

（1）请将作品拍照、保存。

（2）请将 6V 电池夹关闭并拆下。

（3）请将电子元器件拆下。

（4）请将模型拆除。

（5）请将所有配件放回原位。

（6）对照表 11–1 所示配件清单清点配件。

第12单元 足球机器人编程

学习目标

◎ 能够按示例编写目标程序。

◎ 理解程序中不同操作的作用。

◎ 能够使用程序和遥控器控制机器人。

逻辑解读

我们已经搭建好了足球机器人，那么它如何在遥控器的左右上下键的控制下进行对应的运动呢？在本单元，我们通过程序编写来实现以下效果：当遥控器按下向上键的时候，机器人向前走；当遥控器按下向下键的时候，机器人往后退；当遥控器按下向左键的时候，机器人左转；当遥控器按下向右键的时候，机器人右转。程序逻辑流程如图 12-1 所示。

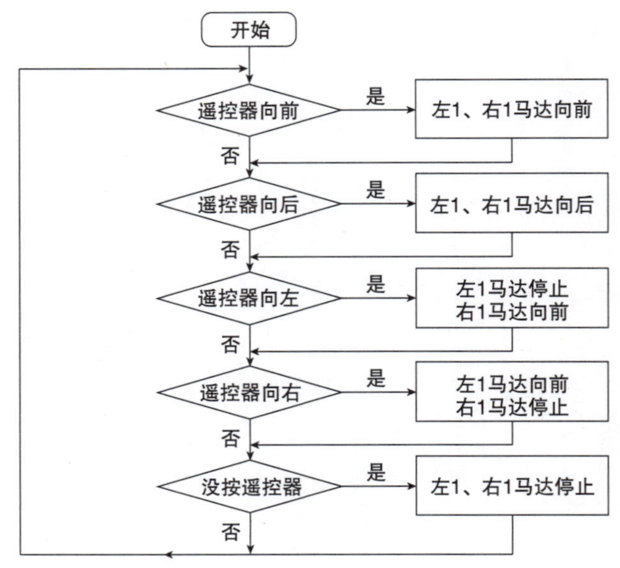

图 12-1　程序逻辑流程

编程实现

① 程序解读

遥控器设置说明如图 12-2 所示。

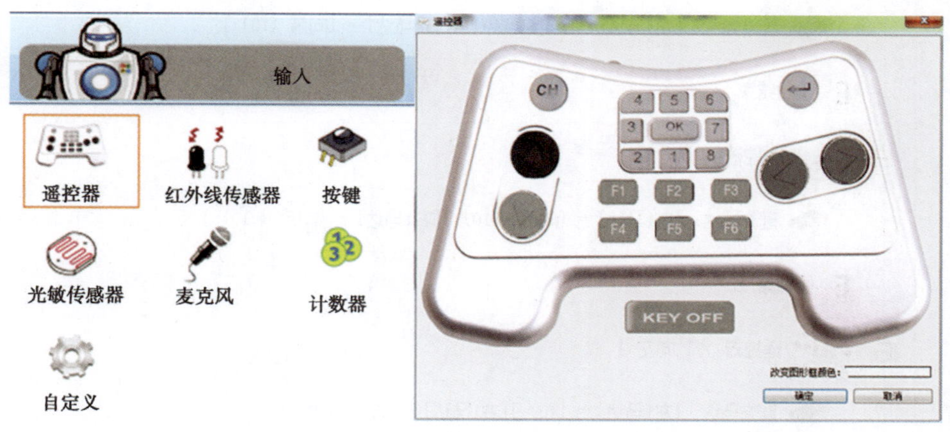

图 12-2　遥控器设置说明

（1）当按下遥控器向上键的时候，机器人前进。程序解读如图 12-3 所示。

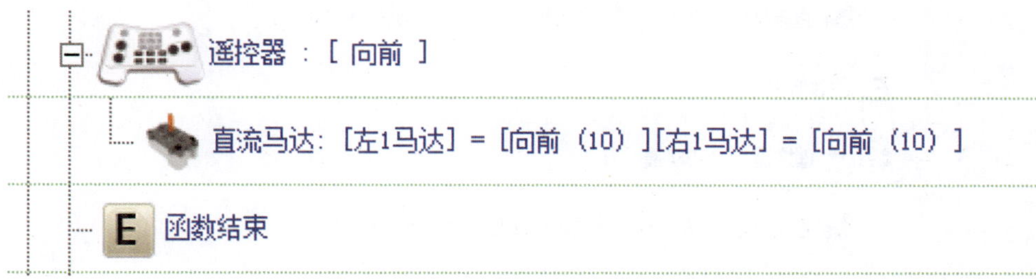

图 12-3　程序解读：按向上键前进

（2）当没有按下任何键，即遥控器按键没有被触发时候，机器人静止不动。程序解读如图 12-4 所示。

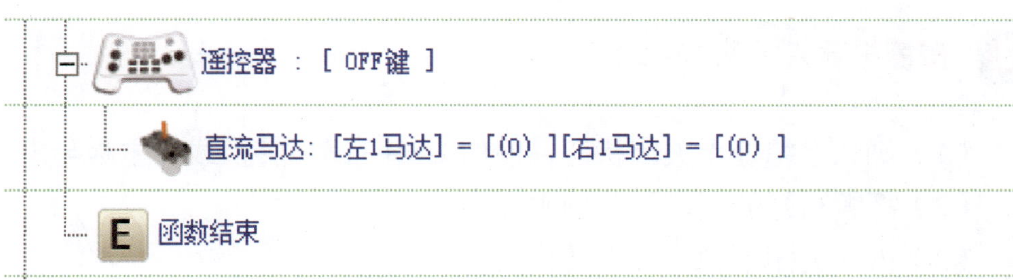

图 12-4　程序解读：静止

② 程序编写（图 12-5）

图 12-5　程序编写

③ 操控机器人（图 12-6）

（1）确认电源处于关闭状态，使用 USB- 串口转换线将主板与电脑连接。
（2）将编写好的程序下载到主板中。
（3）再次关闭电源，拔下转换线。
（4）打开电源，使用遥控器控制足球机器人运动。

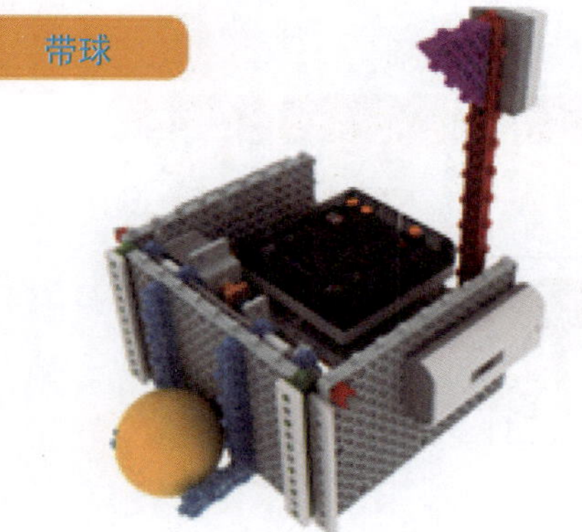

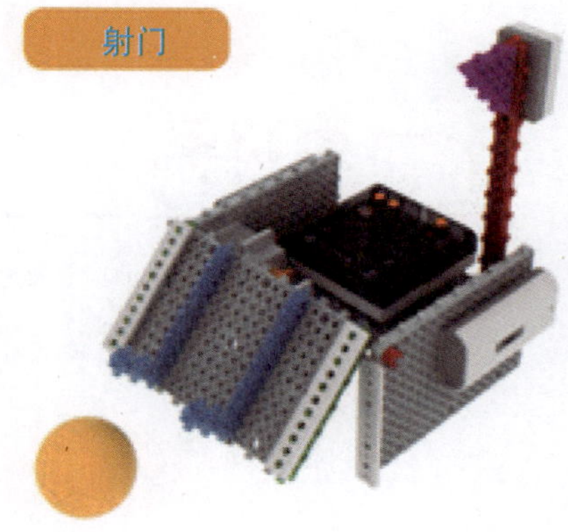

图 12−6　操控机器人

观察思考

（1）如何通过编写程序控制伺服马达，实现机器人踢球射门的动作？

（2）如果不进行伺服马达零度调整，可能会出现什么情况？

合作交流

（1）讨论决定比赛规则。

（2）合作搭建比赛场地。

（3）分组进行足球赛。

结束整理

（1）请将作品拍照、保存。

（2）请将 6V 电池夹关闭并拆下。

（3）请将电子元器件拆下。

（4）请将模型拆除。

（5）请将所有配件放回原位。

（6）对照表 11−1 所示配件清单清点配件。

第13单元

对抗机器人搭建

学习目标

◎ 了解关于轴的知识。

◎ 能够搭建对抗机器人模型。

大开眼界

① 轴

轴是穿在轴承、车轮或齿轮中间的圆柱形物件，也有少部分的轴是方型的。轴是支承转动零件并与之一起回转以传递运动、扭矩或弯矩的机械零件。一般为圆杆状，各段可以有不同的直径。常见轴的种类如图13-1所示。

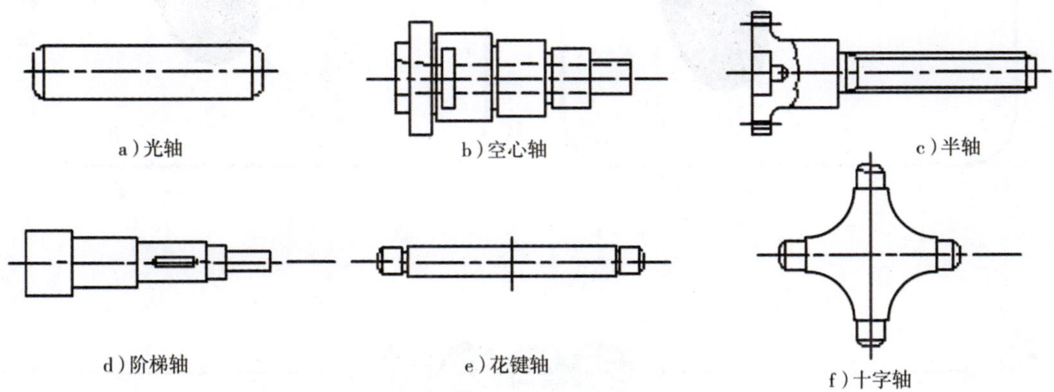

图 13-1　常见轴的种类

② 轴的分类

按轴线形状，可分为直轴、曲轴和挠性轴。

③ 轴的产生过程（图 13-2）

图 13-2　轴的产生过程

④ 车轮和车轴（图 13-3）

图 13-3　车轮和车轴

① 本单元创意拼装目标：对抗机器人（图 13-4）。

图 13-4　对抗机器人模型

② 准备材料

按照表13-1所示的配件清单准备拼装材料，做好搭建准备。

表 13-1 配件清单

品名	图示	数量	品名	图示	数量
模块 121		5 块	模块 511	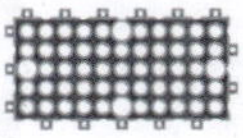	1 块
模块 1117	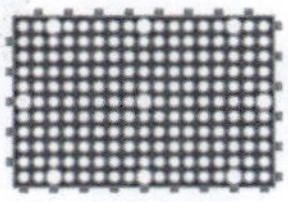	2 块	模块 15		7 块
模块 523	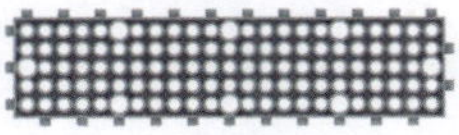	3 块	模块 111		4 块
135 度模块	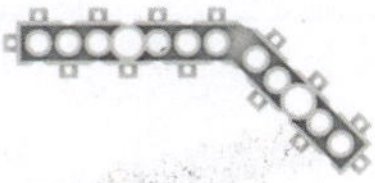	4 块	长轴		1 根
模块 321		2 块	小红帽		2 个
11 孔框架		2 个	遥控接收器		1 个
马达固定模块	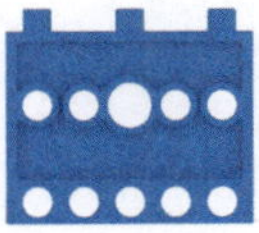	2 个	大轮子		2 个
5 孔框架	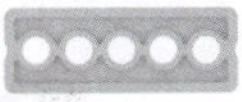	4 个	橡皮框架		1 个
触碰传感器		1 个	LED 灯		1 个
90 度模块	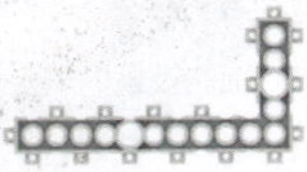	2 块	DC 马达		1 个
21 孔框架		2 个	模块 35	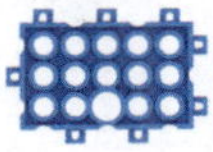	2 块

（续）

品名	图示	数量	品名	图示	数量
伺服马达		1个	主板		1个
L 形模块		2 块	伺服架		2个
6V 电池夹		1块	伺服马达专用小螺钉		2个

③ 动手搭一搭（图 13-5）

1

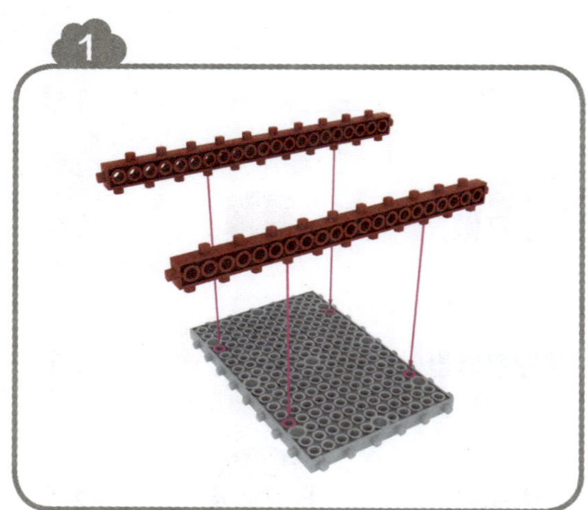

2

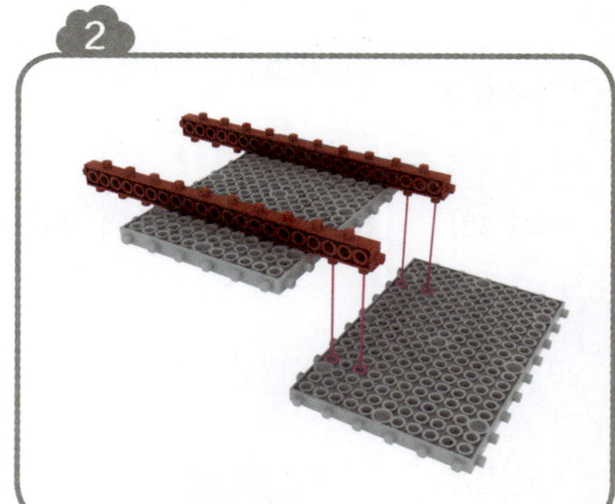

3

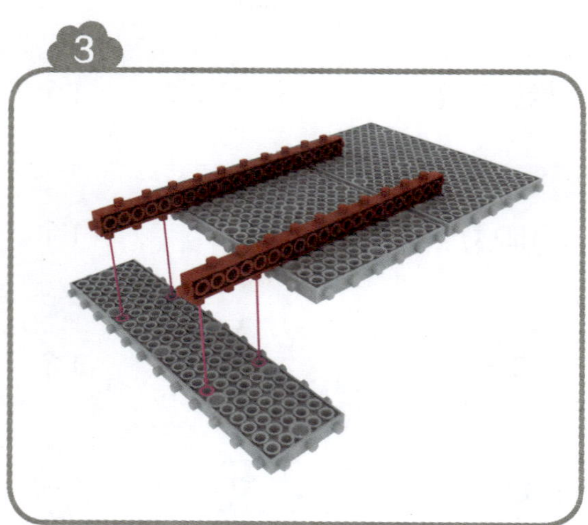

4

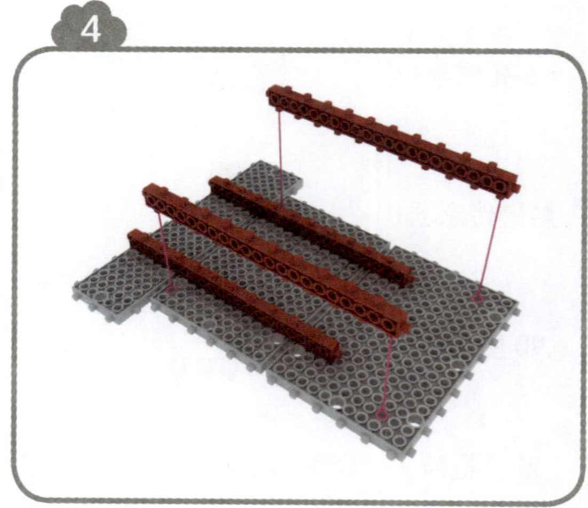

5

6

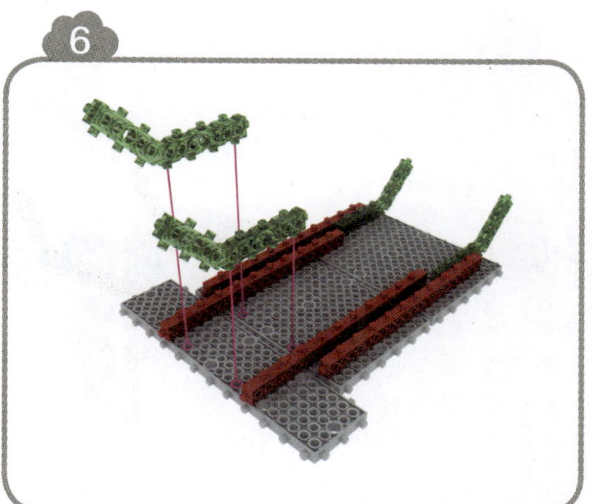

7

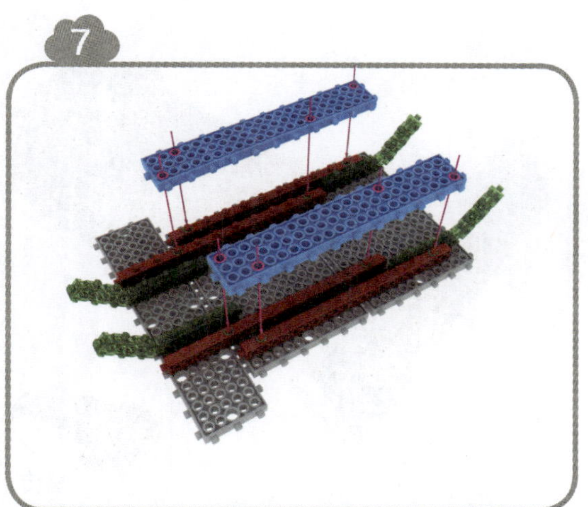

8

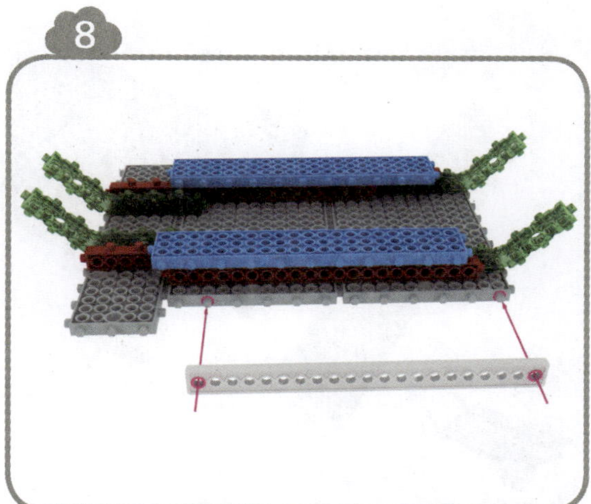

9

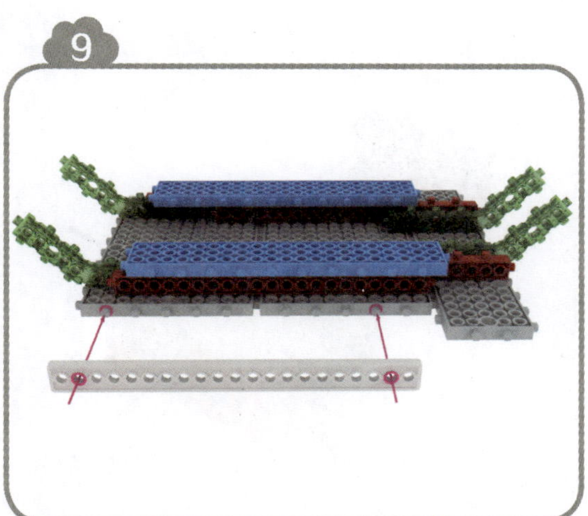

10

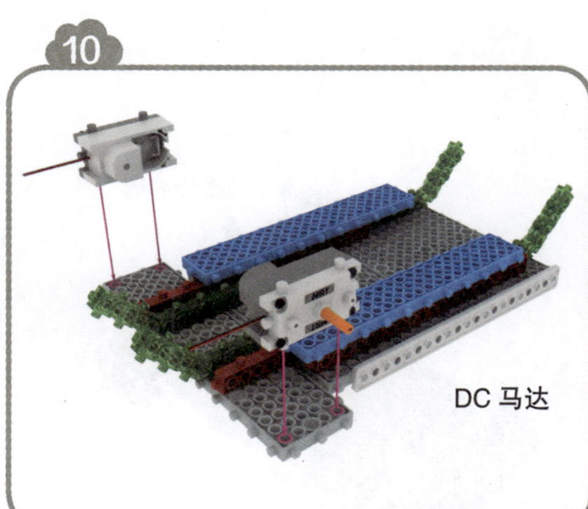

11

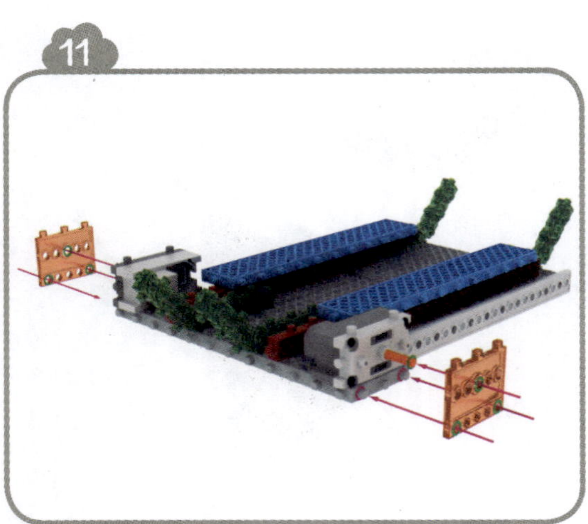

12

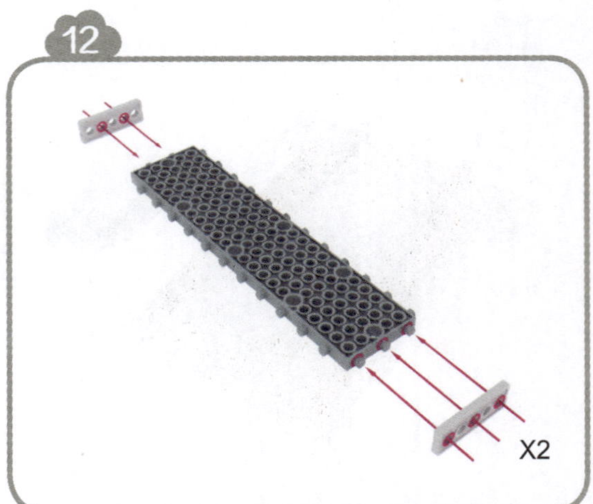

13

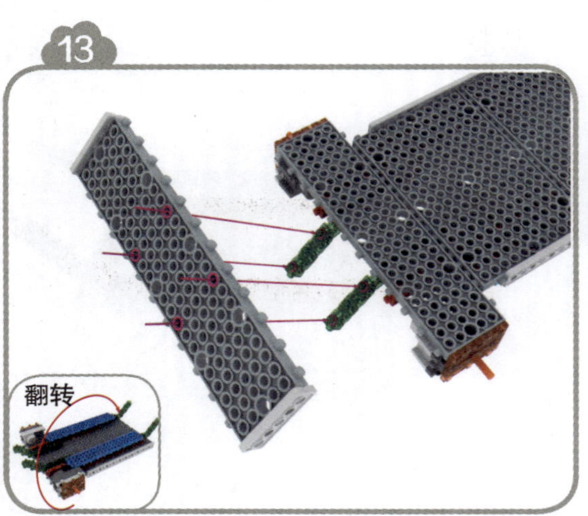

14

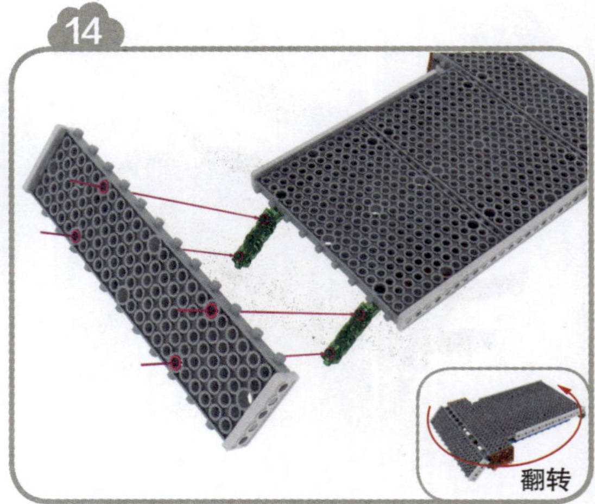

15

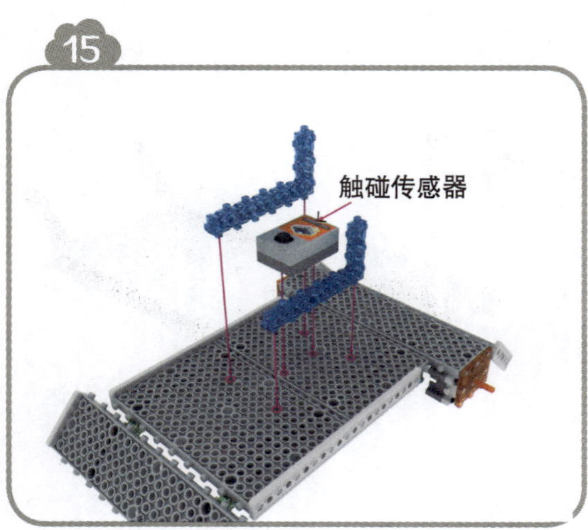

16

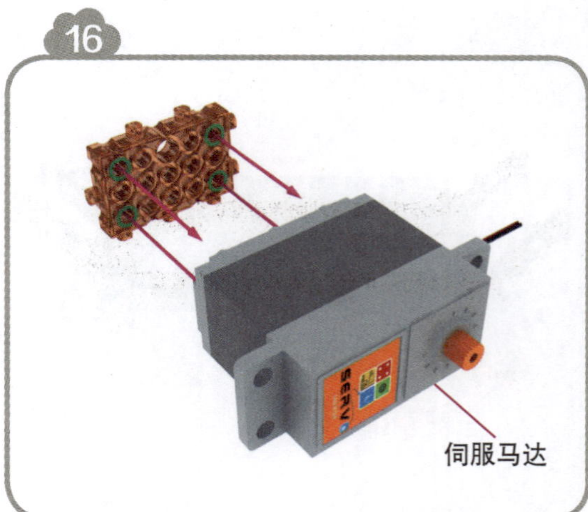

17

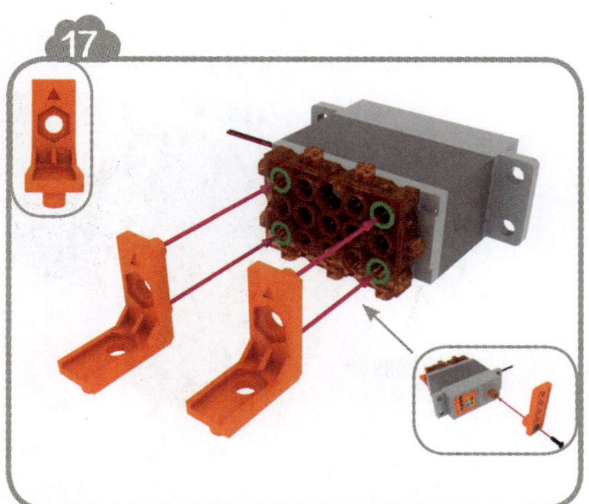

1. 使用伺服马达专用小螺钉将伺服 horn 安装到伺服马达上，注意伺服 horn 的方向。
2. 将伺服马达连接到主板相应的端口。
3. 编写如下程序上传到主板后，关掉电源并重新打开。

程序结束

19

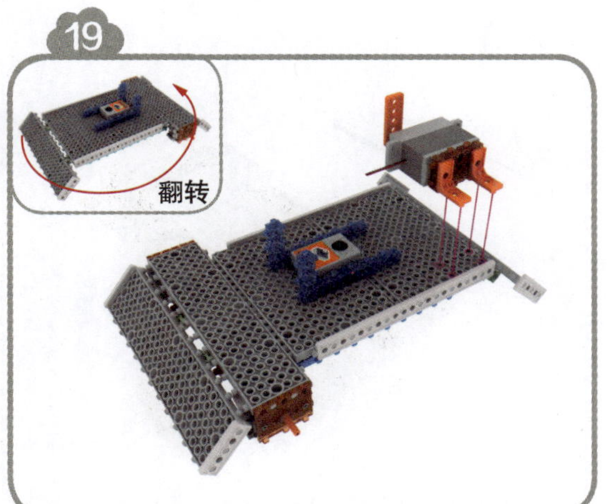

20

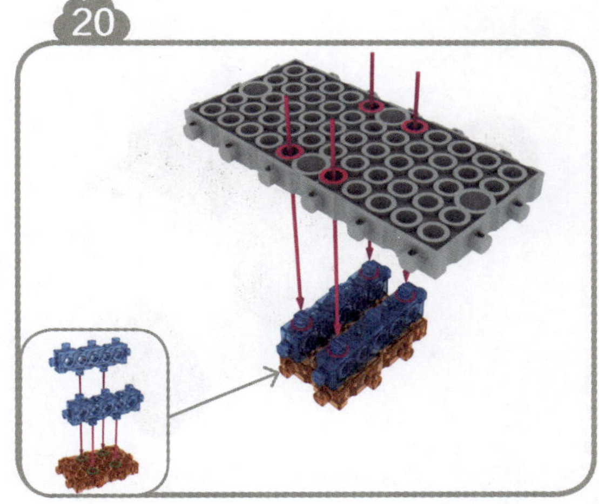

21

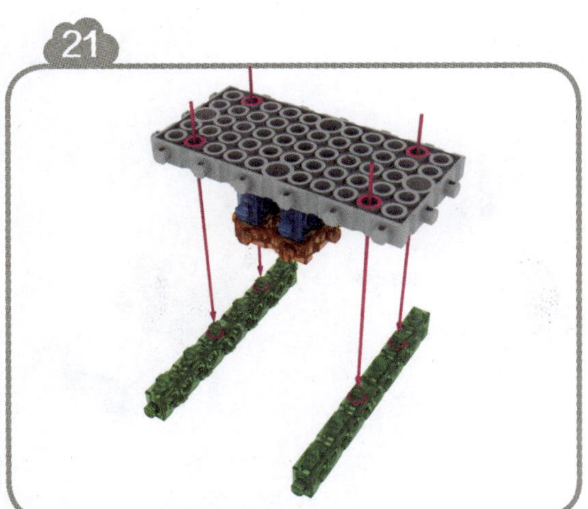

22

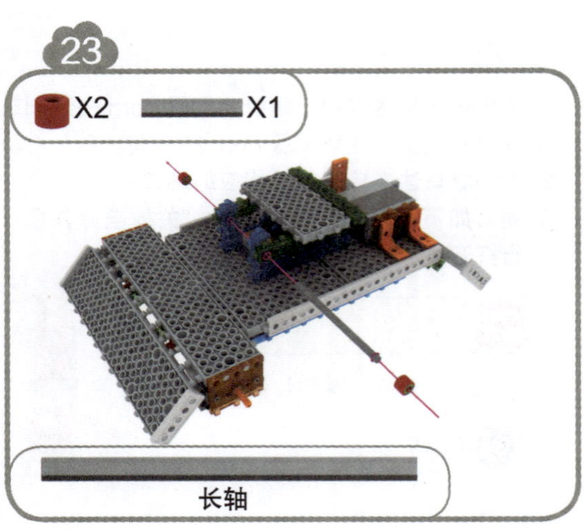
23
X2
X1
长轴

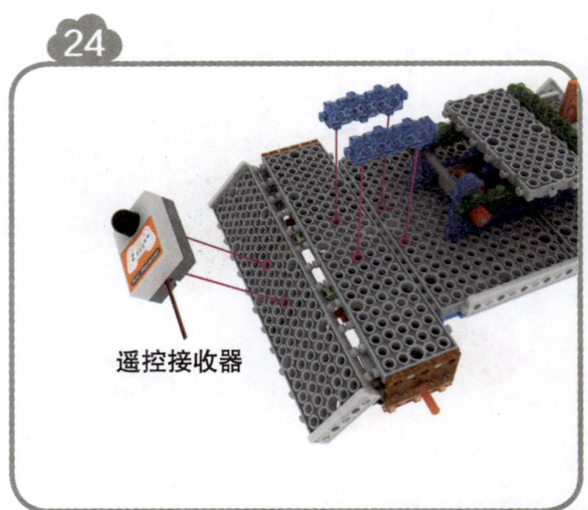
24
遥控接收器

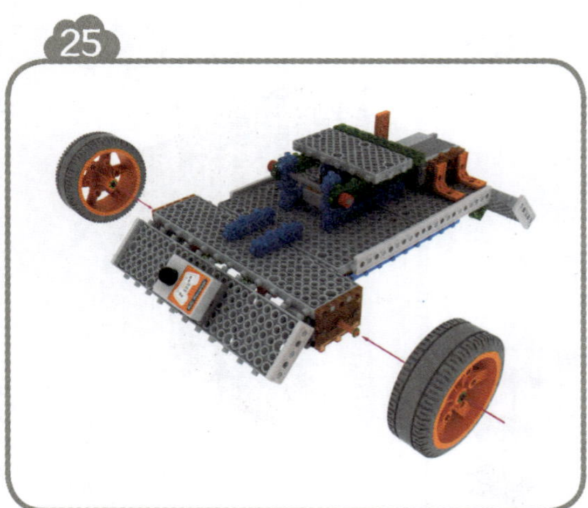
25

26

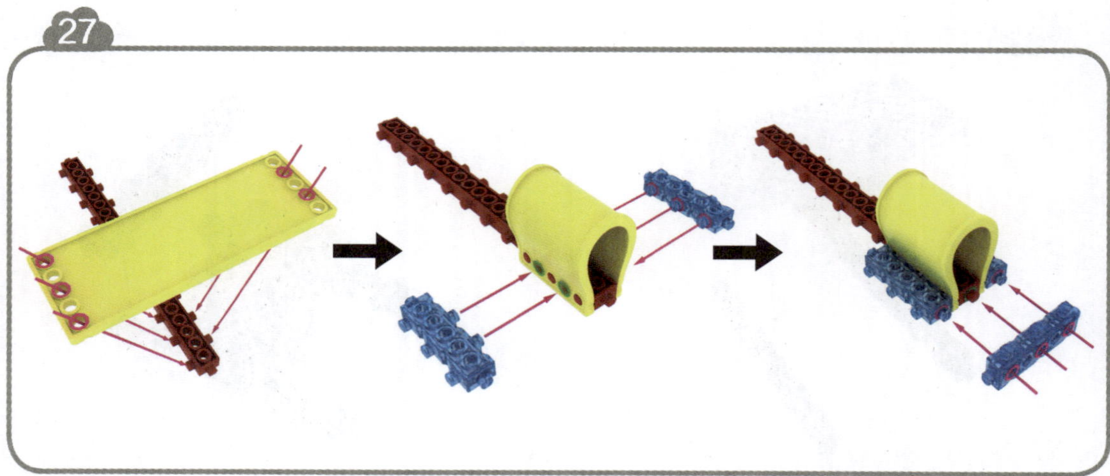
27

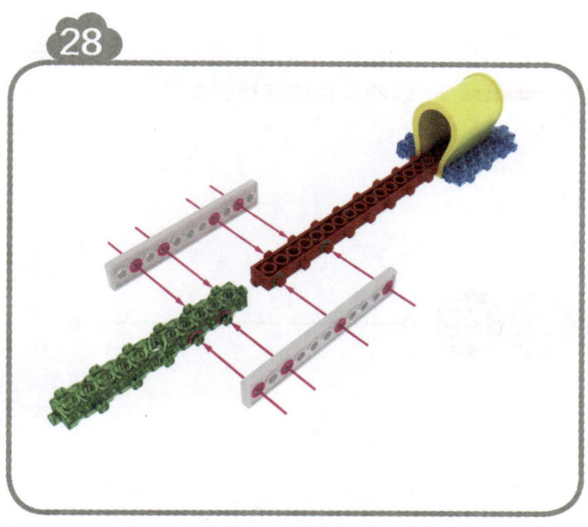

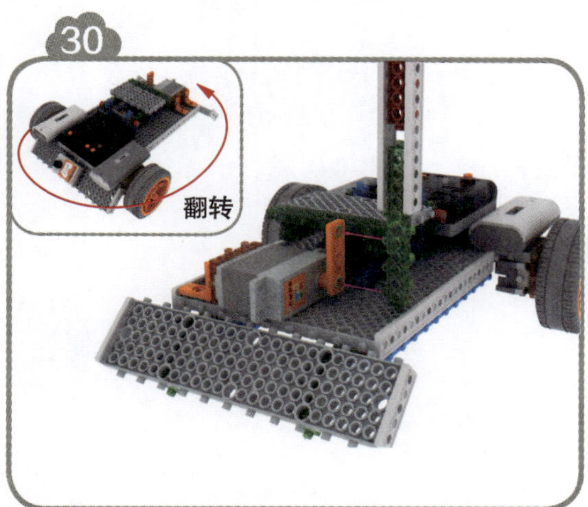

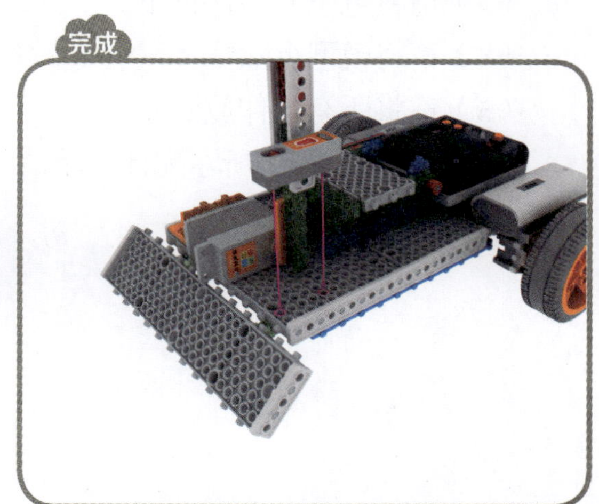

图 13–5　拼装步骤

按照图 13–6 所示，连一连。

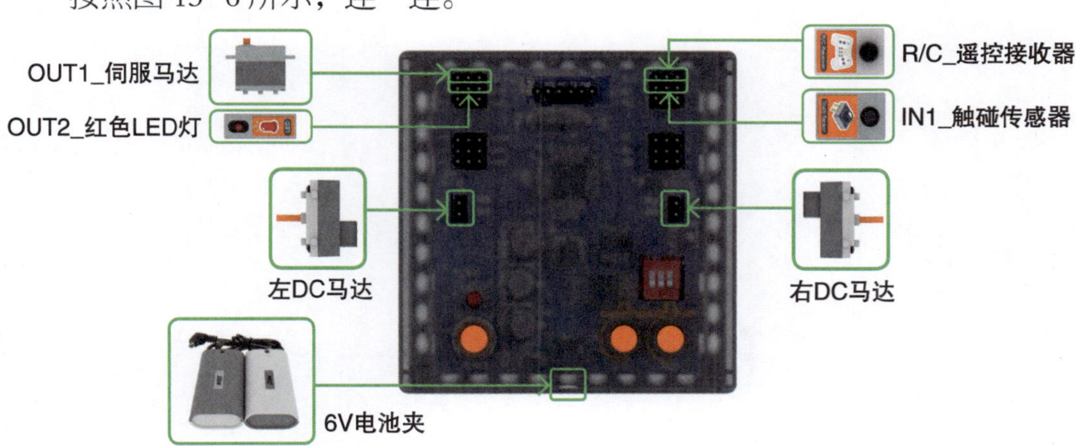

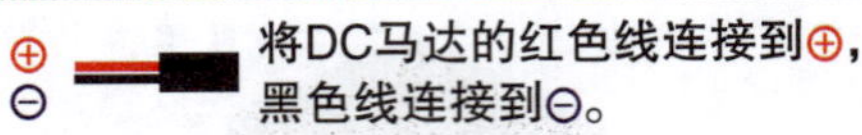

图 13–6　连接主板和组件

（1）请将作品拍照、保存。

（2）请将 6V 电池夹关闭并拆下。

（3）请将电子元器件拆下。

（4）请将模型拆除。

（5）请将所有配件放回原位。

（6）对照表 13–1 所示配件清单清点配件。

第14单元 对抗机器人编程

学习目标

◎ 了解触碰传感器的原理。

◎ 能够对触碰传感器进行编程。

◎ 能够操控机器人进行对抗赛。

逻辑解读

使用搭建好的对抗机器人，如何在遥控器的操纵下进行对抗赛呢？在本单元我们通过编程来实现以下效果：通过遥控器控制对抗机器人，当触碰传感器被触发时，LED 灯亮；当触碰传感器未被触发时，LED 灯灭。程序逻辑流程如图 14-1 所示。

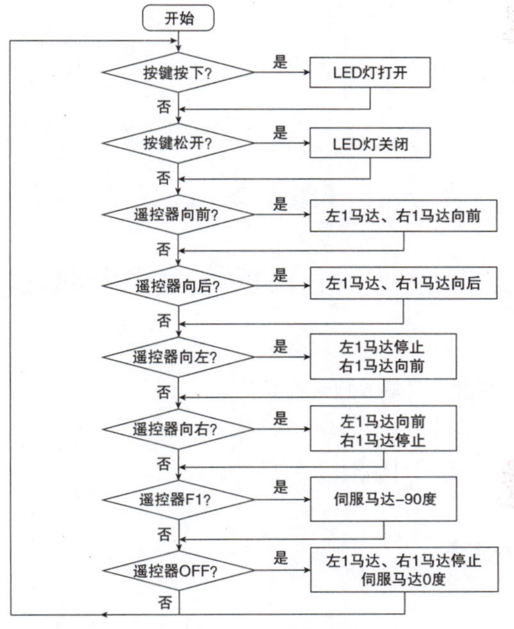

图 14-1　程序逻辑流程

编程实现

1 程序解读

触碰传感器设置说明如图 14–2 所示。

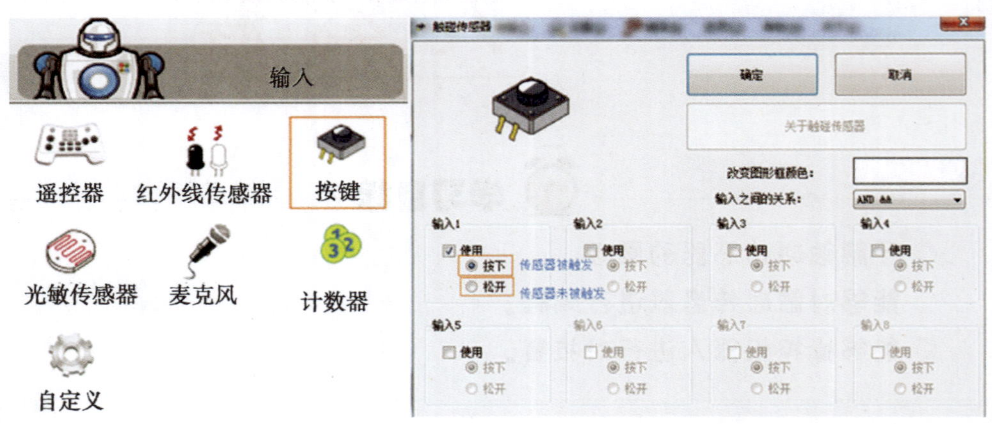

图 14–2　触碰传感器设置说明

（1）当触碰传感器被触发时，LED 灯亮。程序解读如图 14–3 所示。

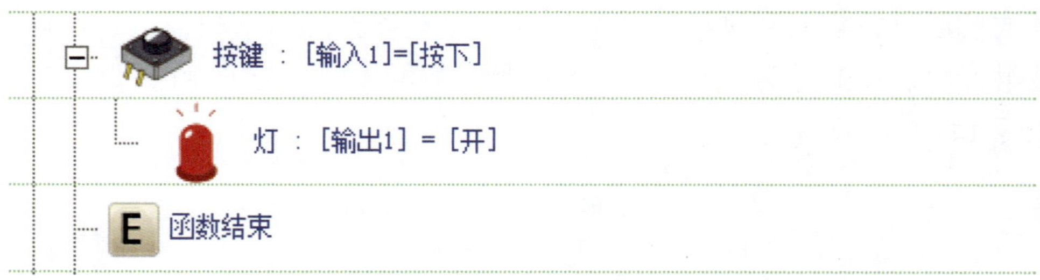

图 14–3　程序解读：LED 灯亮

（2）当触碰传感器未被触发时，LED 灯灭。程序解读如图 14–4 所示。

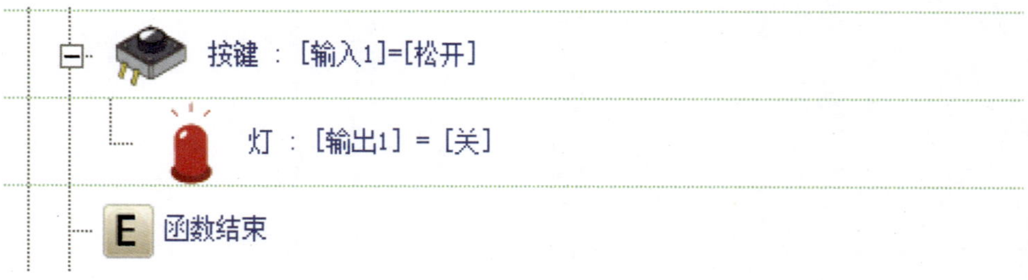

图 14–4　程序解读：LED 灯灭

② 程序编写（图 14-5）

程序开始

按键 ：[输入1]=[按下]

灯 ：[输出1] = [开]

函数结束

按键 ：[输入1]=[松开]

灯 ：[输出1] = [关]

函数结束

遥控器 ：[向前]

直流马达：[左1马达] = [向前 (5)][右1马达] = [向前 (5)]

函数结束

遥控器 ：[向后]

直流马达：[左1马达] = [向后 (-5)][右1马达] = [向后 (-5)]

函数结束

遥控器 ：[向左]

直流马达：[左1马达] = [(0)][右1马达] = [向前 (5)]

函数结束

a)

b)

图 14–5　程序编写

3 操控机器人

（1）下载编写好的程序到主板中。

（2）操控搭建好的对抗机器人，在适当的时候用己方对抗机器人的棍子尝试敲击对方触碰传感器上方的板子。

（3）触碰传感器感应到信号以后，LED 灯会亮起，同时机器人会暂时停止动作。

（4）一定时间后，机器人会重新开始正常运作。

所搭建完成的对抗机器人中有哪些地方是轴?

同学们一起抽签，两两之间进行一场对抗赛吧。在规定时间里，红灯亮的次数较少的一方获胜。

（1）请将作品拍照、保存。

（2）请将 6V 电池夹关闭并拆下。

（3）请将电子元器件拆下。

（4）请将模型拆除。

（5）请将所有配件放回原位。

（6）对照表 13-1 所示配件清单清点配件。